USER INTERFACE

UI设计从零蜕变

•UI、UE与动效设计全解密•

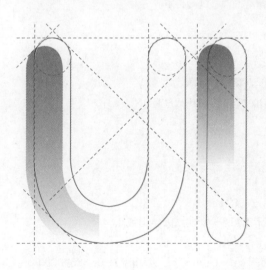

顾领中◎编著

北京大学出版社

PEKING UNIVERSITY PRESS

内 容 提 要

本书通过精选案例引导读者深入学习，系统地介绍了 UI 设计的相关知识。

本书分为 6 篇，共 24 章。第 1 篇"Hello UI"主要介绍初识 UI 设计、UI 设计师的自我修养；第 2 篇"设计之道"主要介绍设计中的点、线、面，色彩的表达艺术；第 3 篇"图标设计"主要介绍 PS 图标设计小技巧、iOS 全系列图标、生活必备的 App、视听类 App 设计、摄影类 App 图标设计、质感类图标设计、Dribbble 设计风格；第 4 篇"Sketch 界面设计"主要介绍 Sketch 系统知识、简单的时钟案例、漂亮的 MBE 风格、网易云音乐项目实战；第 5 篇"AE 动效设计"主要介绍 AE 动效设计基础原则、天气类 App 动效实战、音乐播放器 App 动效实战、健身行车类 App 动效实战、注册界面动效、计时类 App 动效设计、支付类 App 动效设计；第 6 篇"高手秘籍"主要介绍 UI 设计师求职秘籍、UI 设计的外包单报价秘籍。

在本书附赠的资源中，包含部分与书中内容同步的教学视频及所有案例的配套素材和结果文件。此外，还赠送了大量相关内容的教学视频及扩展学习电子书等。

本书不仅适合计算机初、中级用户学习，也可以作为各类院校相关专业学生和计算机培训班学员的教材或辅导用书。

图书在版编目（CIP）数据

UI 设计从零蜕变：UI、UE 与动效设计全解密 / 顾领中编著 . — 北京：北京大学出版社，2019.7
ISBN 978–7–301–30468–6

Ⅰ . ① U… Ⅱ . ①顾… Ⅲ . ①人机界面 — 程序设计 Ⅳ . ① TP311.1

中国版本图书馆 CIP 数据核字 (2019) 第 084393 号

书　　　名	UI 设计从零蜕变：UI、UE 与动效设计全解密	
	UI SHEJI CONG LING TUIBIAN：UI、UE YU DONGXIAO SHEJI QUANJIEMI	
著作责任者	顾领中 编著	
责 任 编 辑	吴晓月　孙宜	
标 准 书 号	ISBN 978–7–301–30468–6	
出 版 发 行	北京大学出版社	
地　　　址	北京市海淀区成府路 205 号　100871	
网　　　址	http://www.pup.cn　新浪微博：@ 北京大学出版社	
电 子 信 箱	pup7@ pup.cn	
电　　　话	邮购部 010–62752015　发行部 010–62750672　编辑部 010–62570390	
印 刷 者	北京市科星印刷有限责任公司	
经 销 者	新华书店	
	787 毫米 ×1092 毫米　16 开本　32 印张　654 千字	
	2019 年 7 月第 1 版　2019 年 7 月第 1 次印刷	
印　　　数	1—4000 册	
定　　　价	119.00 元	

随着移动互联网的兴起，靠一部手机走天下已经是人们日常生活的常态，各种App（手机应用程序）彻底改变了人们的生活方式，也让UI（用户界面）设计这个行业成为近几年的热门职业。特别是近5年来，大环境的利好，使得市场和职场对UI方面的培训教材的需求与日俱增。

但近2年来，各行各业的"独角兽App"都已经形成，餐饮方面主要以"美团"与"饿了么"为主，交通出行方面主要是"滴滴出行"，社交方面主要是"微博"与"微信"，电商方面主要是"京东"与"天猫"，像"拼多多"这样能突出重围的新产品可谓是"万里挑一"。因此，市场对于UI设计的需求趋于稳定，而对UI设计师的水平要求则提高了很多。一个新兴行业在初期主要侧重功能，而进入稳定期则更加注重用户体验与交互逻辑。

如果大家仔细看一下北京、上海、广州、深圳这些一线城市的招聘网站，就会发现越来越多的UI设计公司在招聘动效设计师、演示设计师等职位。这些职位看似只是UI设计领域的小众分支，却很有可能是未来几年的职业风向标。

因此，在这个风起云涌的大时代下，本书立足于UI设计的基础操作和技巧，在思维和创意上高屋建瓴，让本书的内涵和价值不仅能结合现实的实际操作，更能在不断变幻的环境中应对新的趋势。

○ 写作目的

想要在UI设计行业变得炙手可热，成为金字塔顶端的设计师，除了要有扎实的基本功之外，更需要对产品有自己独特的理解。而以用户为基础则是重中之重，创意不能肆意突破用户本身的使用习惯。另外，对一个行业未来可能发生的变化要有前瞻性，这本书可以大大弥补读者在这方面的短板。

○ 主要内容

本书涵盖了UI设计工作中需要掌握的各种体系知识：图标设计、用户体验、动效设计、色彩搭配、版式构成、项目实战、面试技巧、项目外包等，全书共分为24章。

第1~2章 主要介绍UI行业的前景及UI设计的整套项目流程，同时与读者分享在用户体验中需要注意的一些问题。

第3~4章 主要介绍了设计中的点、线、面以及色彩的表达艺术，这是设计师必须掌握的平面构成与色彩方面的理论知识。

第5章 主要分享了在设计图标时常用的布尔运算、动作及其他基础技巧的使用，同时配合简单的案例进行总结。

第6~11章 主要介绍了不同主题或类型的图标的设计，包括iOS全系列图标、生活必备的App图标、视听类App图标、摄影类App图标、质感类App图标、Dribbble设计风格的图标等。

第12章 进行了系统的Sketch技法讲解，包括自定义工具栏、布尔运算、对齐与分布、编组、变换、混合模式、像素对齐、蒙版、旋转复制、Craft插件、复用样式、位图编辑技巧等。

第13~15章 介绍了现象级的一些UI设计风格的项目实战，利用Sketch轻松制作出计时器App图标、MBE风格的App图标及网易云音乐App图标等。

第16章 介绍了AE动效设计基础原理，包括缓动原则、继承关系、偏移与延迟、变形动画、遮罩动画、描边动画、动态数值、覆盖原则、融合动画、蒙层效果、移动摄影和缩放等。

第17~22章 介绍了多种类型的动效案例实战，包括天气类、视听类、骑行类、计时类、支付类等风口行业的动效制作技巧及综合实战演练。

第23章 介绍了求职面试技巧，设计师除了在技法上要精进之外，还要知道现阶段UI设计行业更加注重设计师的眼界与设计逻辑。

第24章 介绍了项目外包流程，包括接单的渠道、报价方案的制作、交付的流程及交付的内容等。

本书特色

（1）本书不仅是一本UI技法教程，更是一本入行指南，内容丰富，条理清晰，技术参考性强，讲解由浅入深，循序渐进，涉及行业面深，细节知识点介绍清晰。

（2）随书附赠的学习资源中包含大量的练习素材和视频配套教程。本书完整的视频配套教程请到study.163.com中搜索"UI设计从零蜕变"，其中有详细的基础技法课程，还有更多前沿技术也可以及时学习到，希望读者能够学有所成。

（3）本书是由网易云课堂、摄图网、腾讯课堂等众多学习平台联合推荐的UI设计教材，希望能帮助读者真正地从入门到精通！

资源下载

扫描下方任意二维码，下载本书附赠的视频文件、素材和结果文件、UI设计专项素材库、电子书、Photoshop基础视频教程、500个经典Photoshop设计案例效果图等超值学习资源。

○ 感谢

特别感谢龙马高新教育，尤其是左琨老师在本书编写过程中给予的建议与帮助。

特别感谢网易云课堂为本书提供的渠道推广支持，也感谢网易云课堂的杨茂林先生一直以来对于本书结构上的建议与帮助。

特别感谢广大学员对于课程的不断反馈与建议，帮助我们做出更优质且符合大家兴趣的课程。

尽管已经反复斟酌，但书中难免有不妥之处，恳请广大读者批评指正。可以访问领跑教育的官方网站lingpao.tech或搜索微信公众号"C课堂"，与作者进行交流。

——顾领中

○ 本书评论

近年来，随着移动互联网的高速发展。拥有一部手机就可以畅享学习的乐趣，足不出户就可以学到各大高等学府、不同行业精英的技能分享。网易云课堂一直以来致力于与优秀讲师、专业机构及院校进行合作，为学员提供海量优质课程。而顾老师的这本UI设计教材，系统全面地讲解了摄影后期的各种处理技能，由浅入深，循序渐进，特别推荐广大设计从业人员学习。

——网易云课堂

顾老师作为一名资深的设计师，对于图片的要求几近苛刻，新书中的案例新颖、独特、丰富，让人感觉设计无处不在。希望这本系统的UI设计教材能够帮助大家更出色地完成设计工作。

——摄图网CEO崔京元

顾老师的视频教程一直以来广受好评，新书的案例也同样精彩。全书的讲解很细致，思路清晰，化繁为简，很高兴顾老师这样优秀的老师能与腾讯课堂携手共进。

——腾讯课堂

目录
Contents

第❶篇

Hello UI

本篇主要帮助读者了解 UI。首先介绍 UI 的前景、开发流程、UI 设计的工作内容、UI 设计的必备软件；然后介绍 UE 设计、UI 设计原则、自主控制、状态跟踪、设计规范、简化元素及面试技巧等 UI 设计师的自我修养，为读者开启 UI 设计之门。

第1章
初识 UI 设计

本章主要介绍 UI 行业的前景、快速入门的相关知识，以及在进入专业的 UI 设计领域之前需要掌握的基础知识，通过对不同的名词进行剖析，在短时间内理解专业名词的含义，为学习 UI 设计打下坚实的基础。

1.1 UI 行业前景分析

有很多人觉得学习 UI 就是为了拿高薪，这里很明确地告诉大家，目前行业中 UI 设计师起薪就可以拿到 6000 元至 7000 元。如果是在发展比较好的城市，如深圳、广州、上海和北京等，有两年工作经验的 UI 设计师，一个月就可以拿到 1.5 万元，高一点的可以拿到 1.8 万元至 2 万元。所以 UI 设计相比其他行业是比较有吸引力的，一线城市尤其注重这方面的人才。

也有很多人是抱着喜欢的目的来学习的，这样的学习心态非常好，因为在学一样新东西的时候，如果仅仅是为了要拿多少月薪，往往心会不太平静，心浮气躁反而会适得其反。

1.1.1 UI 设计师到底做些什么

以手机为例，一个是旧款的诺基亚，一个是新款的 iPhone。用过诺基亚的用户都知道，第一次使用的时候需要慢慢摸索它的一系列功能，而拿到智能手机的时候根本不需要摸索，三五岁的孩子看到智能手机都会玩里面的游戏，直接就会操作。这就是 UI 设计师的功劳，UI 设计师能够把一些比较复杂的事情通过设计变得比较简单。

1.1.2 为何 UI 设计行业门槛越来越高

早在 20 世纪 90 年代刚学计算机的时候，在开机时需要一些较为复杂的操作才可以启动计算机，学习难度比较大，只有一些专业人士才可以从事这一行业。但随着科技的发展和 UI 设计行业的兴起，这些设备和软件都更智能和简便了，学习起来也就显得轻松很多。

1.1.3 UI 行业发展前景

近年来，随着移动互联网的快速发展，UI 设计的发展也越来越迅速，截至 2016 年，UI 行业已经成为 IT 行业中最火热的职业之一。

　　下面介绍一个智能穿戴的设备——Apple Watch（苹果手表）。由下图可以看出屏幕中有一些交互的效果，在这么小的屏幕中出现交互的效果，一是增加了它的趣味性，二是使它的操作变得更加方便，功能也变得更加强大。

　　近几年兴起的技术如 VR、虚拟现实等，都随着人们对未来的畅想，慢慢贴近人们的生活。例如，一些大的电视台在直播时会用到全息投影技术，让 VR 和虚拟现实技术走进人们的生活。UI 设计师主要的工作就是把复杂的程序代码变成简单的图形呈现，以提高人们的接受程度。

 提示

可以打开随书赠送的视频资源，查看微软对未来的畅想视频。

1.2　开发流程——App 诞生记

　　App 的开发有一整个流程，即产品经理→交互 / 视觉 / 体验→程序开发→测试→运营，如下图所示，每一个环节中的角色所负责的工作内容如下。

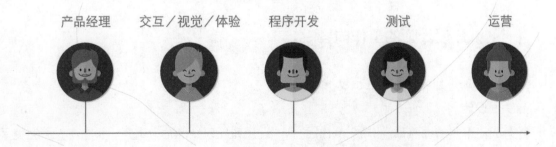

产品经理（PM）是企业中专门负责产品管理的人员，负责调查并根据用户的需求，确定开发何种产品、选择何种技术与商业模式等，并且推动相应产品的开发组织；产品经理还要根据产品的生命周期，协调调研、营销和运营等人员，确定并组织实施相应的产品策略，以及其他一系列相关的产品管理活动。

交互设计师（UX）主要是对之前的低保真原型进行流程设计、行为设计、界面设计，并组织信息架构。行为设计是指用户操作后的各种效果设计。Web 的操作以单击为主。单击操作又可以分为"表单提交"类和"跳转链接"类两种。除单击外，还涉及拖曳操作等。界面设计包括页面布局、内容展示等众多界面的展现。例如，使用按钮还是使用图标，字号大小的应用，等等。之所以特意提出这样一个话题，是为了强调除了"界面设计"，还需要"行为设计"。

视觉设计师（UI）主要是对之前的高保真原型进行符合人机交互习惯、页面逻辑、页面美观的整体设计。

用户体验（UE/UX）即用户在使用一个产品或系统之前、之时和之后的全部感受，包括情感、信仰、喜好、认知印象、生理和心理反应、行为和成就等各个方面的感受。

程序开发（RD）是指开发人员根据设计团队提供的标注和切图来搭建界面，根据产品提供的说明文档来开发功能，最终产物是可使用的应用。

测试（QA）人员常被看作 Bug 寻找者，主要工作是实现适配兼容测试、服务器压力测试、性能测试、弱网络测试、耗电量测试等。

产品运营（OP）人员不仅要把应用发布到安卓市场和苹果商店，更要做好内容的建设、用户维护、活动策划等。可以简单地理解为前面所有的工作都是"生孩子"的过程，而产品运营是"养孩子"的过程。

 提示

App 的开发运用的整个流程是个循环的过程，需要不断地调研、设计、测试、维护、更新等。

1.3　UI 设计师的工作内容

UI 设计师的工作内容大概包括以下几方面。

1. 页面设计

随着人们审美需求的日益增加，页面的总体设计和规划显得尤为重要。要想使界面完美呈现，色彩的选择和搭配非常重要，使用色调、明度和纯度进行调试，可以加深人的记忆，使界面更加个性化。

2. Web 端适配

由下图可以看出"网易云课堂"有网页端和手机端，用户在网页端也可以看到手机 App 中的内容。这是一些初创公司最划算的做法，因为制作网站比较容易，而网站开发的语言和手机 App 开发的语言还不太一样，若没有经济实力开发手机端，可以使用这种方法做一个 Web 端的适配。

3. 推广页设计

像腾讯视频、爱奇艺或 QQ 等，一般都有落地页，用户需要到对应的页面中去下载 App，所以就需要把其设计出来，然后交给运营人员。这也是 UI 设计师的工作范围，要注意推广页一定要尽量保持简约。

4. 平面设计

如果 UI 设计师做的 App 是和时尚杂志有关的，就要求 UI 设计师熟练掌握 PS、InDesign、AI 等软件的应用，同时还要完成平面设计工作。

5. App 视频宣传

如果所在的公司是一个大平台，就会涉及 App 的视频宣传。如果需要和客户谈方案，可将简单的界面和功能介绍用视频的方式呈现出来。

另外，UI 设计师还要了解一些常用的工作术语，并充分发挥团队精神。

1. 工作术语

B2B（Business-to-Business）：将企业的产品及服务通过 B2B 网站或移动客户端与客户紧密结合，通过网络的快速反应为客户提供更好的服务，从而促进企业的业务发展（如阿里巴巴、慧聪网等）。

B2C（Business-to-Customer）：其中文简称为"商对客"，即企业通过互联网为消费者提供一个新型的购物环境——网上商店。消费者通过网络在网上购物（如天猫、京东等）。

C2C（Customer-to-Customer）：电子商务的专业用语，是个人与个人之间的电子商务（如淘宝网、eBay 等）。

P2P（Person-to-Person 或 Peer-to-Peer）：意为个人对个人（或伙伴对伙伴），又称点对点网络借款，是一种将小额资金聚集起来借贷给有资金需求人群的一种民间小额借贷模式。属于互联网金融（ITFIN）产品的一种（如铜钱网、ID 金融等）。

O2O（Online To Offine，在线离线 / 线上到线下）：这个概念最早来源于美国，是指将线下的商务机会与互联网结合，让互联网成为线下交易的平台。O2O 的概念非常广泛，即可涉及线上，又可涉及线下，可以统称为 O2O（如美团网、58 同城等）。

2. 团队协作

团队协作是指在团队中要发挥团队精神，与团成员互补互助，以使团队的工作效率达到最高。对于团队的成员来说，不仅要有个人能力，更需要有在不同位置上各尽所能、与其他成员协调合作的能力，切勿眼高手低。

1.4　各类设计的常用软件

因为 UI 是一个比较大的工程项目，所以涉及的软件会比较多。

（1）界面设计一般需要用到 PS、AI 和 Sketch 等软件，如下图所示，UI 设计师可以根据需要进行选择。

（2）动效设计常用的软件是 Adobe After Effects CC，如下图所示，该软件可以设计出很多的酷炫效果。

（3）原型设计常用的软件有 Experience Design CC 和 Axure，如下图所示，可以用来设计低、高模型和切片图等。

（4）提案类的常用软件是 Keynote，如下图所示，是苹果操作系统。如果电脑是 Windows 系统，可以安装一个谷歌浏览器，直接通过浏览器进入 iCloud，用苹果账号直接登录即可，没有苹果账号的可以申请一个，但有些功能可能会受到限制。

（5）实时预览常用的软件是 PS Play，如下图所示。通过 PS Play 可以直接看到电脑设计的效果在手机端呈现的状态。

（6）H5 是 HTML5 的简称，是一种高级网页技术，如下图所示。相比 H4，H5 有更多的交互和功能，其最大的优点之一是在移动设备上支持多媒体互动。平时看到的邀请函、幻灯片、小游戏等都是 H5 网页，它跟平时网上看到的那些网页本质上没有区别。

　　此外，这里向读者推荐一些学习网站，如国内的推荐"站酷"，国外的"behance.net"和"drbble.com"。

第 2 章
UI 设计师的自我修养

作为一名 UI 设计师，不仅要让设计的产品符合逻辑，尊重用户的习惯，还需要有自我控制能力，了解 UI 设计的规范。

2.1 认识 UE 设计

很多人都会将 UI 设计和 UE 设计搞混，其实这是两个概念，用户需要将它们区分开来。下面来认识什么是 UE 设计。

1. UE 设计和 UI 设计的区别

UE 设计师主要考虑的是逻辑设计，如 App 的流程，或者返回、菜单、下拉菜单等是否合理，整个流程能否更简单、更方便地操作。设计方面只占 UE 的 20%，更多的是逻辑思考方面。

UI 设计师主要考虑的是用户界面设计，设计方面占 80%，逻辑方面占 20%，如下图所示。

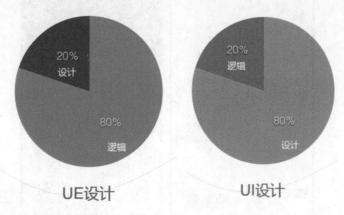

2. UE 设计师必备逻辑

（1）操作前可预知。

在操作前可以预知执行步骤后的效果是怎样的。下图所示为系统解锁方式，有滑动解锁、上推解锁、指纹识别解锁，界面上的提示能很明确地告知用户解锁方式是什么，这就属于操作前可预知。

（2）操作中有反馈。

在操作中动态地实时反馈。例如，外卖订单会显示"骑手正赶往商家"，这就是告诉用户这份订单的实时信息。还有调节手机亮度、声音时的进度条显示，这些都是操作中有反馈的表现，如下图所示。

（3）操作后可撤销。

左下图是在微信聊天过程中，对方撤回消息，微信界面显示撤回信息，是为了让用户知道消息被对方撤回，而不会认为莫名其妙丢了一条信息。右下图是购买影片的过程中可取消操作的界面，有时候用户会在购买过程中因为一些原因而不想购买了，这时可直接点击【取消】按钮，即可放弃购买。如果没有这个界面，直接付款购买了，就会给用户造成不便。

2.2　五大设计原则

在设计时要尊重用户的使用习惯，因此需要遵循 5 个设计原则。设计师首先要抓住这 5 个设计原则，然后再考虑 UE 的交互设计。

1. 普遍适用

操作手势与其他 App 要大致相同。在一些社交软件中，刷新操作大部分为下拉界面即可刷新，如微博、UC 头条等，如下图所示。如果设计了一个不同的手势，则需要重新培养用户习惯，那是很难的，还会造成用户频繁地误操作。

2. 符合时代

设计不能过分守旧也不能过分超前，软件开发要符合当前硬件技术水平，如下图所示。

3. 直观

下图中的前两幅图所示为 QQ 音乐和网易云音乐界面，可以看到下载、分享按钮都是非常直观的。相比之下，以前的虾米音乐界面好看（如下图中的第三幅图所示），但是会发现有很多按钮被放到了子类目中，这就造成用户下载的不便。所以 UI 设计师应该首先考虑直观，其次考虑美感。

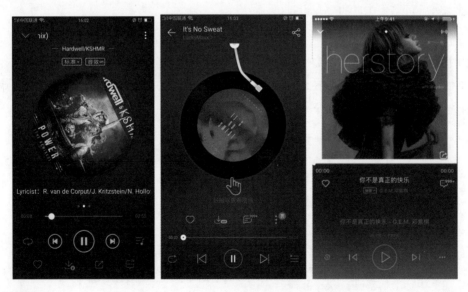

4. 便捷

在微信中发送图片的时候，可直接从最近拍摄的照片中选中并发送，而不需要通过点击【照片】按钮；在查找某些 App 的历史记录的时候，不需要重新输入，点击【搜索】按钮就可以找到近期的搜索历史，如下图所示。这些就是在做 App 开发的时候要遵循的便捷原则。

5. 多端同步

不管是在手机端、PC 端，还是在平板电脑上用视频软件看视频，只要是同一个账号，视频软件都会同步历史记录。还有百度网盘、微云等云盘软件，这些都是云同步的，如下图所示。

2.3 让用户拥有自主控制权

在设计系统时，需要让用户全程具有控制权，能够自主控制进度。本节讲解 UI 设计师在做 UE 设计的时候，需要遵循的几点关于自主控制的原则。

1. 操作后可撤销

例如，打开一个网页后，用户不小心给关闭了，此时按【Ctrl+Shift+T】组合键，即可重新打开关闭的网页，这种操作就是操作后可撤销，用户可根据需要选择是否恢复，如下图所示。

2. 版本更新迭代

如果是系统更新，一般是在【设置】→【软件更新】中选择是否更新系统版本。如果是更新 App 软件，可以打开软件商店进行软件更新，如下图所示。这都体现了用户的自主选择权。

3. 操作反馈

要告诉用户这一步执行下去结果是怎样的。例如，用 QQ 发送文件后提示对方已成功接收，邮件发送成功后反馈已发送，微信撤回消息会提示有消息被撤回，以及输入验证码的时候提示多少秒后重新发送，如下图所示。这些都是操作中的反馈，避免用户不明所以。如果用户在操作中产生疑问，那么用户体验、交互的逻辑感就比较差了。

4. 简化步骤

在进入一个新的应用的时候，尽可能快地让用户得到想要的信息。下面以 3 款天气预报软件为例，第一款为 iOS 系统自带的天气软件，能告诉用户未来 24 小时及未来一周的天气情况，包括当前的温度、空气质量，能够基本满足用户需求。第二款为墨迹天气，这款软件比较符合中国人的习惯，界面中显示了很多信息，除了天气外，还包括湿度、气压、空气质量等，当有天气预警时也会显示在界面中，用户可以一目了然地了解当前天气状况。并且它还能直接定位到当前的地址，使天气预报更加准确。第三款为国外较常用的 YAHOO 天气软件，此款软件的默认城市比较少，如果要定位到当前地址需要手动输入，而不能直接定位，如下图所示。总体来讲，墨迹天气比较能够满足中国人的需求，并且能够自动定位到当前地址，使用户快速得到想要的信息。

5. 适度开放权限

　　一个应用要适度开放权限，虽然功能越多越好，但是也要考虑用户的接受程度。右图所示的是用美拍拍摄的照片，直接修图就可以，没有什么权限给用户，自定义的功能基本没有，直接应用默认的一些功能，如磨皮、调色等。下图所示的是 Photoshop 软件，所有的功能都需要用户自己去编辑，比较难上手，所以要适度开放用户权限，这样能让软件的运行更流畅，同时用户也更容易上手。

2.4　状态跟踪

　　本节讲解状态跟踪，就是 UE 设计师在做设计的时候，一定要考虑操作步骤目前进行到了什么状态，要反馈给用户。状态追踪的作用就是排除差异化的干扰内容，不给用户带来困扰。例如，这一步到底有没有执行，结果能不能反馈等。下面来进行详细讲解。

1. 进度显示

下图所示分别为饿了么订单、QQ 邮箱、某视频软件缓存界面，可以明确看到订单状态、邮件发送状态、视频缓存状态，这种进度显示可以让用户明确地知道任务目前执行到哪里了。

2. 加载刷新

下图所示为 UC 头条和爱奇艺视频界面，下拉页面的时候都有刷新提示，可以明确告诉用户目前执行的是什么操作。

3. 前后对比

在访问网站的时候，当我们把鼠标指针放到标题上时，即将进入的链接会变成与其他链接不一样的颜色，这就告诉用户目前正在操作哪里。在手机 App 中，阅读过的文章会变为灰色，没有阅读过的还是黑色的，这就是状态的前后对比，如下图所示。

4. 空状态返回

如果遇到空状态应该怎么解决？以站酷网为例，在网页最后有两个按钮，分别为【进入我的首页】和【返回站酷网首页】，如下图所示。这样即使页面不存在了，也能够让用户找到对应的出口，而不是只有一个空页面。因为用户不清楚出了什么问题，这里给一个空状态的返回，用户就会知道原来这篇文章正在被审核，或是直接被删掉了，这就明确告诉了用户这篇文章的状态。

5. 不可逆操作

当用户遇到不可逆的操作时，要反复警示，提醒用户斟酌。例如，用户要删除照片，点击【删除】按钮后还会再提示一次是否删除，如下图所示。如果点击【删除】按钮后直接就删除了，很容易引起误操作。这也是在追踪目前操作的状态。

6. 层级区分

利用不同颜色的字体、字号或其他方式来区分模块。例如，支付宝用空隙把模块分隔出来，较好地区分出了层级，如下图所示。

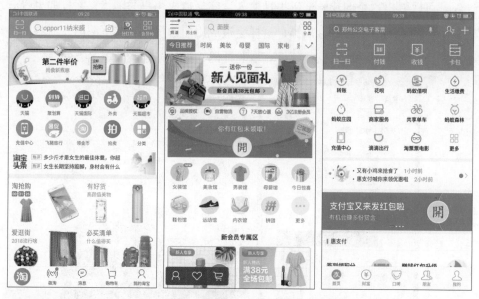

7. 定位导航

传统地图与手机地图的区别是，传统地图虽然知道起点和终点，但是没有实时定位，不能准确知道方向对不对，以及目前的位置在哪里、距离目的地还有多远。而手机地图可以直观地告诉用户所走的方向是否正确，以及距离终点还有多远等直观的信息，让用户明确知道目前所处的状态，如下图所示。

8. 表单逻辑

　　下图所示为芒果 TV 和优酷的注册表单，两个界面基本相似，但是芒果 TV（左下图）有一个验证码，可以看出这个图片验证码很难输入，容易造成用户的困扰，并且如果没有及时刷新图片验证码，输入的时候经常会出错，这样会造成用户的反感。右下图的注册界面是比较推荐的注册方式，直接通过手机短信或邮件获取验证码，这种方法既简单又方便。

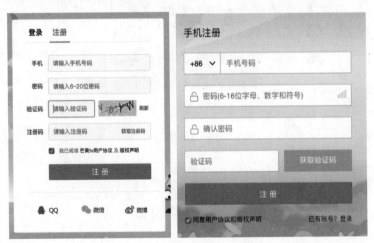

2.5　设计规范

　　本节讲解字体、颜色、图标、控件等的设计规范，并列举一些设计规范及参数。

1. 颜色规范

UI 设计用的是 16 位的颜色。在标准色中，比较重要的两种颜色分别是"红"和"黑"，对于渐变色，渐变的场景、左端的、右端的、高光的、阴影的颜色是什么都需要标记出来，如下图所示。

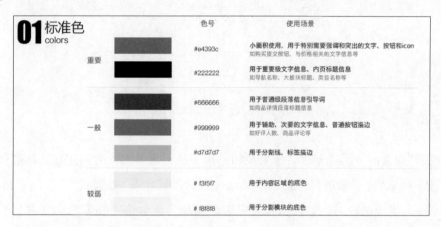

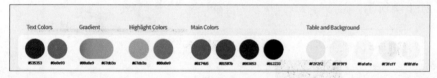

2. 字体规范

标题或需要重点突出的内容可以用大号字体表现，权重较低的可以用小一点的字号表现，如下图所示。在 iOS 版本中，设计稿中的中文字体为华文细黑体，样式为浑厚；英文、数字、字符的字体为 Helvetica Neue。

3. 图标规范

功能型图标代表可操作的某些功能，包含默认、触摸和选中 3 种状态。

图标分为 3 种尺寸，大一点的尺寸为 56×56px，中等尺寸为 40×40px，小一点的尺寸为

30×30px，如下图所示。

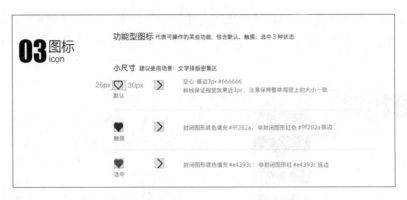

4. 按钮 / 控件

按钮 / 控件包含的种类非常多，重要按钮是用于执行重要操作时固定在屏幕底部的按钮，如下单、确认、搜索等，一般的尺寸是 320×98px，包含默认状态、触摸状态、不可点击状态 3 种。

公共控件多用于选择时，如在购物车中选择商品，包含选中和未选中 2 种状态，尺寸是 30×30px，如下图所示。

5. 尺寸规范

尺寸规范没有固定的标准，有些应用是针对手机端的，有些是针对网页端的，有些是需要全屏显示的，还有些是要保留有效区域的，不同的情况有不同的尺寸。下图是网页端的尺寸，左下图中间的有效区域的宽度是 980px，如果要做全屏的话，宽度是 1920px，如右下图所示。

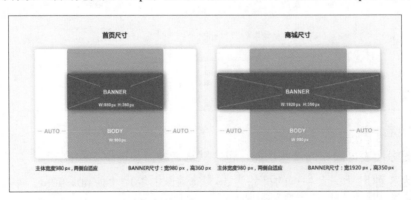

6. 分页规范

根据内容的多少进行分页，若内容太多，需要分很多页，那么把起始页和结束页标记出来就可以了，如下图所示。

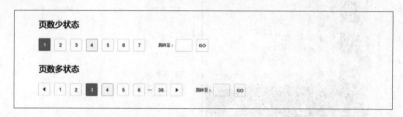

7. 命名规范

一个产品，从项目立项到用户体验、交互、设计、开发，每个环节都要有一个标准化的命名，需要所有人员都能看懂名称代表的意思，以提升设计与前端的工作效率，如下图所示。

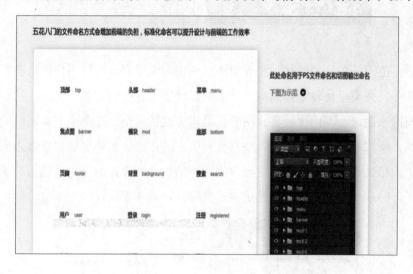

2.6　简化元素

设计师要尽量简化设计方案，避免不必要的元素出现在设计中。简化界面的同时，更重要的是做到使用上的简便。

1. 轻化设计

左下图是旧版 QQ，右下图是新版 QQ。在旧版 QQ 中，有很多有质感的设计，如高光、线条、纹理、渐变等，这是较早的 UI 设计师的风格，现如今的设计风格更偏向于右下图这种。像这样轻化的设计风格有什么好处呢？轻化设计可以让类目区分得更加明显，把一些干扰元素去掉了，相比以前，颜色和提示信息都变少了，纹理、标签等也都有简化。

2. 量体裁衣

在设计中，也不是越简单越好。左下图所示的是淘宝界面，右下图是亚马逊界面。亚马逊界面类目非常多，分类也比较细；而淘宝界面的设计看上去比较复杂、凌乱。到底哪个更好，这个还要以国情来决定。国内比较喜欢用的就是淘宝这种风格，在淘宝上买东西的用户比较享受促销的氛围，所以一般用暖色调，一些具有吸引力的图标让用户更加想点击进去。界面中还有很多生活化入口，如充值中心等，更加方便用户的生活。设计的目的是让用户更加方便地使用，所以在设计时应该更注意方便还是更注重美感，这就需要设计师来衡量。

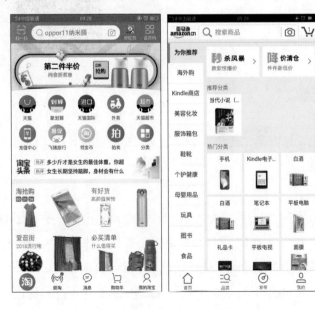

3. 排除干扰项

下图所示为 PC 端的知乎和微博的注册界面。知乎注册界面大量留白，界面上有这样一句话："与世界分享你的知识、经验和见解"，这就告诉了用户这个平台主要是进行知识分享的，注册步骤也简单明了。相对于知乎界面，微博界面中的干扰信息就比较多。

2.7　面试技巧

面试是以面谈的形式来考察一个人的工作能力，通过面试可以初步判断应聘者是否可以融入自己的团队，面试是公司挑选员工的一种重要方法。本节来讲解一些关于 UI 设计师面试的注意事项。

1. 借鉴

左下图所示为百度页面，右下图所示为谷歌页面，这两个页面没什么不同，布局上几乎是一模一样的。同行中布局相似的非常多，如淘宝与其他购物 App 、旧版 QQ 与 MSN。学习的过程是需要借鉴的，如果借鉴了体系性的东西，就要把好的设计理念保留下来，丢弃糟粕，这就是借鉴。做设计并不是凭空想象，否则就脱离了创意本身，创意是在前期有的基础上做出新的东西，而不是凭空捏造的。但也不能从布局到元素全都借鉴，如果借鉴得太多就成了抄袭。设计师在借鉴时要把握好这个度。

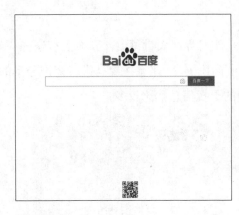

2. 面试

在面试 UI 设计师一职时，应注意以下几点。

（1）具备用户体验意识。

在面试时，要具有用户体验意识，想象自己就是产品，面试方是用户，从设计师的角度出发，考虑如何最快、最好地将自己的产品展示给用户。另外，作品最好放在手机上，可以直接给考官看，这样用户体验会更好。

（2）做好充足的准备。

在面试时，要对公司有详细的了解，这是应聘任何一个岗位都需要做的准备，可以通过下载公司的 App、查看公司的简介等方法来了解。

（3）展现出成熟稳重的一面。

面试时要给面试官成熟稳重的感觉，而不是今天很高兴，明天要离职的性格，这个也是用人单位录用员工时的重要衡量指标。

第**②**篇
设计之道

本篇帮助读者认识 UI 的设计之道，如怎么使用点、线、面来丰富设计效果，增强表现力，吸引读者眼球，以及如何通过色彩使设计更出众等。帮助读者迈出 UI 设计的第一步。

第 3 章
设计中的点、线、面

本章介绍平面设计中"点"的构成,包括"点"是什么、"点"的作用、"点"的特点。

3.1 平面构成中的"点"究竟是怎样的

大家都会有些错误的理解,普遍认为点有可能就是一个圆,其实在平面设计中点的元素不仅仅是圆,点的大小是可以有变化的。点既可以是圆点,也可以是不规则的或多边形的图形,所以点的形式不局限于一种形态,它可以随机进行一些变化,这就是广义上点的认知,如下图所示。

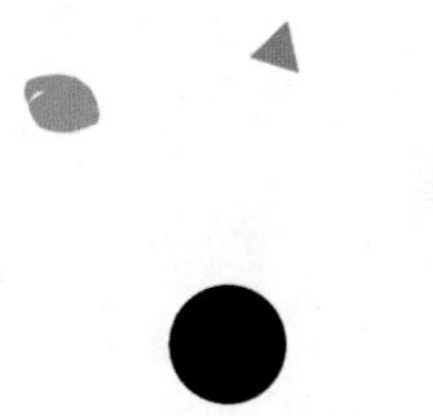

3.2 很多时候吸引眼球就靠"点"

本节来分析点的作用。

首先在 Photoshop 中新建一个空白文档,输入"立即购买",如左下图所示,但它看上去让人没有点进去的欲望。如果对其做一些修改,就会有不一样的效果,如右下图所示。对比可以看出,方形点更能引起用户的注意。

下面做一个长方形的点元素,在点元素上添加"立即购买"文本,再加一个三角形的点元素,就更能起到引导作用,如下图所示。

立即购买 ▶

提示

点元素在设计中运用得非常广，一般都作为一个细节进行展示。

下面介绍两个点元素的结合效果。一个点元素总是比较单调的，当两个点元素结合在一起的时候画面感就会呈现出来，如下图所示。由此可见，点元素在设计中往往能起到引起注意和表达强调的作用。

3.3 从苹果公司广告片分析"点"的气质

在学习本节知识前，首先来欣赏一下 2013 年苹果公司的宣传视频（可自行在网上搜索），这段视频中的元素主要是点和线，在欣赏的同时注意寻找点的特性。

1. 点是细小的

由下面两幅画面可以看出，每一个点的面积都不是很大，所以点给人的印象总是小的，如果点过大的话就成了面元素。

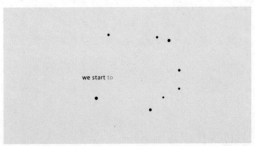
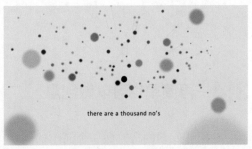

2. 点是生动的

由下图可以感受到点给人的感觉是动态的、生动的，像是从杯子中倒出来的水一样。

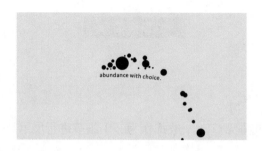

3. 点是有趣的

将下面两幅图放进 Photoshop 中来回切换，会发现点元素像在水中游动一样，非常有趣。

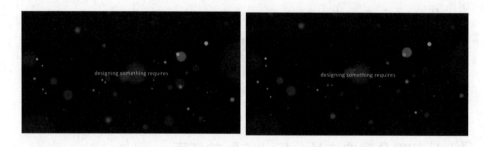

4. 点是简洁的

可以看出下面两幅图设计得非常简洁，表达的内容也非常明确。

3.4 再简单也可以做创意

本节利用点元素的特性做一个简单的创意。具体操作步骤如下。

第一步 打开 Photoshop 新建一个空白文档，设置【宽度】为"210mm"、【高度】为"297mm"、【分辨率】为"300 像素 / 英寸"、【颜色模式】为"CMYK 颜色"、【背景内容】为"白色"，单击【创建】按钮，如下图所示。

第二步　单击【画笔工具】按钮 ，选择【窗口】→【画笔】选项，在弹出的【画笔】面板中选中【形状动态】【散布】【传递】【平滑】复选框，并对其进行设置，如下图所示。

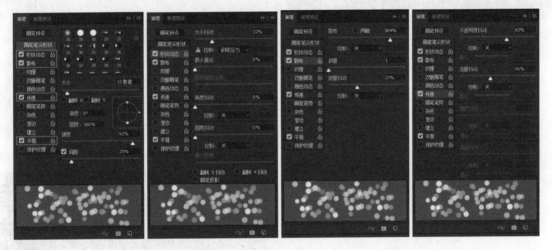

第三步　将前景色设置为灰白色，在图层上随意拖曳，效果如下图所示。

第四步　单击【文字工具】按钮 T ，输入"DESIGN"，【字体颜色】设置为"白色"，双击"DESIGN"图层对字体做特效，单击【确定】按钮，如下图所示。

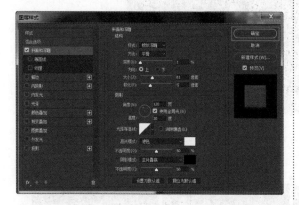

第五步　最终效果如下图所示。

3.5　点的固位性与凝聚性

本节来介绍点元素的两个运用方向。

1. 点元素是有延续性和凝聚力的

第一步　打开 AI 软件，选中一个点元素拖曳至【画笔】面板中，在弹出的【新建画笔】窗口中选中【散点画笔】单选按钮，单击【确定】按钮，如下图所示。

第二步　在弹出的【散点画笔选项】窗口中设置参数，单击【确定】按钮，如下图所示。

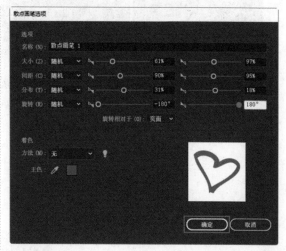

第三步　新建一个面板，使用【画笔工具】 画出一个"love"，效果如下图所示。

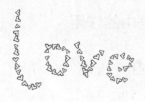

2. 点元素的固定性

点元素给人的感觉是分散的，不够集中，但点元素是有强调作用的。下面来介绍如何将点元素固定起来。具体操作步骤如下。

第一步 使用【画板工具】 将画板的高度拉高，如下图所示。

第二步 选中所有的点元素，移至画笔的中央区域，单击【钢笔工具】按钮 ，画出一个心形的图形，填充为红色，如下图所示。

第三步 选中所有的点元素并右击，在弹出的快捷菜单中选择【建立剪切蒙版】选项，如下图所示。

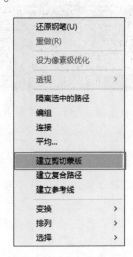

第四步 最终的效果如下图所示。

3.6　点元素在后期印刷中的作用

本节来介绍点元素在后期印刷过程中起到的创意作用。下面先介绍两种利用点元素的设计方案。

1. 挖空版

第一步　打开"素材 \ch03\3.6\woman.jpg"文件，新建一个图层，命名为"白色"，选择【编辑】→【填充】选项，在弹出的【填充】对话框中选择【前景色】选项，单击【确定】按钮，如下图所示。

第二步　在【图层】面板中调整【不透明度】为"78%"，单击【椭圆选框工具】按钮 ，按住【Shift】键画出一个圆形，按【Delete】键删除圆形区域中的白色，如下图所示。

第三步　重复使用【椭圆选框工具】 ⬭ 绘制两个圆，再将图层不透明度调至"100%"，效果如下图所示。

> 💡 **提示**
>
> 按【Ctrl+D】组合键或右击选择【取消选择】选项，可以取消选区框。

第四步　单击【钢笔工具】按钮 ✎，绘制一条直线，设置线元素的【填充】为"无"、【描边】为"黑色"、【粗细】为"1 点"，如下图所示。

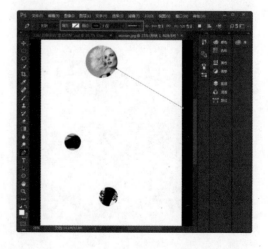

第五步 重复第四步的操作绘制线元素，效果图如下所示。

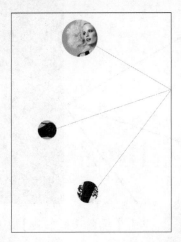

第六步 单击【文字工具】按钮 T，输入 "Designer"，设置【字体】为 "方正中等线简体"，【字号】为 "100"，【字体颜色】为 "灰色"，如下图所示。

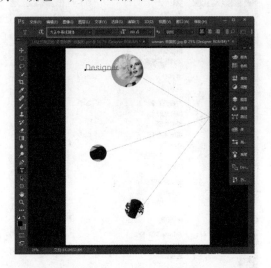

💡 **提示**

选中几个图层并右击，在弹出的快捷菜单中选择【合并图层】选项，将图层做一个组合，如下图所示。

第七步 双击背景图层将其解锁，在弹出的对话框中单击【确定】按钮即可，解锁后的效果如下图所示。

第八步 选择【图像】→【画布大小】选项，在弹出的【画布大小】对话框中设置【宽度】为 "900 毫米"、【高度】为 "1200 毫米"，单击【确定】按钮，如下图所示。

第九步 新建一个背景图层，选择【编辑】→【填充】选项，在弹出的【填充】对话框中选择【颜色】选项，会弹出【拾色器（填充颜色）】对话框，选择相应的颜色，单击【确定】按钮，如下图所示。

第十步 选择【滤镜】→【杂色】→【添加杂色】选项，在弹出的【添加杂色】对话框中设置【数量】为"8"，单击【确定】按钮，如下图所示。

第十一步 选中【Designer】图层，单击【矩形选框工具】按钮，选中多余的线条元素，按【Delete】键删除，如下图所示。

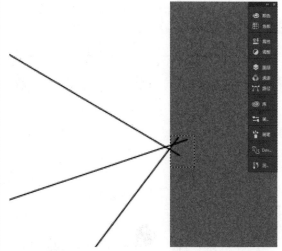

第十二步 单击【椭圆选框工具】按钮，选中"Designer"图层的边缘，选择【编辑】→【剪切】选项，如下图所示。

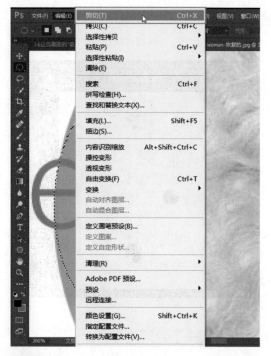

第十三步 选中【图层 0】图层，选择【编辑】→【选择性粘贴】→【原位粘贴】选项，如下图所示。

第十四步 将新生成的图层命名为"er"，选中【Designer】图层，选择【编辑】→【自由变换】选项，按【Ctrl】键做出图像的立体效果，如下图所示。

2. 开门式

第一步 新建一个【宽度】为"210mm"、【高度】为"190mm"的空白文档，单击【确定】按钮，如下图所示。

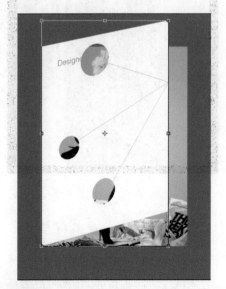

第二步 选择【视图】→【新建参考线】选项，在弹出的【新建参考线】对话框中选中【垂直】单选按钮，设置位置为"25%"和"75%"，效果如下图所示。

第十五步 选中【bg】图层，单击【钢笔工具】按钮，设置【形状填充】为"黑色"，将【不透明度】调至"14%"，最终效果如下图所示。

第三步 使用【矩形选框工具】▦选中画布的中间部分填充颜色，打开"素材 \ch03\ 哑铃 .ai"文件，新建一个 50% 的参考线，如下图所示。

第四步 使用【矩形选框工具】▦选中素材的一半，选择【编辑】→【拷贝】选项，将其粘贴到新建文档中，选择【编辑】→【自由变换】选项，再按住【Shift】键调整图像大小，如下图所示。

第五步 再新建一个水平位置为 50% 的参考线，调整图片至中间位置，按住【Alt+Shift】组合键将图标拖至左边，如下图所示。

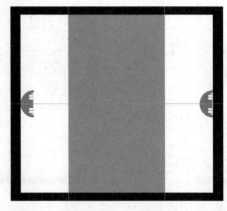

第六步 选择【编辑】→【变化】→【水平翻转】选项，效果如下图所示。

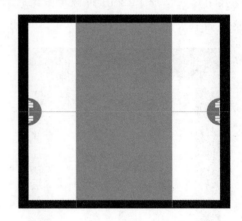

3.7 平面构成中线的"特质"

本节来介绍线，线可以分为直线、曲线及曲折线。

直线给人的感觉没有太多的波动，相对来说是比较平稳的，所以给人的感觉是静态的。而当你看到一个圆形的时候，总会觉得其会往左或往右滚动，所以曲线给人一种动态的、不稳定的感觉。

结合曲线和直线的图形称为曲折线，这种曲折线给人的感觉是不安定的，好像是在随时随地地移动，把它移动到哪个位置都是可以的，一般用于绘制定位的图标。曲折线是比较杂的，所以给人的感觉是焦虑的、焦躁不安的。

　　线的不同粗细给人的感觉也是不一样的，细的线比较秀气、柔美，而粗的线比较厚重、粗笨；细字体常用于时尚、科技等领域，粗字体一般被应用于机械等领域。

3.8　线元素的应用

本节将介绍线元素的应用，包括线的分隔、线的力场和线的强调作用 3 部分。

1. 线的分隔

第一步 打开 InDesign 软件，选择【文件】→【新建】→【文档】选项，在弹出的【新建文档】对话框中设置【宽度】为"210mm"，【高度】为"285mm"，单击【边距和分栏】按钮，然后单击【确定】按钮即可，结果如下图所示。

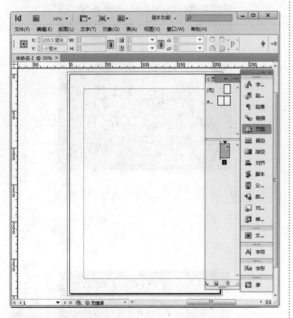

第二步 在【页面】面板中单击【新建】按钮，新建两张页面，选中第 1 页，选择【文件】→【置入】选项，选择"素材 \ch03\3.8 线元素的分割 \标志新 .ai"文件即可，如下图所示。

第三步 根据需求调整其显示效果，使用【直线工具】将 LOGO 与 LOGO 之间做一个分隔，这样会特别清晰，如下图所示。

第四步 置入"素材 \ch03\3.8 线元素的分割 \迪诺水镇 .jpg"文件，缩放至合适大小，如下图所示。

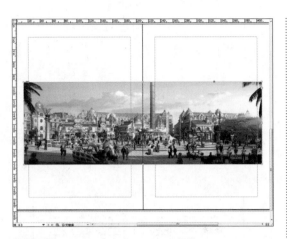

第五步 使用【矩形工具】 ▣ 绘制一个大的矩形，填充为"红色"并右击，在弹出的快捷菜单中选择【排列】→【置为底层】选项，如下图所示。

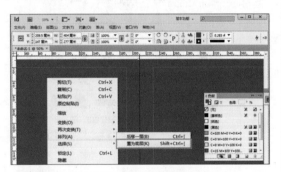

第六步 使用【直线工具】 ⊿ 绘制直线，设置【描边】为"白色"、【粗细】为"2点"，按住【Alt】键复制，如下图所示。

第七步 选中素材图片并调整其长度，如下图所示。

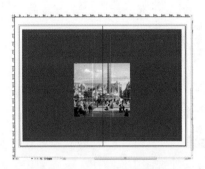

第八步 使用【矩形工具】 ▣ 选中最右列的前两个方框，利用【吸管工具】 ⊿ 吸取底色进行填充，如下图所示。

第九步 按住【Alt】键将矩形框拖曳至左列的后两个方框中，选中图片和线条并做适当的调整，如下图所示。

第十步 使用【矩形工具】 ▣ 绘制一个矩形框，打开"素材 \ch03\3.8 线元素的分割 \ 文

案.rtf"文件,复制内容粘贴至矩形框,设置【字体】为"方正中等线简体"、【字体颜色】为"白色",调整到适当的位置即可,如下图所示。

第十一步　选择【文件】→【导出】选项,最终的效果如下图所示。

2. 线的力场

线的力场作用包括以下几方面。

(1)引导注意力。

打开"素材/ch03/线的力场.indd"文件,对比下面两幅图,可以看出右边加了线的标题更能引起人的注意。这是在设计中最常用的技巧,为了让标题更醒目,可以选择加一条线。

(2)强化层次。

如下图所示,如果在标题的上下分别加一条线,视觉上的层次感就出来了。常用于期刊杂志的设计,可以强化视觉层次。

(3)均衡画面感。

通过对比下面两幅图可以看出,左侧图给人的感觉是靠左的,右侧图经过右侧线条的修饰,给人的感觉就比较均衡了。

（4）引导视线，让受众更感兴趣。

前面讲过线有引导注意力的作用，下面对其做了一个加强。由下图可以看出，图中加粗的线条不仅有引导注意力的作用，更有强化视觉吸引力的作用。

3. 线的强调

先来看一个课纲，如下图所示。

							课时安排
Ps	Photoshop是学习淘宝装修、平面设计、广告摄影、影像创意、网页制作、家装设计、视觉创意、界面设计等行业人士的必备工具。						
创意合成	工具	抠图	通道蒙版	调色	图层样式	滤镜	30
Ai	Adobe Illustrator是一种应用于出版、多媒体和在线图像的工业标准矢量插画的软件，作为一款非常好的图片处理工具，Adobe Illustrator广泛应用于印刷出版、海报书籍排版、专业插画、多媒体图像处理和互联网页面的制作等，可以为线稿提供较高的精度和控制，适合生产任何规模的复杂项目。						
色彩精准	工具	"联想"名片制作	DM单页设计	IOS用户界面设计	iPod产品设计	"联想""蒙牛"包装设计	15
Id	InDesign软件是一个定位于专业排版领域的设计软件，为杂志、书籍、广告等复杂的设计工作提供了一系列完善的排版功能。						
排版便捷	工具	排版原理分析	酒店企业画册	时尚杂志封面	旅游、科技杂志	常州创意图项目实战	15
	专业设计师及绘图爱好者可以用CoreDRAW来设计简报、彩页、手册、产品包装、标识、网页和其他；该软件提供智慧形绘图工具以及新的动态向导可以充分降低用户的操作难度，让用户可以更精确地创建物体尺寸和位置，减少单击步骤，节省设计时间						
绘图强大	工具	"上元"企业宣传册	LOGO（标志设计）	VI（视觉识别设计）	"五芳斋"包装设计	项链制作	15
项目实训	商业海报设计、公益海报、矢量设计应用各1份						6
							81

下面利用前几节讲的内容对课纲做些简化。左下图给人的感觉有点散，感觉是从上往下读，区分不够明显，层次感不强；而右下图添加了一些边框，立马给人的感觉就不一样了，层次感和重点就突出了。

由下面两幅图可以看出，经过右图的优化，人的视线就集中在了线框以内，起到了强调的作用。

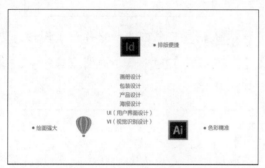 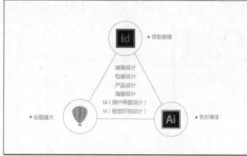

 提示

线框的粗细不同给人的感觉也是不一样的，粗线框可以加强人的视觉感，但在做设计的时候一定要把握好度。

3.9　对线元素进行破坏组合

本节将从三个方面来介绍线的应用，分别是线的分割、线的力场及线的强调。首先来看线的分隔。

第一步　打开 InDesign 软件，新建一个 210x 285 毫米的空白文档，单击【边距和分栏】按钮，在弹出的【新建边距和分栏】对话框中单击【确定】按钮，如下图所示。

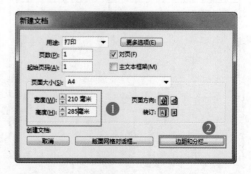

第二步　单击【文字工具】按钮 **T**，按住鼠标左键拖曳出一个文本框，输入"第 3 章；平面构成中的'线'；认知、分割、力场、强调"，选中内容，单击【右对齐】按钮 ，效果如下图所示。

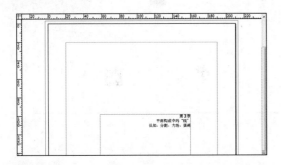

第三步　设置【字体】为"方正中等线简体"，设置"第 3 章"的【字体颜色】为"黑色 70%"、【字号】为"12"，"平面构成中的'线'"为"蓝色"、【字号】为"12"，"认知、分割、力场、强调"为"黑色 50%"、【字号】为"10"，按住【Alt】键的同时按上下方向键调整行间距，如下图所示。

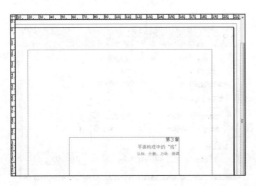

第四步　单击【选择工具】按钮 ，将文本框调至中间位置，再使用【椭圆工具】 并按住【Shift】键绘制一个粗细为"0.75 点"的圆，如下图所示。

第五步　重复第四步的操作绘制圆形，使用【剪刀工具】 将最小的圆减掉一半，如下图所示。

第六步　选中 3 个圆形，单击【右对齐】按钮 ，再单击【垂直居中对齐】按钮 ，将其移至适当位置，如下图所示。

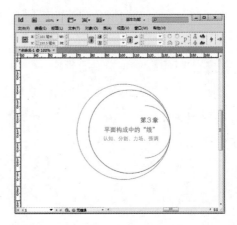

第七步 全选文本框，选择【文字】→【创建轮廓】选项，将文字轮廓化并右击，在弹出的快捷菜单中选择【编组】选项，如下图所示。

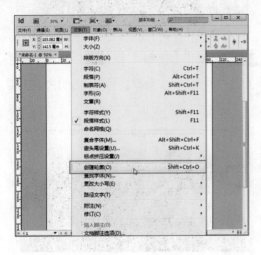

第八步 再移至版面的中央位置，选择【文件】→【导出】选项，选择导出为 PDF 格式，单击【导出】按钮即可，最终效果如下图所示。

3.10 利用线元素的延伸丰富结构

本节以"吃、玩、乐"的度假海报为例，进一步介绍"线"元素的分隔、强调等作用，制作度假海报的具体操作步骤如下。

第一步 用 Photoshop 打开"素材 \ch03\bg.jpg"文件，使用【直线工具】绘制一条直线，设置【填充】为"无"、【描边】为"白色"、【粗细】为"6 点"，如下图所示。

第二步 利用同样的方法再绘制一条竖线，然后使用【椭圆工具】并按住【Shift】键绘制一个圆，设置【填充颜色】为"洋红色"、【描边】为"无"，移至合适位置，如下图所示。

第三步　在【图层】面板中双击"椭圆"图层，在弹出的【图层样式】对话框中设置【描边】为"6像素"，【颜色】为"白色"，单击【确定】按钮，如下图所示。

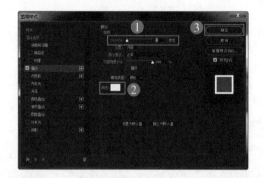

第四步　选择【椭圆】图层，将【不透明度】设置为"50%"，如下图所示。

第五步　重复第一步和第二步的操作绘制直线和圆，将"素材 /ch03/05.jpg"文件拖曳至圆的位置，选中该图层并右击，在弹出的快捷菜单中选择【创建剪贴蒙版】选项，如下图所示。

第六步　使用【矩形工具】■绘制一个矩形，填充为"黑色"，再设置【不透明度】为"45%"，如下图所示。

第七步　使用【文字工具】T，输入文本内容"采摘区"，设置【字体颜色】为"黄色"，如下图所示。

第八步　使用【多边形工具】将边数设置为"3"，绘制一个小的三角形，填充为"黄色"，按【Ctrl+T】组合键调整图像大小并移至合适的位置，如下图所示。

第九步　再次使用【文字工具】**T.**，输入文本内容"适当的户外生活"，设置【字体颜色】为"白色"，按住【Alt】的同时按上下方向键调整行间距，如下图所示。

3.11 平面构成中"面"的类型

我们知道点成线、线成面，所以面一定是由线得到的。线在运动的过程中所产生的轨迹就形成了面，如下图所示。

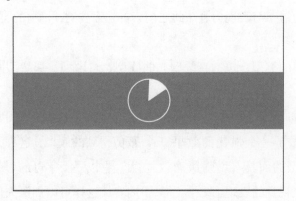

面的类型包括以下几个。

（1）直线型：就是棱角分明的面，不一定是矩形，也有可能是正方形、多边形等，如下图所示。

（2）曲线型：可以是有形的和无形的面，如下图所示。

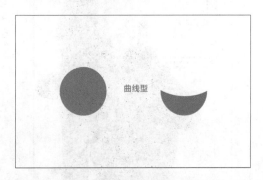

（3）自由型：相对来说比较随性、张扬一点，如下图所示。

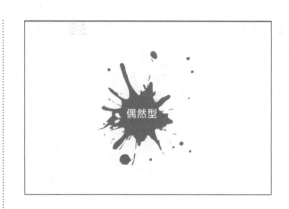

（4）偶然型：一般是以一个形状为基础，如墨汁形成的面等，如下图所示。

3.12　面的情感与表现力

本节介绍"面"的情感与表现力，在此之前，首先需要对"面"的类型做一个细致的剖析。

1. 剖析面的类型

上节已经介绍了面的类型，包括直线型、曲线型、自由型、偶然型四种，接下来再分析这四种面的情感与表现力。

（1）直线型。如下图所示，单独把"Magazine"的"e"做了一个强化的效果，由此可以看出，直线型的面具有增强版面效果的功能，也可以加强视觉的表现力。

（2）曲线型。下图所示为利用两个"圆面"裁剪得到的效果，这种类型可以赋予版面表现力。它以一个字母的形状呈现，里面再放很多内容，这样可以加深人们对图像的记忆力，如果把里面的内容变成要说的话也是很浪漫的。

（3）自由型。如下图所示，当图片放进文章中，周边的内容会自觉地收缩。可以体现出版面的随性、自由，也使整体的感觉具有灵活性，给人的感觉是造型独特。

（4）偶然型。下图所示的大厦效果图，是用很多个形状把版面分隔开，经过这样的处理，可以增强新奇感和趣味性，也能凸显版面的戏剧性，提升作品的艺术性。

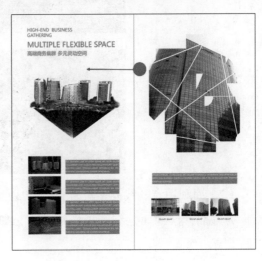

2. 抒发真情实感的面

"面"是可以抒发情感的，也可以抒发整个作品的情绪。"面"给人的印象是具体的、直观的，可以将主题信息很形象地传递出来，如下图所示。

面的形态特征主要由它的构成因素来决定。例如，有些面在视觉上给人以消极感，有些则给人以积极感，怎么区分面的积极与消极呢？

（1）在几何学中，将利用点、线的移动或放大得到的面称为实面，这种面是有积极感的，如下图所示。

（2）而利用点、线元素集合排列构成的面称为虚面，这种面是有消极情绪的面，如下图所示。

"点""线""面"在建筑行业的应用是比较常见的，包括以下几个方面。

（1）综合对比构成的设计，如下图所示。

（2）线与面的对比构成的室内设计，如下图所示。

（3）线的构成在建筑立面方面的应用，如下图所示。

第4章
色彩的表达艺术

　　色彩是能引起人们共同的审美愉悦感的最为敏感的形式要素,也是最有表现力的要素之一,因为它能直接影响人们的情感。

　　本章主要讲解色彩的色系、色彩的三大属性、色彩的色调及色彩的印象等内容。

4.1　色彩的三大属性

　　丰富多样的颜色可以分成两个大类,即无彩色系和有彩色系。

　　无彩色系:指白色、黑色以及由白色、黑色调和形成的各种深浅不同的灰色。

　　有彩色系:指红、橙、黄、绿、青、蓝、紫等颜色。不同明度和纯度的红、橙、黄、绿、青、蓝、紫色调都属于有彩色系。

　　色彩具有3个基本属性:色相、纯度(也称彩度、饱和度)、明度。在色彩学上也称为色彩的三大要素或色彩的三大属性,如下图所示。

1. 色相

　　色相是有彩色系的最大特征,是指能够比较确切地表示某种颜色色别的名称,如下图所示。从光学物理上讲,各种色相是由射入人眼的光线的光谱成分决定的。对于单色光来说,色相的面貌完全取决于该光线的波长;对于混合色光来说,则取决于各种波长光线的相对量。物体的颜色是由光源的光谱成分和物体表面反射(或透射)的特性决定的。

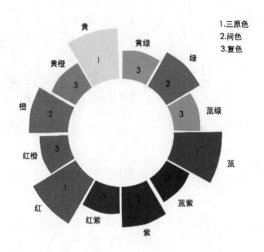

2. 纯度

纯度是指色彩的纯净程度，它表示颜色中所含色彩成分的比例。含有色彩成分的比例越大，则色彩的纯度越高；含有色彩成分的比例越小，则色彩的纯度越低。光谱的各种单色光是最纯的颜色，为极限纯度。当一种颜色加入黑、白或其他色彩时，纯度就会产生变化。当加入的颜色达到较大的比例时，在肉眼看来，原来的颜色将失去本来的光彩，而变成混合的颜色了，如下图所示。当然这并不等于这种被混合的颜色里已经不存在原来的色素，而是由于大量地加入其他色彩，而使原来的色素被同化，人的眼睛已经无法感觉出来了。

3. 明度

明度是指色彩的明亮程度。由于各种有色物体的反射光量不同，而产生了颜色的明暗强弱。

色彩的明度有两种情况。一是同一色相的不同明度，如同一颜色在强光照射下显得明亮，弱光照射下显得较灰暗、模糊；同一颜色混合了黑色或白色以后也能产生各种不同的明暗层次。

二是同一颜色的不同明度。每一种纯色都有与其相应的明度。黄色明度最高，蓝紫色明度最低，红色、绿色为中间明度，如下图所示。

色彩的明度变化往往会影响到纯度，如红色加入黑色以后明度降低了，同时纯度也降低了；如果红色加入白色则明度提高了，纯度却降低了。

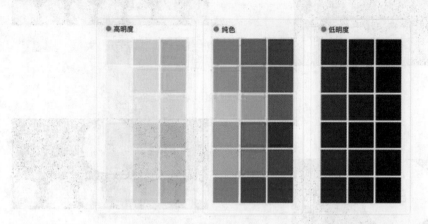

彩色的色相、纯度和明度三大特征是不可分割的，应用时必须同时考虑这三个特征。

4.2　够出彩才够出色

不同的色彩可以给人带来不同的感受，只有颜色搭配得出彩，才能设计出出色的作品。

1. 冷暖色调

冷暖色调是指色彩的冷暖分别。冷色和暖色是一种色彩感觉。冷色和暖色没有绝对的区分，色彩在比较中才会有冷暖。通常人们把红黄色系看作暖色系，具有温暖、强扩张的感受；蓝紫色系看作冷色系，具有寒冷、平静、收敛的感受；绿色系则看作是中性色系。如下图所示。

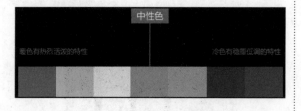

2. 颜色深浅

颜色深浅是指颜色的纯度（饱和度）的降低或增加。当一种颜色加入黑色、白色或其他色彩时，纯度就会产生变化。

亮色具有活跃兴奋的感觉，如水蓝色、青蓝色等；暗色具有高贵稳重的感觉，如深蓝色、黑色等，如下图所示。

3. 色彩印象

黑色：死亡、永久、庄重、坚实、刚强，如下图所示。

白色：纯洁、神圣、清洁、高尚、光明，如下图所示。在白色中加入其他颜色会显得更加高雅，感染力也会加强。

灰色：朴素、稳重、谦逊、平和，如下图所示。

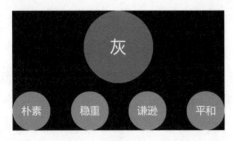

红色：积极、勇敢、热情、吉祥、危险、喜庆，如下图所示。红色与黑白灰搭配，会显现出富贵、高级的感觉。

橙色：收获、自信、健康、明朗、快乐、力量、成熟，如下图所示。

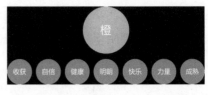

黄色：光明、希望、权威、财富、骄傲、高贵，如下图所示。黄色与橙色相得益彰，黄色配红色象征喜庆。

绿色：生命、和平、成长、希望、安全、青春、环保，如下图所示。

青色：清净、清凉、干爽、随和，如下图所示。青色与洋红色搭配，具有强烈的对比效果。

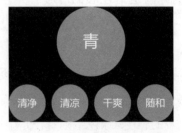

紫色：优雅、高贵、华丽、哀愁、梦幻，如下图所示。

4.3 色彩数量

配色首先要考虑的两个重要因素是色调和色相，之后才是色彩数量，色彩数量也是影响最终配色效果的基本要素。色彩数量多，给人自然舒展的印象；色彩数量少，就会显得洗练、雅致。色彩数量越少，统一性越强。三色以内为少数色。如果超过五色就体现出多彩的效果。

第一步 打开"素材 \ch04\4.3 色彩数量 .psd"文件，如下图所示。

第二步 选择【?】图层，双击所在图层，弹出【图层样式】对话框，如下图所示。

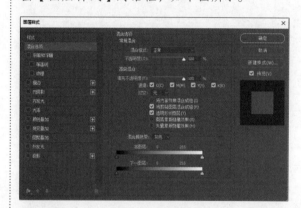

第三步 在【图层样式】对话框中选中【颜色叠加】复选框，将【颜色】设置为"黄色"（R：252；G：203；B：0），单击【确定】按钮，如下图所示。

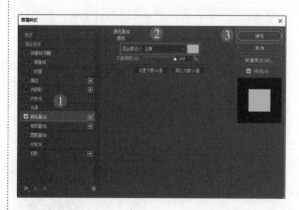

第四步　在图层面板中分别选中【图层 11副本】【图层 11 副本 3】【图层 11 副本 5】【图层 11 副本 7】【图层 1】图层，重复第二步至第三步的操作，添加【颜色叠加】样式，将【颜色】设置为"黄色"（R: 252; G: 203; B: 0），单击【确定】按钮，如下图所示。

4.4　色彩重量

　　前面介绍了关于色彩数量的内容，本节则主要介绍色彩重量。首先根据下图来分析一下已经完成的底色和文字配色效果。

　　图中有三种颜色，黄色、红色、白色。其中黄色是基色，红色是辅助色，但没有一种能单独凸显出来的颜色，如强调色。黄色和红色都是比较亮的颜色，这两种颜色组合在一起有些冲突感，所以总体效果不是很好。如果让你来给这个文件搭配底色和文字颜色，你会怎么做呢？

第一步　打开"素材 \ch04\4.4 色彩重量 .psd"文件。在【图层】面板中双击【背景】图层，如下图所示。

第二步　弹出【图层样式】对话框，选中【颜色叠加】复选框，在右侧【颜色】区域中单击【混合模式】后方的【设置叠加颜色】按钮，如下图所示。

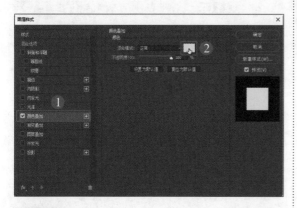

第三步　弹出【拾色器（叠加颜色）】对话框，将 C、M、Y、K 的值都设置为"0"，单击【确定】按钮，如下图所示。

第四步　返回【图层样式】对话框，单击【确定】按钮，如下图所示。

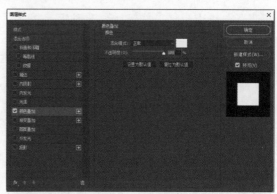

第五步　即可将背景色更改为白色，如下图所示。

第六步 在【图层】面板中选择【urbeatsTM】图层，单击【横排文字工具】按钮 **T**，选择"ur"文本，在【横排文字工具】选项栏中单击【颜色】按钮，如下图所示。

第七步 弹出【拾色器（文本颜色）】对话框，分别设置 C、M、Y、K 的值为"0、0、0、60"，单击【确定】按钮，如下图所示。

第八步 即可看到设置的文字颜色效果，如下图所示。

第九步 使用同样的方法设置其他文字的颜色，效果如下图所示。

提示

在一个设计中，基色占 70%，辅助色占 25%，点缀色占 5%。在本例中，基色是白色；辅助色是产品的颜色，即红色；而强调色是灰色，占到 5% 左右的颜色即为强调色。所以强调色不一定是非常亮的颜色，也可以是一种不引人注目的颜色。

4.5 色彩群组

色彩群组问题是设计人员必须面对的共性问题，这一节通过对两幅图片进行对比，介绍如何将文件中的各种颜色进行统一。

第一步　打开"素材\ch04\4.5 色彩群组 .ai"文件，可以看到两幅相同的图片，如下图所示。这里在下方的图片中进行设置，方便进行效果对比。

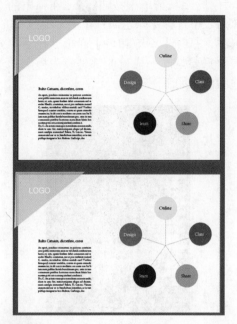

第二步　把下方图片中图形内的文字颜色更改为白色。可以发现，图形的颜色有深色的、浅色的、亮色的，色调很多，如下图所示。

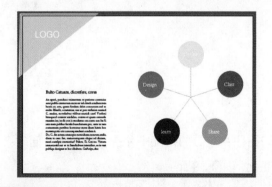

第三步　选择上方的黄色图形，双击【填色】按钮，打开【拾色器】对话框，在左侧拾取一个合适的点，单击【确定】按钮，如下图所示。

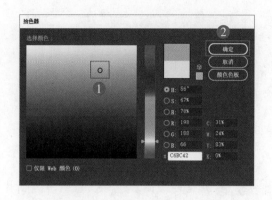

> 💡 **提示**
>
> 要记住这个点的位置，将其他颜色的亮度和饱和度均调整至该位置。

第四步　调整亮度和饱和度后的效果如下图所示。

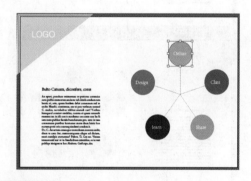

第五步　重复第三步至第四步的操作，以更改不同图形的亮度和饱和度，如下图所示。

第六步　调整完成后的效果如下图所示。

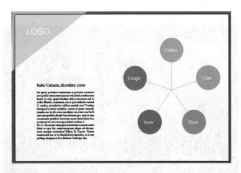

第七步　对比两幅图形，可以看到下方图片的颜色已经统一，如下图所示。

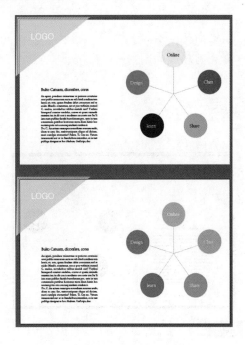

提示

此外，还可以执行【窗口】→【色板】命令，打开【色板】面板。单击右下角的【"色板库"菜单】按钮，在弹出的下拉列表中选择【颜色属性】→【不饱和度】选项，打开【不饱和色】面板，在下拉列表中只要是同一横行的都是较为搭配的不饱和色，如下图所示。

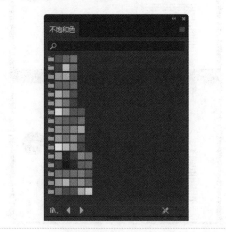

4.6　色彩的可视性

色彩的可视性是指色彩能否被看清楚的特性，往往在色彩的搭配中才能表现出来，同时会因背景、面积、明度、亮度、纯度的不同而产生变化，如下图所示。

色彩明度越高，纯度越高，面积比例越大，可视性越好。

第一步　打开"素材\ch04\4.6 色彩的可视性"文件夹，打开"啤酒 .ai"文件，如下图所示。

第二步　选择【画板工具】，单击选项栏中的【新建画板】按钮，拖曳鼠标至合适位置，单击新建画板，如下图所示。

第三步　选择【移动工具】，拖曳鼠标绘制选区，选择左侧画板中的素材，按住【Alt】键的同时拖曳鼠标至新建画板进行复制，如下图所示。

第四步　选择【一路走来其实并没有那么辛苦】图层，在【色板】面板中将【颜色】设置为"白色"（RGB 颜色值均为 255），效果如下图所示。

第五步　选择【201509】图层，在【色板】面板中将【颜色】设置为"灰色"（RGB 颜色值均为 137），效果如下图所示。

第六步 选择【矩形选框工具】▭，从左上角至右下角拖曳鼠标绘制矩形，如下图所示。

在弹出的快捷菜单中选择【创建剪贴蒙版】选项，最终效果如下图所示。

第七步 选择【移动工具】✛，按住【Shift】键的同时选择【矩形】和【背景】图层并右击，

第3篇

图标设计

本篇主要介绍 UI 设计中图标的设计。首先介绍图标的设计技巧，然后通过对大量 iOS 系列图标、生活必备 App 图标、视听类 App 图标、摄影类 App 图标、质感类 App 图标及 Dribbble 风格图标的设计过程的讲解，帮助读者快速成长。

第 5 章
PS 图标设计小技巧

如果你认为图标设计很简单，那一定是个误会。图标的设计不仅仅是将某些颜色、字体和漂亮的线条放在一起，在设计过程中还需要进行思考、艺术分析和系统规划。

本章主要讲解动作的使用、设计规范、像素对齐、布尔运算等内容。学会这些小技巧，在设计过程中会如虎添翼。

5.1 动作的使用

本节主要讲解动作的使用，载入动作的具体操作步骤如下。

第一步 打开"素材 \ch05\5.1 动作的使用 .psd"文件，执行【窗口】→【动作】命令，在【动作】面板中单击【更多选项】按钮■，如下图所示。

第二步 在【更多选项】列表中选择【载入动作】选项，如下图所示。

第三步 弹出【载入】对话框，选择"素材\ch05\5.2 参考线动作 .atn"文件，单击【载入】按钮。

第四步 在【动作】面板中即可查看载入的动作，如下图所示。

第五步 选择【icon 参考线】动作，双击该动作，弹出【动作选项】对话框，单击【功能键】右侧的下拉按钮☑，将功能键设置为【F3】，单击【确定】按钮，如下图所示。

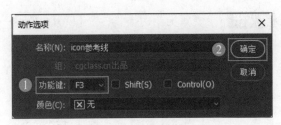

> 💡 **提示**
>
> 　　在动作快捷键被占用的情况下，需要重新设置快捷键。

5.2　绘制参考线的技巧

　　本节主要介绍如何通过【动作】命令绘制参考线。

第一步　接上一节操作，执行【窗口】→【动作】命令，在【动作】面板中单击【创建新动作】按钮 ，如下图所示。

第二步　弹出【新建动作】对话框，在【名称】文本框内输入文字"参考线练习"，单击【记录】按钮，如下图所示。

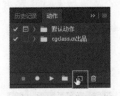

第三步　执行【文件】→【新建】命令，弹出【新建文档】对话框，在【宽度】【高度】文本框内分别输入"1280 像素"，【分辨率】设置为"72 像素 / 英寸"，【背景内容】设置为"灰色"（RGB 颜色值均为 90），单击【创建】按钮，如下图所示。

第四步　执行【视图】→【标尺】命令，在工作区内将鼠标指针放在标尺上并右击，在弹出的快捷菜单中选择【像素】选项，如下图所示。

第五步 执行【视图】→【新建参考线】命令，如下图所示。

 提示

如果【新建参考线】没有快捷键，可以执行【编辑】→【键盘快捷键】命令，在【键盘快捷键和菜单】对话框中选择【视图】→【新建参考线】选项设置快捷键。

第六步 弹出【新建参考线】对话框，选中【水平】单选按钮，在【位置】文本框中输入"128像素"，单击【确定】按钮，如下图所示。

第七步 按【Shift+Ctrl+M】组合键，执行【新建参考线】命令，弹出【新建参考线】对话框，在【位置】文本框中输入"196像素"，单击【确定】按钮，如下图所示。

第八步 重复第七步的操作，按【Shift+Ctrl+M】组合键，依次在弹出的【新建参考线】对话框中的【位置】文本框内输入"448像素""640像素""832像素""1084像素""1152像素"，单击【确定】按钮，效果如下图所示。

第九步 按【Shift+Ctrl+M】组合键，执行【新建参考线】命令，弹出【新建参考线】对话框，选中【垂直】单选按钮，在【位置】文本框中输入"128像素"，单击【确定】按钮，如下图所示。

第十步 重复第九步的操作，按【Shift+Ctrl+M】组合键，依次在弹出的【新建参考线】对话框中的【位置】文本框内输入"196像素""448像素""640像素""832像素""1084像素""1152像素"，单击【确定】按钮，效果如下图所示。

第十一步 单击【圆角矩形】按钮□，在工作区内单击，弹出【创建圆角矩形】对话框，在【宽度】【高度】文本框内分别输入"1024

像素"，【半径】文本框内分别输入"80 像素"，
单击【确定】按钮，如下图所示。

第十二步　在【图层】面板中按住【Shift】键
并选中【圆角矩形 1】和【背景】图层，如
下图所示。

第十三步　选择【移动工具】，在选项栏中
单击【水平居中对齐】按钮和【垂直居中

对齐】按钮，设置完成的参考线如下图
所示。

第十四步　在【动作】面板中单击【停止播放 /
记录】按钮，就完成了使用动作创建参考
线的操作，如下图所示。

> 💡 **提示**
>
> 双击动作，可以更改名称和快捷键。

5.3　像素对齐的重要性

　　一些图片放大后会看到一个个像素点，但是有时边缘有明显的锯齿形状，影响图片效果，
这就说明对象路径与像素网格没有对齐。本节主要讲解像素对齐的重要性。

1. 像素为什么要对齐

　　如果对象路径没有对齐像素网格，就会出现"次像素"，图形边缘就会显得模糊，如下图所示。

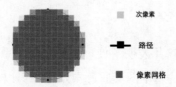

2. 出现模糊的原因

（1）创建图形时"宽度"和"高度"数值是奇数，如下图所示。

（2）"位置"数值包含小数点，如下图所示。

3. 如何让对象路径对齐像素网格

如果用的是 Windows 系统，那么选择【编辑】→【首选项】→【常规】→【工具】选项，选中【将矢量工具与变化和像素网格对齐】复选框即可，如下图所示。

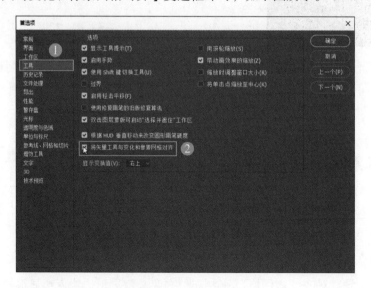

5.4　布尔运算

布尔是英国数学家，他在 1847 年发明了处理二值之间关系的逻辑数学计算法，包括联合、相交、相减，对两个或多个简单的基本图形通过布尔运算可以生成新的图形。现在布尔运算已经从简单的二维图形的布尔运算发展到三维图形的布尔运算。

5.4.1　初识布尔运算

本节主要介绍 Photoshop 软件中的布尔运算，通过椭圆与矩形的联合、相交、相减，讲解布尔运算的基本原理。

1. Photoshop 软件中的布尔运算

Photoshop 软件软件中的布尔运算有4种。

（1）合并形状：A 形状 +B 形状 =C 形状，如下图所示。

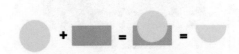

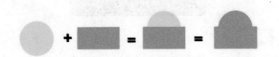

（2）减去顶层：A 形状 +B 形状 =C 未相交的底层形状（减去顶层形状），如下图所示。

（4）排除重叠形状：A 形状 +B 形状 =C 未重叠形状（减去重叠形状），如下图所示。

2. 使用布尔运算的条件

有些人可能发现用不了布尔运算，那么可能出现了以下几个问题。

（1）单个图形不能使用布尔运算。

（2）多个图形不在同一个图层内。对于这种情况，先选中需要的图层再选择合并形状，然后使用布尔运算。

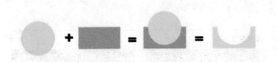

（3）与形状区域相交：A 形状 +B 形状 =C 相交形状（减去未相交形状），如下图所示。

（3）多个图形之间无相交。这种情况要先查看图形之间是否相交，再使用布尔运算。

5.4.2　通过布尔运算设计 E-mail 图标

本案例主要使用【裁剪工具】【矩形工具】【椭圆工具】【直接选择工具】【移动工具】来制作 Android 系统中的 E-mail 图标，效果如下图所示。

具体操作步骤如下。

第一步　在 Photoshop 中打开"素材 \ch05\5.4
参考图 .jpg"文件，按【F2】和【F3】键新
建参考线、引导线并绘制圆角矩形框，效果
如下图所示。

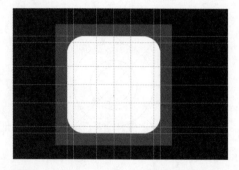

第二步　选择【裁剪工具】，拖曳鼠标创
建选区选中需要的图标，按两下【Enter】键
确定，方便查看参考图，执行【窗口】→【排
列】→【双联垂直】命令，如下图所示。

第三步　单击【圆角矩形】按钮，在【属性】
面板的【角半径】文本框内分别输入"360 像
素"，如下图所示。

第四步　右击【圆角矩形 1】图层，弹出快
捷菜单，选择【复制图层】选项，如下图所示。

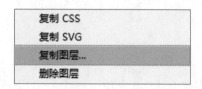

第五步　弹出【复制图层】对话框，在【复制为】
文本框中更改名称为"绿色"，单击【确定】
按钮，如下图所示。

第六步　双击所在图层缩略图，弹出【拾色器】
对话框，将吸管放到"5.4 参考图 .jpg"文件
的 E-mail 图标上吸取颜色，单击【确定】按钮，
如下图所示。

第七步　选择【椭圆工具】 ⬭，在工作区域
内拖曳鼠标绘制椭圆，如下图所示。

第八步　选择【移动工具】 ✥，将椭圆移动
至圆角矩形中上方，按住【Shift】键选中【椭
圆 4】和【绿色】图层，在选项栏中单击【水
平居中对齐】按钮 ≑，效果如下图所示。

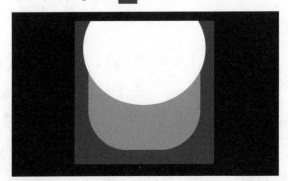

第九步　右击图层，弹出快捷菜单，选择【合
并形状】选项，如下图所示。

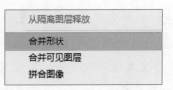

第十步　选择【矩形工具】 ▭，在选项栏中
单击【路径操作】下拉按钮 ▣，选择【减去
顶层形状】选项，如下图所示。

第十一步　重复第六步的操作，将吸管放到
"5.4 参考图 .jpg"文件的 E-mail 图标上吸
取颜色，单击【确定】按钮，效果如下图所示。

第十二步　选择【直接选择工具】 ▸，选中
椭圆底部节点，按住【Shift】键并拖曳鼠标，
同时调节节点控制手柄，如下图所示。

第十三步　选择【矩形工具】▭，在工作区内单击，弹出【创建矩形】对话框，在【宽度】和【高度】文本框中分别输入"600 像素""10 像素"，单击【确定】按钮，如下图所示。

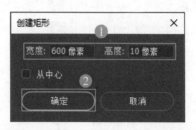

第十四步　在工具选项栏中单击【填充】按钮▭，将【颜色】设置为"灰色"（RGB 颜色值均为 180），效果如下图所示。

第十五步　选择【移动工具】✛，按住【Alt】

键并拖曳鼠标复制 3 个图形，分别移动至合适位置，如下图所示。

第十六步　按【Ctrl+T】组合键，执行【自由变换】命令缩小矩形，按【Enter】键确定变换，完成邮件图标的设计，如下图所示。

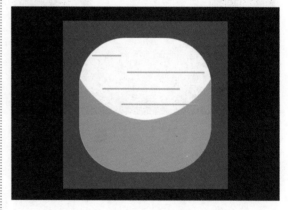

5.4.3　通过布尔运算设计 Camera 图标

本案例主要使用【裁剪工具】【矩形工具】【椭圆工具】【直接选择工具】【移动工具】来制作 Android 系统中的 Camera 图标，效果如下图所示。

第一步　在 Photoshop 中打开"素材 \ch05\5.4 参考图 .jpg"文件，按【F2】和【F3】键新建参考线、引导线并绘制圆角矩形，效果如下图所示。

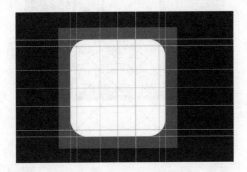

第二步　选择【裁剪工具】🔲，拖曳鼠标创建选区并选中所需图标，按两下【Enter】键确定，方便查看参考图，执行【窗口】→【排列】→【双联垂直】命令，如下图所示。

第三步　单击【圆角矩形】按钮🔲，在【属性】面板中的【角半径】文本框内分别输入"360 像素"，如下图所示。

第四步　双击所在图层缩略图，弹出【拾色器（纯色）】对话框，将吸管放到"5.4 参考图 .jpg"文件的 Camera 图标上吸取颜色，单击【确定】按钮，如下图所示。

第五步　选择【圆角矩形工具】🔲，在工作区内拖曳鼠标绘制圆角矩形，如下图所示。

第六步　在工作区右侧单击【属性】按钮，展开【属性】面板，将【填充】设置为"白色"（RGB 颜色值均为 255），在【角半径】文本框中分别输入"60 像素"，如下图所示。

第七步　选择【椭圆工具】〇，在圆角矩形内拖曳鼠标绘制椭圆，如下图所示。

第八步　重复第四步的操作，将吸管放到"5.4 参考图 .jpg"文件的 Camera 图标上吸取颜色，单击【确定】按钮，如下图所示。

第九步　选择【移动工具】✛，按住【Alt】键拖曳鼠标，复制两个椭圆，选中【椭圆 1 拷贝】图层，按【Ctrl+T】组合键，执行【自由变换】命令，缩小椭圆，按【Enter】键确定变换，如下图所示。

第十步　选择【椭圆工具】〇，在工具选项

栏中将【填充】设置为"白色"（RGB 颜色值均为 255），效果如下图所示。

第十一步　选中【椭圆 1 拷贝 2】图层，按【Ctrl+T】组合键，执行【自由变换】命令，缩小椭圆，按【Enter】键确定变换，并移动至圆角矩形左上角，效果如下图所示。

第十二步　按住【Shift】键并选中【椭圆 1 拷贝】【椭圆 1】【圆角矩形 2】【圆角矩形 1】【背景】图层，如下图所示，然后单击选项栏中的【垂直居中对齐】按钮 ▮ 和【水平居中对齐】按钮 ▮。

第十三步　选择【矩形工具】▢，在工作区内拖曳鼠标绘制矩形，效果如下图所示。

第十四步　在【属性】面板中的【角半径】文本框内分别输入"18像素"，如下图所示。

第十五步　选择【直接选择工具】▷，选中矩形上的4个节点，按【Ctrl+T】组合键，执行【自由变换】命令按住【Alt】键的同时向内拖曳鼠标，按【Enter】键确定变换，如下图所示。

第十六步　选中矩形上的2个节点，按【Ctrl+T】组合键执行【自由变换】命令，按住【Alt】键的同时向内拖曳鼠标，按【Enter】键确定变换，效果如下图所示。

第十七步　选中矩形左右两侧的节点，拖曳控制手柄调整弧度，效果如下图所示。

第十八步　选择【钢笔工具】✏，在工作区内绘制矩形，在选项栏中单击【填充】按钮▢，将【颜色】设置为"灰色"（RGB 颜色值均为168），效果如下图所示。

第十九步　在【图层】面板中将【不透明度】设置为"10%"，右击【矩形】图层弹出快捷菜单，选择【创建剪贴蒙版】选项，如下图所示。

停用矢量蒙版

创建剪贴蒙版

链接图层

第二十步　创建剪贴蒙版的效果如下图所示。

至此，就完成了相机图标的创建。

第 6 章
iOS 全系列图标

本章介绍 iOS 全系列图标的绘制。图标是 App 的重要组成部分之一，是一种由图形、图案、文字、动作、语言、音符等组成的图像符号。各种 App 软件层出不穷，图标作为用户对软件认知的桥梁，需要经过设计师巧妙地设计与细心绘制。本章通过讲解不同图标的绘制过程，让读者掌握不同的绘制方法和技巧。

6.1 我的第一个 iOS 图标——FaceTime

本案例主要使用【矩形工具】【直接选择工具】【移动工具】来制作 iOS 系统中的 FaceTime 图标，效果如下图所示。

1. 制作图标主体

第一步 打开"素材 \ch06\iOS.psd"文件，按【F2】和【F3】键新建参考线、引导线并绘制圆角矩形框，绘制效果如下图所示。

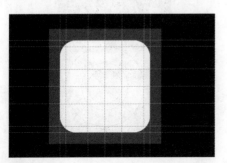

第二步 为了方便查看参考图，执行【窗口】→

【排列】→【双联垂直】命令，如下图所示。可将多个文档显示在工作区内，方便查看和操作。

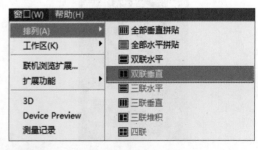

第三步 双联垂直效果如下图所示。

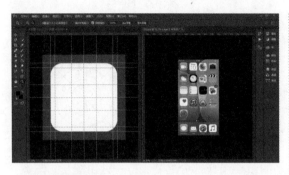

2. 设置颜色

第一步 选中【图层】面板中的【圆角矩形 1】图层，在工具选项栏中单击【填充】按钮▭，弹出填充列表，将【填充】设置为"渐变"，如下图所示。

第二步 在填充列表中双击左侧的【色标】按钮如下图所示，弹出【拾色器】对话框，将吸管放在"iOS.psd"文件中 FaceTime 图标下方边缘处吸取颜色，并单击【确定】按钮。

第三步 双击右侧的【色标】，弹出【拾色器】对话框，将吸管放在"iOS.psd"文件中

FaceTime 图标上方边缘处吸取颜色，单击【确定】按钮。将背景色设置为"白色"（RGB 值均为 225），背景色效果如下图所示。

3. 绘制图标

第一步 选择【圆角矩形工具】▭并单击，弹出【创建圆角矩形】对话框，在【宽度】和【高度】文本框中分别输入"512 像素"和"384 像素"，在【半径】文本框中分别输入"40 像素"，单击【确定】按钮，如下图所示。

第二步 在工具选项栏中单击【填充】按钮▭，在弹出的列表中将【填充】设置为"纯色"，如下图所示，然后颜色为"白色"。

第三步 选择【矩形工具】■，在圆角矩形的右侧绘制矩形，如下图所示。

第四步 选择【直接选择工具】，选中矩形左侧的两个节点。执行【编辑】→【自由变化点】命令，按住鼠标左键调节两个节点，按【Enter】键确定变换。自由变换点的效果如下图所示。

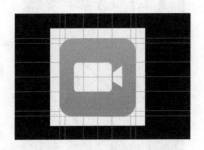

第五步 选择【矩形工具】■，在梯形右侧绘制长方形，效果如下图所示。

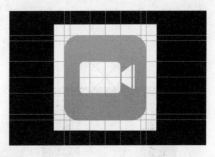

第六步 选择【矩形工具】■，在圆角矩形左上方绘制长方形，并使用【移动工具】将其移动到合适位置。制作完成的效果如下图所示。

6.2 注意字体的使用——日历

本案例主要使用【圆角矩形工具】【直接选择工具】【移动工具】【横排文字工具】来制作 iOS 系统中的 Calendario（日历）图标，效果如下图所示。

1. 新建文件

第一步　启动 Photoshop CC 软件，打开"素材 \ch06\ iOS.psd"文件，按【F2】和【F3】键，新建参考线、引导线并绘制圆角矩形，效果如下图所示。

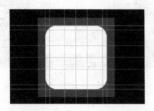

第二步　执行【窗口】→【排列】→【双联垂直】命令，双联垂直效果如下图所示。

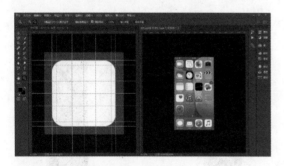

2. 添加文字

第一步　选择【横排文字工具】T，输入文字"10"，设置【字体】样式为"苹方体细体"，【文字大小】为"630 点"、【颜色】为"黑色"（RGB 参数值为 0），【文字效果】为"犀利"，如下图所示。

第二步　选择【移动工具】，将文字移动至合适位置，效果如下图所示。

第三步　选择【横排文字工具】T，输入文字"Monday"，设置【字体】样式为"苹方体细体"，【文字大小】为"178 点"、【颜色】为"红色"（R：255，G：0，B：0），【文字效果】为"犀利"，如下图所示。

第四步　选择【移动工具】，将文字移动至合适位置，效果如下图所示。

第五步 绘制完成后的效果如下图所示。

6.3 炫彩图标——照片

本案例主要使用【圆角矩形工具】【直接选择工具】【移动工具】来制作 iOS 系统中的 Fotos（照片），图标，效果如下图所示。

1. 新建文件

第一步 启动 Photoshop CC 软件，打开"素材 \ch06\iOS.psd"文件，按【F2】和【F3】键，新建参考线、引导线并绘制圆角矩形框，绘制效果如下图所示。

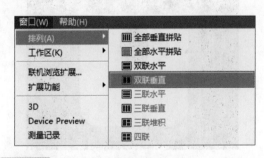

第三步 双联垂直效果如下图所示。

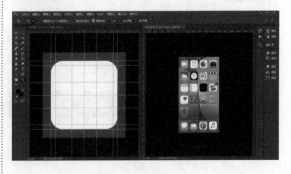

第二步 执行【窗口】→【排列】→【双联垂直】命令，如下图所示。

2. 绘制图形

第一步　选择【圆角矩形工具】 ▣，在工作区内单击，弹出【创建圆角矩形】对话框，在【宽度】和【高度】文本框中分别输入"278 像素"和"424 像素"，在【半径】文本框中分别输入"139 像素"，单击【确定】按钮，如下图所示。

第二步　选择【移动工具】 ✛，调整圆角矩形的位置，移动后效果如下图所示。

第三步　执行【编辑】→【自由变换】命令，在工具选项栏中的坐标轴【X】和【Y】文本框中分别输入"640 像素"，在【旋转角度】文本框中输入"45"，如下图所示。

第四步　按【Enter】键确定旋转，旋转图形后效果如下图所示。

第五步　按【Ctrl+Alt+Shift】组合键的同时重复按【T】键 7 次，阵列复制效果如下图所示。

3. 设置颜色

第一步　选中对应的图层，双击图层缩略图，弹出【拾色器】对话框，将吸管放在"iOS.psd"文件的 Fotos 图标中对应的颜色上吸取颜色，单击【确定】按钮，如下图所示。

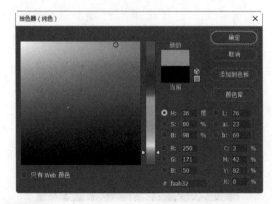

第二步　重复第一步的操作，对剩余的圆角矩形的颜色进行设置，效果如下图所示。

第四步 正片叠底效果如下图所示，至此，完成照片图标的绘制。

第三步 将第 1 个圆角矩形图层移动至最上面，按住【Shift】键全选圆角矩形图层，在【图层】面板中执行【正片叠底】命令，如下图所示。

💡 **提示**

可以按【Ctrl+G】组合键对圆角图层进行图层编组。

6.4 轻质感图标——相机

本案例主要使用【圆角矩形工具】【钢笔工具】【直接选择工具】【移动工具】【椭圆工具】来制作 iOS 系统中的 Camera（相机）图标，效果如下图所示。

1. 新建文件

第一步 启动 Photoshop CC 软件，打开"素材 \ch06\iOS.psd"文件，按【F2】和【F3】键，新建参考线、引导线并绘制圆角矩形，效果如下图所示。

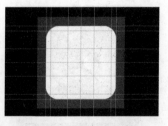

第二步 执行【窗口】→【排列】→【双联垂直】命令，双联垂直效果如下图所示。

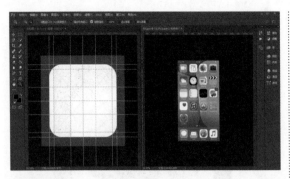

第三步 在工具选项栏中单击【填充类型】按钮▭，弹出填充类型列表，将【填充】设置为"渐变"，如下图所示。

第四步 在填充类型列表中双击左侧的色标，弹出【拾色器】对话框，将吸管放在"iOS.psd"文件中 Camera 图标下方边缘处拾取颜色，单击【确定】按钮。双击右侧的色标，弹出【拾色器】对话框，将吸管放在"iOS.psd"文件中 Camera 图标上方边缘处吸取颜色，单击【确定】按钮，如下图所示。

第五步 要想让渐变效果更加明显，可以将亮色色标向左移动，如下图所示。

2. 绘制外形

第一步 选择【圆角矩形工具】▢，在工作区内单击，弹出【创建圆角矩形】对话框，在【宽度】和【高度】文本框中分别输入"690 像素"和"532 像素"，在【半径】文本框中分别输入"52 像素"，单击【确定】按钮，如下图所示。

第二步 在工具选项栏中单击【填充】按钮▭，在弹出的列表中将【填充】设置为"纯色"，【颜色】为"黑色"，如下图所示。

第三步　填充颜色后效果如下图所示。

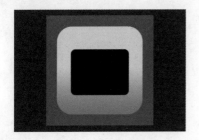

第四步　选择【矩形工具】▭，在工作区内单击，弹出【创建矩形】对话框，在【宽度】和【高度】文本框中分别输入"340 像素"和"86 像素"，单击【确定】按钮，如下图所示。

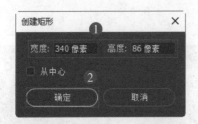

第五步　绘制矩形的效果如下图所示。

第六步　在【图层】面板中按住【Shift】键并选中【矩形 1】和【圆角矩形 2】图层，在工具选项栏中执行【水平居中对齐】命令，水平居中对齐效果如下图所示。

第七步　选择【直接选择工具】▸，选中矩形顶部两点。执行【编辑】→【自由变换】命令，按住【Alt】键的同时拖曳鼠标将两个节点向内收缩，按【Enter】键取消选择。自由变换的效果如下图所示。

第八步　在【图层】面板中按住【Shift】键并选中【矩形 1】和【圆角矩形 2】图层，然后右击，在弹出快捷菜单中选择【合并形状】选项，如下图所示。

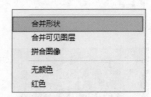

第九步　在工具选项栏中单击【路径操作】按钮▣，弹出下拉列表，选择【合并形状组件】选项，如下图所示。

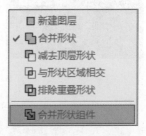

第十步　选择【钢笔工具】✎，按住【Alt】键的同时拖曳鼠标调整弧度。调整弧度后效果如下图所示。

提示

如果觉得矩形有些大，可以使用【直接选择工具】选中节点并右击，选择【自由变换点】选项，同时按住【Alt】键的同时拖曳鼠标即可缩小。

第三步 在所在图层空白处双击，弹出【图层样式】对话框，选中【内阴影】复选框，在【距离】文本框中输入"5"，【阻塞】文本框中输入"2"，【大小】文本框中输入"18"，单击【确定】按钮，如下图所示。

3. 添加阴影

第一步 接上步操作，在工具选项栏中单击【填充】按钮，在弹出的填充列表中将【填充】设置为"渐变"，如下图所示。

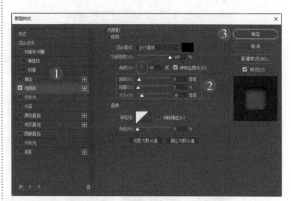

第四步 添加阴影效果后如下图所示。

4. 完善结构

第二步 在填充列表中双击左侧的色标，弹出【拾色器】对话框，将吸管放在"iOS.psd"文件中 Camera 图标下边缘处吸取颜色，单击【确定】按钮。双击右侧的色标，弹出【拾色器】对话框，将吸管放在"iOS.psd"文件中 Camera 图标上边缘处吸取颜色，单击【确定】按钮，如下图所示。

第一步 复制【矩形 1】图层，在图层空白处双击，在弹出的【图层样式】对话框中选中【描边】复选框，在【大小】文本框中输入"3"，将【颜色】设置为"白色"，单击【确定】按钮，如下图所示。

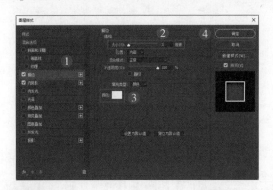

第二步　选择【矩形选框工具】 ，选中圆角矩形底部，效果如下图所示。

第三步　单击【图层】面板下方的【添加图层蒙版】按钮 ，添加蒙版效果后如下图所示。

第四步　双击图层空白处，弹出【图层样式】对话框，将内阴影中的【距离】设置为"0像素"、【阻塞】设置为"2%"、【大小】设置为"13像素"，单击【确定】按钮，如下图所示。

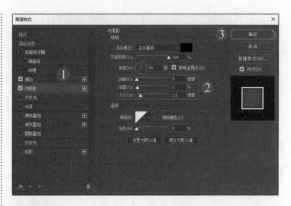

第五步　选择【矩形工具】 ，在工作区内单击，弹出【创建矩形】对话框，在【宽度】和【高度】文本框中分别输入"691 像素"和"9像素"，然后单击【确定】按钮，如下图所示。

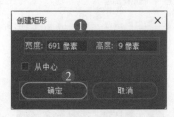

第六步　在工具选项栏中单击【填充】按钮 ，弹出填充类型列表，设置【填充】为"纯色"、【颜色】为"白色"、【描边】为"无"，如下图所示。

第七步　选择【移动工具】 ，按住【Shift】键选择全部图层，在工具选项栏中选择【水平居中对齐】选项，效果如下图所示。

第八步 在【矩形 1 拷贝】图层中右击，在弹出的快捷菜单中选择【转换为智能对象】选项，如下图所示。

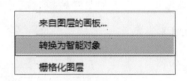

第九步 单击【添加图层蒙版】按钮，如下图所示。

第十步 选择【渐变工具】，单击【线性渐变】按钮，选择【前景色到背景色渐变】选项，拖曳鼠标从上至下完成渐变，如下图所示。

第十一步 双击所在图层空白处，弹出【图层样式】对话框，将投影中的【距离】设置为"6

像素"、【大小】设置为"5 像素"，单击【确定】按钮，如下图所示。

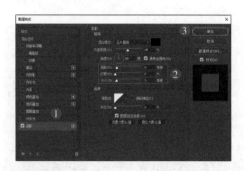

第十二步 在【矩形 2】图层中选择【移动工具】，在工具选项栏中取消选择【自动选择】选项，按住【Alt】键的同时拖曳鼠标向上复制矩形，并将其移动到合适位置，复制效果如下图所示。

第十三步 选择【椭圆工具】，按住【Shift】键的同时拖曳鼠标绘制圆形，在【属性】面板中将【填充】设置为"无"、【描边类型】设置为"纯色"、【描边大小】设置为"22 像素"，效果如下图所示。

第十四步 在工具选项栏中单击【描边类型】按钮，弹出描边类型列表，单击【拾色器】按钮，弹出【拾色器】对话框，将吸管放

在"iOS.psd"文件中 Camera 图标上边缘处吸取颜色,单击【确定】按钮,效果如下图所示。

第十五步 双击所在图层空白处,弹出【图层样式】对话框,将投影中的【距离】设置为"13像素"、【大小】设置为"5像素",单击【确定】按钮,如下图所示。

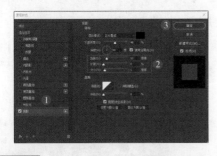

第十六步 选择【椭圆工具】◯,按住【Shift】键绘制图形。在工具选项栏中单击【填充】按钮■,弹出填充类型列表,单击【拾色器】按钮□,弹出【拾色器】对话框,将吸管放在"iOS.psd"文件中 Camera 图标上边缘处吸取颜色,单击【确定】按钮,设置效果如下图所示。

第十七步 在【椭圆4】图层中将鼠标指针放在【指定图层效果】fx处,按住【Alt】键的同时向上拖动,将指定图层效果复制到【椭圆5】图层中,如下图所示。

第十八步 绘制完成后效果如下图所示。

6.5 换种思路做设计——天气

本案例主要使用【椭圆工具】【矩形工具】【移动工具】来制作 iOS 系统中的 Tiempo(天气)图标,效果如下图所示。

1. 新建文件

第一步　打开"素材 \ch06\iOS.psd"文件，按【F2】和【F3】键，新建参考线、引导线并绘制圆角矩形，绘制效果如下图所示。

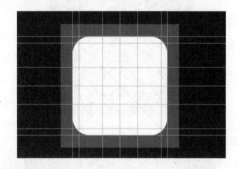

第二步　执行【窗口】→【排列】→【双联垂直】命令，双联垂直效果如下图所示。

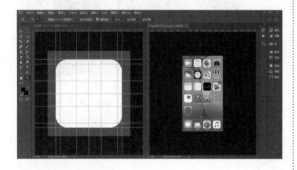

2. 设置颜色

第一步　在工具选项栏中单击【填充】按钮▣，在弹出填充类型列表中将【填充】设置为"渐变"，如下图所示。

第二步　在填充列表中双击左侧的色标，弹出【拾色器】对话框，将吸管放在"iOS.psd"文件中"天气"图标下边缘处吸取颜色，单击【确定】按钮。双击右侧的色标，弹出【拾色器】对话框，将拾管放在"iOS.psd"文件中"天气"图标上边缘处吸取颜色，单击【确定】按钮，如下图所示。

第三步　设置颜色后效果如下图所示。

3. 绘制图形

第一步　使用【椭圆工具】◯绘制圆形，效果如下图所示。

第二步　在【图层】面板中双击图层缩略图，弹出【拾色器】对话框，在"iOS.psd"文件中吸取颜色，单击【确定】按钮，如下图所示。

第三步　设置颜色后的效果如下图所示。

第四步　使用【椭圆工具】◉绘制 3 个大小不同的圆，然后使用【移动工具】✛调整位置使其重叠。效果如下图所示。

第五步　选择【矩形工具】▢绘制矩形并将底部补充完整。绘制完成的效果如下图所示。

6.6　早起早睡必备——闹钟

本案例主要使用【椭圆工具】【矩形工具】【横排文字工具】【移动工具】来制作 iOS 系统中的 Reloj(闹钟) 图标，效果如下图所示。

1. 新建文件

第一步　打开"素材 \ch06\iOS.psd"文件，按【F2】和【F3】键，新建参考线、引导线并绘制圆角矩形，效果如下图所示。

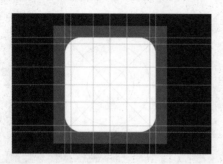

第二步　执行【窗口】→【排列】→【双联垂直】命令，双联垂直效果如下图所示。

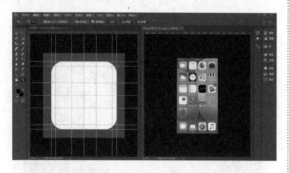

2. 绘制图形

第一步　选择【椭圆工具】◯，按住【Shift】键并拖曳鼠标绘制圆形，效果如下图所示。

第二步　在工具选项栏中单击【填充】按钮▢，弹出填充类型列表，设置【填充】为"纯色"、【颜色】为"白色"（RGB 值均为 255），设置【描边】为"无"。效果如下图所示。

所示。

第三步　选择【圆角矩形 1】图层，双击图层缩略图，弹出【拾色器】对话框，将【颜色】设置为"黑色"（RGB 值均为 0），单击【确定】按钮，如下图所示。

第四步　设置颜色后效果如下图所示。

3. 添加数字

第一步　选择【横排文字工具】Ｔ，输入数字"12"，在工具选项栏中设置【字体】样式为"苹方字体常规"、【文字大小】为"110点"、【颜色】为"黑色"（RGB 值均为 0）、【文字效果】为"犀利"，按住【Alt】键的同时按方向键调整字间距，设置文字属性后效果如下图所示。

第二步 执行【编辑】→【自由变换】命令，在工具选项栏中的【X】和【Y】坐标轴文本框中分别输入"640 像素"，在【旋转角度】文本框中输入"30"，如下图所示。

X: 640 像素　Y: 640 像素　W: 100.00%　H: 100.00%　△ 30　　度

第三步 按【Enter】键确定旋转，旋转效果如下图所示。

第四步 按住【Ctrl+Alt+Shift】组合键的同时重复按【T】键 11 次，阵列复制效果如下图所示。

第五步 在【12】图层中将数字设置为"1"，执行【编辑】→【自由变换】命令，在工具选项栏中的【旋转角度】文本框中输入"-30"，

按【Enter】键确定旋转。旋转效果如下图所示。

第六步 按第五步的操作将剩余数字设置为 2~11，执行【编辑】→【自由变换】命令，10 个数字的旋转度数值分别为 "-60 度""-90 度""-120 度""-150 度""180 度""150 度""120 度""90 度""60 度""30 度"。旋转完成后效果如下图所示。

4. 绘制图形

第一步 选择【椭圆工具】◉ 并在工作区内单击，弹出【创建椭圆】对话框，在【宽度】和【高度】文本框中分别输入"50 像素"，单击【确定】按钮，如下图所示。

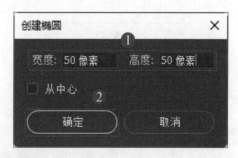

第二步 绘制椭圆的效果如下图所示。

 提示

执行【自由变换】命令可调整圆形大小。

第三步　在工具选项栏中单击【填充】按钮 ，弹出填充类型列表，设置【填充】为"纯色"、【颜色】为"灰色"（RGB 颜色值均为 51）、【描边】为"无"。效果如下图所示。

第四步　选择【矩形工具】 并在工作区内单击，弹出【创建矩形】对话框，在【宽度】和【高度】文本框中分别输入"340 像素"和"18 像素"，单击【确定】按钮，如下图所示。

第五步　绘制矩形的效果如下图所示。

第六步　选择【椭圆工具】 并在工作区内单击，弹出【创建椭圆】对话框，在【宽度】和【高度】文本框中分别输入"18 像素"，单击【确定】按钮，如下图所示。

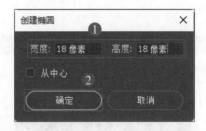

第七步　绘制椭圆的效果如下图所示。

第八步　选择【移动工具】 ，将椭圆的中心与矩形端点对齐，按住【Alt+Shift】组合键的同时拖曳鼠标复制椭圆，并将其移动至与另一中心点对齐。复制效果如下图所示。

第九步　按住【Alt+Shift】组合键的同时拖曳鼠标复制时针。执行【编辑】→【自由变换】命令，拖曳鼠标调整矩形的宽度和高度，如下图所示。

第十步　按住【Alt+Shift】组合键的同时拖曳鼠标复制时针。执行【编辑】→【自由变换】命令，拖曳鼠标调整矩形的宽度和高度，如下图所示。

第十一步　双击图层缩略图，弹出【拾色器】对话框，将吸管放在"iOS.psd"文件中闹钟图标上相对应的颜色上吸取颜色，单击【确定】按钮，如下图所示。

提示

将上面3个图层的名称分别修改为【时针】【分针】【秒针】图层。

第十二步　在【时针】图层中执行【编辑】→【自由变换】命令，按住【Alt】键的同时将中心移动至图标中心点，拖曳鼠标旋转角度。旋转效果如下图所示。

第十三步　重复第十二步的操作，将分针和秒针进行旋转。旋转完成后效果如下图所示。

第十四步　选择【椭圆工具】◉并在工作区内单击，弹出【创建椭圆】对话框，在【宽度】和【高度】文本框中分别输入"18像素"，单击【确定】按钮，如下图所示。

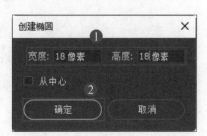

第十五步 双击图层缩略图，弹出【拾色器】对话框，将吸管放在"iOS.psd"文件中闹钟图标上相对应的颜色上吸取颜色，单击【确定】按钮，如下图所示。

第十六步 选择【移动工具】，将椭圆中心点与图标中心点对齐。对齐效果如下图所示。

第十七步 选择【椭圆工具】并在工作区内单击，弹出【创建椭圆】对话框，在【宽度】和【高度】文本框中分别输入"16 像素"，单击【确定】按钮。双击图层缩略图，弹出【拾色器】对话框，将【颜色】设置为"红色"（R:252，G:118，B:89），单击【确定】按钮，效果如下图所示。

第十八步 将第十七步绘制的椭圆移至图标中心点，最终效果如下图所示。

6.7　再也不担心走丢了——地图

本案例主要使用【矩形工具】【钢笔工具】【直接选择工具】【移动工具】来制作 iOS 系统中的 Mapas(地图) 图标，效果如下图所示。

1. 新建文件

第一步 启动 Photoshop CC 软件，打开"素材 \ch06\iOS.psd"文件，按【F2】和【F3】键，新建参考线、引导线并绘制圆角矩形，效果如下图所示。

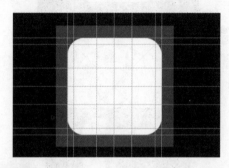

第二步 执行【窗口】→【排列】→【双联垂直】命令。双联垂直效果如下图所示。

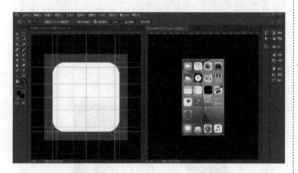

2. 绘制图形

第一步 选择【矩形工具】■并在工作区内单击，弹出【创建矩形】对话框，在【宽度】和【高度】文本框中分别输入"900 像素"和"170 像素"，单击【确定】按钮，如下图所示。

第二步 在工具选项栏中单击【填充】按

钮■，弹出填充类型列表，单击【拾色器】按钮，弹出【拾色器】对话框，将吸管放在"iOS.psd"文件中地图图标相应处吸取颜色，单击【确定】按钮，如下图所示。

第三步 选择【移动工具】✥，将矩形移动到合适位置，效果如下图所示。

第四步 右击【矩形 1】图层空白处，弹出快捷菜单，选择【创建剪贴蒙版】选项。剪贴蒙版效果如下图所示。

第五步 选择【移动工具】✥，按住【Alt+Shift】组合键的同时拖曳鼠标复制矩形到合适位置并右击，弹出快捷菜单，选择【创建剪贴蒙版】选项，效果如下图所示。

第六步 选择【矩形工具】■，双击所在图层缩略图，弹出【拾色器】对话框，将吸管放在"iOS.psd"文件中地图图标相应处吸取颜色，单击【确定】按钮，效果如下图所示。

第七步 在【属性】面板中设置【描边】为"纯色"、【颜色】为"45% 灰色"、【大小】为"2 像素"，如下图所示。

第八步 在【矩形 1】图层中重复第七步的操作，描边效果如下图所示。

第九步 选择【移动工具】✥，按住【Alt+Shift】组合键的同时拖曳鼠标复制矩形到合适位置，效果如下图所示。

第十步 按【Ctrl+T】组合键自由变换矩形大小，按【Enter】键确定变换，效果如下图所示。

第十一步 双击图层缩略图，弹出【拾色器】对话框，将吸管放在"iOS.psd"文件中 Mapas 图标下方吸取颜色，单击【确定】按钮，效果如下图所示。

第十二步 选择【矩形工具】■，拖曳鼠标绘制矩形。在工具选项栏中设置【填充】为"无"、描边大小为"100"、描边颜色为"蓝色"（R:64，G:155，B:255），效果如下图所示。

第十三步 选择【矩形选框工具】，拖曳鼠标绘制选区，如下图所示。

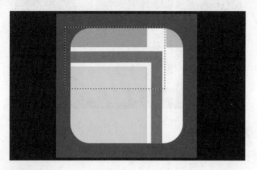

第十四步 在【图层】面板中单击【添加图层蒙版】按钮，效果如下图所示。

第十五步 在【矩形 1 拷贝】图层中选择【移动工具】，按住【Alt+Shift】组合键的同时拖曳鼠标复制矩形到合适位置并右击，在弹出快捷菜单中选择【创建剪贴蒙版】选项，效果如下图所示。

第十六步 按【Ctrl+T】组合键自由变换矩形大小，按【Enter】键确定变换，效果如下图所示。

第十七步 选择【移动工具】，按住【Alt+Shift】组合键的同时拖曳鼠标复制矩形到合适位置，如下图所示。

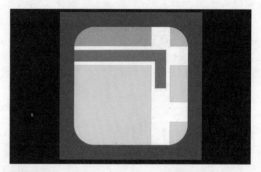

第十八步 选择【移动工具】，按住【Alt+Shift】组合键的同时拖曳鼠标复制矩形到合适位置。双击所在图层缩略图，弹出【拾色器】对话框，将吸管放在"iOS.psd"文件中 Mapas 图标相应处吸取颜色，单击【确定】按钮，效果如下图所示。

3. 绘制河流

第一步 选择【钢笔工具】，绘制一条曲线，效果如下图所示。

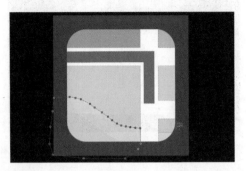

第二步 选择【直接选择工具】调整节点，效果如下图所示。

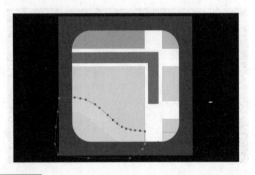

第三步 在工具选项栏中单击【填充】按钮，弹出填充类型列表，单击【拾色器】按钮，弹出【拾色器】对话框，将吸管放在"iOS.psd"文件中 Mapas 图标相应处吸取颜色，单击【确定】按钮，如下图所示。

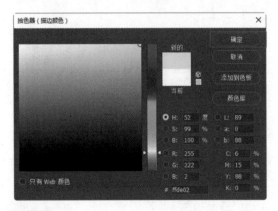

第四步 在工具选项栏中将描边大小设置为"160 像素"，效果如下图所示。

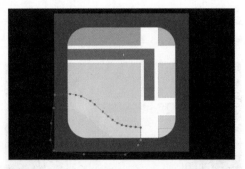

第五步 双击所在图层空白处，弹出【图层样式】对话框，选中【描边】复选框，将描边大小设置为"5"，如下图所示。

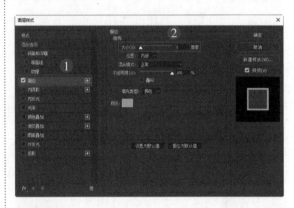

第六步 在【图层样式】对话框中单击【颜色】色块，弹出【拾色器】对话框，将【颜色】设置为"黄色"，颜色值为"R:247，G:187，B:57"，单击【确定】按钮，如下图所示。

第七步 描边效果如下图所示。

第八步 选择【矩形工具】□，在多余的描边上面拖曳鼠标绘制矩形，选择【油漆桶工具】◇，填充颜色为"黄色"，颜色值为"R: 255, G: 222, B: 2"，效果如下图所示。

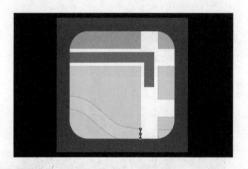

第九步 选择【椭圆工具】◯，蓝色矩形下面单击，弹出【创建椭圆】对话框，在【宽度】和【高度】文本框中分别输入"138 像素"，单击【确定】按钮，如下图所示。

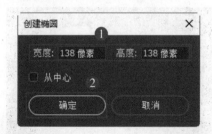

第十步 在工具选项栏中设置【填充】为"白色"（RGB 值均为 255）、【描边】为"无"，将此图层置于顶端，效果如下图所示。

第十一步 右击图层，弹出快捷菜单，选择【复制图层】选项。执行【编辑】→【自由变换】命令，按住【Shift】键的同时向外拖曳鼠标使其扩大。选择【油漆桶工具】◇，填充颜色为"蓝色"，颜色值为"R: 0, G: 122, B: 255"，效果如下图所示。

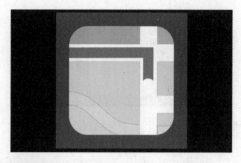

第十二步 选择【多边形工具】◯，在工作区内单击，弹出【创建多边形】对话框，在【宽度】和【高度】文本框中分别输入"178 像素"，在【边数】文本框中输入"3"，单击【确定】按钮，如下图所示。

第十三步 选择【直接选择工具】▷，选中底边上的两点，向内拖曳鼠标缩小形状，如下图所示。

第十四步 选择【多边形工具】，在工作区内单击，弹出【创建多边形】对话框，在【宽度】和【高度】文本框中分别输入"178像素"，在【边数】文本框中输入"3"，单击【确定】按钮。执行【自由变换】命令，从右至左拖曳鼠标，缩小图形，效果如下图所示。

第十五步 选择【移动工具】，将小多边形放在大多边形中，如下图所示。

第十六步 按住【Shift】键的同时选中两个图层并右击，弹出快捷菜单，选择【合并形状】选项。在工具选项栏中单击【路径操作】按钮，弹出下拉列表，选择【减去顶层形状】选项，效果如下图所示。

第十七步 选择【油漆桶工具】，将【颜色】设置为"白色"（RGB 颜色值均为 255），填充至多边形中。填充效果如下图所示。

第十八步 执行【编辑】→【自由变换】命令，将多边形旋转并缩小，效果如下图所示。

第十九步 选择【移动工具】，将多边形旋转并移动至椭圆中，效果如下图所示。至此完成地图图标的制作。

6.8　喜欢看什么都行——视频

本案例主要使用【矩形工具】【直接选择工具】【移动工具】来制作 iOS 系统中的 Videos（视频）图标，效果如下图所示。

1. 新建文件

第一步　启动 Photoshop CC 软件，打开"素材 \ch06\iOS.psd"文件，按【F2】和【F3】键，新建参考线、引导线并绘制圆角矩形，效果如下图所示。

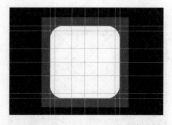

第二步　执行【窗口】→【排列】→【双联垂直】命令。双联垂直效果如下图所示。

第三步　在工具选项栏中单击【填充】按钮□，弹出填充类型列表，将【填充】设置为"渐变"，如下图所示。

第四步　在填充列表中双击左侧的色标，弹出【拾色器】对话框，将吸管放在"iOS.psd"文件中"视频"图标下方边缘处吸取颜色，单击【确定】按钮。双击右侧的色标，弹出【拾色器】对话框，将吸管放在"iOS.psd"文件中 Videos 图标上边缘处吸取颜色。将右侧色标向左移动到合适位置，单击【确定】按钮，如下图所示。

第五步　渐变效果如下图所示。

2. 绘制图形

第一步 选择【矩形工具】■并单击，弹出【创建矩形】对话框，在【宽度】和【高度】文本框中分别输入"1024 像素"和"320 像素"，单击【确定】按钮，如下图所示。

第二步 绘制矩形的效果如下图所示。

第三步 右击【矩形 1】图层空白处，弹出快捷菜单，选择【创建剪贴蒙版】选项，如下图所示。

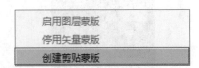

第四步 剪贴蒙版的效果如下图所示。

第五步 选择【矩形工具】■，在工作区内单击，弹出【创建矩形】对话框，在【宽度】和【高度】文本框中分别输入"1024 像素"和"8 像素"，单击【确定】按钮，如下图所示。

第六步 绘制矩形的效果如下图所示。

第七步 按住【Shift】键的同时选中【矩形 1】【矩形 2】图层，在工具选项栏中单击【垂直居中对齐】按钮 ■，效果如下图所示。

第八步 选择【矩形工具】■，拖曳鼠标从上至下绘制矩形，效果如下图所示。

第九步　选择【直接选择工具】 ，选中底部的两个节点，向右拖曳鼠标。选中右侧的两个节点，向左拖曳鼠标，效果如下图所示。

第十步　在填充列表中双击左侧的色标，弹出【拾色器】对话框，将吸管放在"iOS.psd"文件中相应位置吸取颜色，单击【确定】按钮。双击右侧的色标，弹出【拾色器】对话框，将吸管放在"iOS.psd"文件中相应位置吸取颜色，单击【确定】按钮，如下图所示。

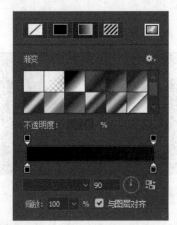

第十一步　渐变效果如下图所示。

第十二步　按住【Alt】键的同时拖曳鼠标复制两个矩形，效果如下图所示。

第十三步　按住【Shift】键的同时选中【矩形3】【矩形3拷贝】【矩形3拷贝2】图层，单击【图层】面板下方的【创建新组】按钮 。双击【组名】在文本框中输入"上"，单击空白处确定组名，如下图所示。

第十四步　右击【上】组，弹出快捷菜单，选择【复制组】选项，如下图所示。

第十五步 弹出【复制组】对话框，在复制为文本框中输入"下"，单击【确定】按钮，如下图所示。

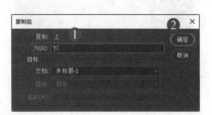

第十六步 执行【编辑】→【变换】→【垂直翻转】命令，单击【下】组，按住【Shift】键全选图层，选择【移动工具】将矩形移动至合适位置，效果如下图所示。

第十七步 单击【下】组，按住【Shift】键全选图层，在填充类型列表中单击【反向渐变颜色】按钮，如下图所示。

第十八步 按住【Shift】键的同时选中【上】【下】两组并右击，弹出快捷菜单，选择【转换为智能对象】选项，如下图所示。

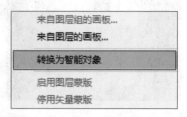

第十九步 右键单击，弹出快捷菜单，选择【创建剪贴蒙版】选项，如下图所示。

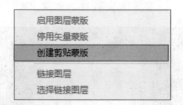

第二十步 剪贴蒙版效果如下图所示。

第二十一步 按住【Alt】键的同时向右拖曳鼠标复制组，选择【移动工具】，将矩形移动至合适位置，效果如下图所示。

第二十二步 选中【矩形 1】图层，在工具选项栏中单击【填充】按钮，在弹出的列表中单击【拾色器】按钮，如下图所示。

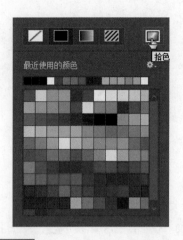

第二十四步 绘制完成的视频图标效果如下图所示。

第二十三步 弹出【拾色器】对话框，将吸管放在 "iOS.psd" 文件中相应位置吸取颜色，单击【确定】按钮，如下图所示。

6.9　画画、记事、拍照——备忘录

本案例主要使用【矩形工具】【移动工具】来制作 iOS 系统中的 Notas（备忘录）图标，效果如下图所示。

1. 新建文件

第一步 打开 "素材 \ch06\iOS.psd" 文件，按【F2】和【F3】键，新建参考线、引导线并绘制圆角矩形，效果如下图所示。

第二步 执行【窗口】→【排列】→【双联垂直】命令，如下图所示。

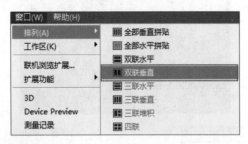

第三步 双联垂直效果如下图所示。

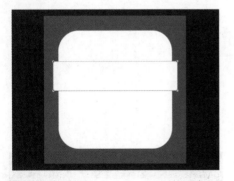

2. 绘制图形

第一步 在工具箱内选择【矩形工具】□，在工作区内拖曳鼠标绘制一个矩形，效果如下图所示。

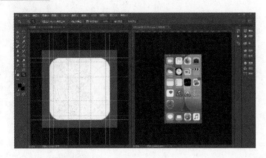

第二步 在【属性】面板中的【宽度】和【高度】文本框内分别输入"1120 像素"和"200 像素"，将描边颜色设置为"灰色"（RGB 值均为 125），描边大小为"2 像素"，如下图所示。

第三步 选择【移动工具】✛，按住【Shift+Alt】组合键的同时向下拖动鼠标复制矩形，如下图所示。

第四步 重复第三步的操作，再复制两个矩形，效果如下图所示。

第五步 按住【Shift】键的同时选中绘制的 4 个矩形图层，右击选中图层的空白处，在弹出的快捷菜单中选择【创建剪贴蒙版】选项，如下图所示。

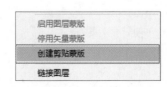

第六步 创建剪切蒙版的效果如下图所示。

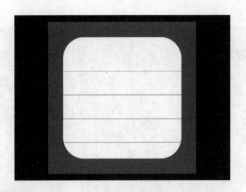

第七步　选择【矩形工具】■，在【矩形1】
图层顶部拖曳鼠标绘制一个矩形，如下图所示。

第八步　右击所在图层的空白处，在弹出的
快捷菜单中选择【创建剪贴蒙版】选项，效
果如下图所示。

3.设置颜色

第一步　在【圆角矩形1】图层中单击工具
选项栏中的【填充】按钮■，弹出填充类型
列表，将【填充】设置为"渐变"，如下图所示。

第二步　在填充类型列表中双击左侧的色标，
如下图所示。

第三步　弹出【拾色器】对话框，将吸管放
在"iOS.psd"文件中备忘录图标相对应的位
置吸取颜色，如下图所示。

第四步　在填充类型列表中双击右侧的色标，
弹出【拾色器】对话框，如下图所示。

第五步 将吸管放在"iOS.psd"文件中备忘录图标相对应的位置吸取颜色，如下图所示。

第六步 返回【拾色器】对话框，单击【确定】按钮，如下图所示。

第七步 双击所在图层，弹出【图层样式】对话框，选中【投影】复选框，将【不透明度】设置为"40"，【距离】设置为"5像素"，【大小】设置为"30像素"，单击【确定】按钮，如下图所示。

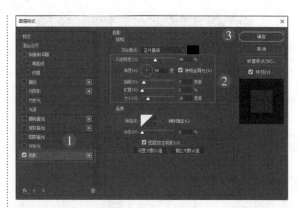

4. 绘制虚线

第一步 选择【矩形工具】▢，在【矩形1】图层内拖曳鼠标绘制一个矩形，如下图所示。

第二步 右击选中图层的空白处，在弹出的快捷菜单中选择【创建剪贴蒙版】选项，效果如下图所示。

第三步 在工具选项栏中将描边颜色设置为"灰色"（RGB 颜色值均为 170），将描边大小设置为"14像素"，如下图所示。

第四步 在工具选项栏中单击【设置形状描

边类型】下拉按钮 ——，在弹出的下拉列表中选择【虚线】描边类型，如下图所示。

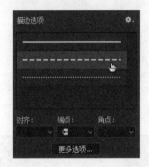

第五步 单击【更多选项】按钮，弹出【描边】对话框，在【虚线】和【间隙】文本框中分别输入"1"和"1.5"，单击【确定】按钮，如下图所示。

第六步 在合适的位置绘制虚线，完成备忘录图标的绘制。最终效果如下图所示。

6.10 你身边的小秘书——提醒事项

本案例主要使用【矩形工具】【椭圆工具】【移动工具】来制作iOS系统中的Recordatorios（提醒事项）图标，效果如下图所示。

1. 新建文件

第一步 打开"素材\ch06\iOS.psd"文件，按【F2】和【F3】键，新建参考线、引导线并绘制圆角矩形，绘制效果如下图所示。

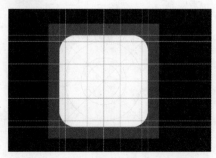

第二步　执行【窗口】→【排列】→【双联垂直】命令，如下图所示。

第三步　双联垂直效果如下图所示。

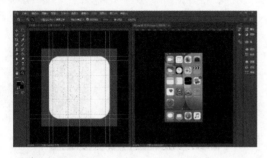

2.绘制图形

第一步　在工具箱内选择【矩形工具】▢，在工作区拖曳鼠标绘制一个矩形，如下图所示。

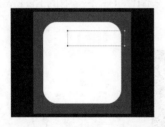

第二步　在工具选项栏中将【填充】设置为"无"，将描边颜色设置为"灰色"（RGB 颜色值均为 173），将描边大小设置为"5 像素"，效果如下图所示。

第三步　选择【移动工具】✛，右击所在图层空白处，在弹出的快捷菜单中选择【创建剪贴蒙版】选项，如下图所示。

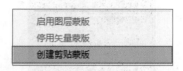

第四步　创建剪贴蒙版的效果如下图所示。

第五步　选择【矩形选框工具】▢，选中所需要的矩形区域，效果如下图所示。

第六步　在【图层】面板中单击【添加图层蒙版】按钮◉，添加图层蒙版后效果如下图所示。

第七步 选择【移动工具】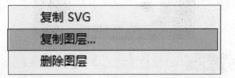，按住【Alt】键的同时向下拖动鼠标复制两个矩形，如下图所示。

第八步 按住【Shift】键的同时选中 3 个矩形，执行【编辑】→【自由变换】命令，向下拖动鼠标调整矩形之间的距离，如下图所示。

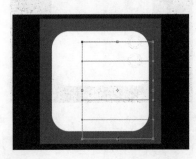

第九步 选择【椭圆工具】，按住【Shift】键的同时拖曳鼠标在矩形的左侧绘制圆形，如下图所示。

第十步 在工具选项栏中设置【填充】为"无"、描边大小为"8 像素"、描边颜色为"黑色"（RGB 值均为 0），如下图所示。

第十一步 右击所在图层空白处，在弹出的快捷菜单中选择【复制图层】选项，如下图所示。

| 复制 SVG |
| 复制图层... |
| 删除图层 |

第十二步 按【Ctrl+T】组合键自由变换，向圆形内拖动鼠标将其缩小，效果如下图所示。

第十三步 在工具选项栏中设置【填充】为"无"、描边大小为"288 像素"、描边颜色色为"黑色"（RGB 值均为 0），如下图所示。

第十四步 按住【Shift】键的同时选中两个圆形图层并右击，在弹出的快捷菜单中选择【从图层建立组】选项，如下图所示。

| 复制图层... |
| 删除图层 |
| 从图层建立组... |

第十五步 选择【移动工具】，按住【Alt】键的同时向下拖曳鼠标复制出 3 组图形，效

果如下图所示。

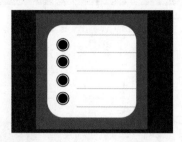

第十六步 选择【移动工具】，按住【Shift】键的同时选中 4 组形状，单击工具选项栏中的【按底分配】按钮，效果如下图所示。

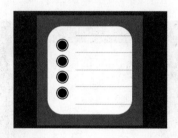

3.设置颜色

第一步 双击所在图层的空白处，弹出【图层样式】对话框，选中【颜色叠加】复选框，单击【设置叠加颜色】按钮，如下图所示。

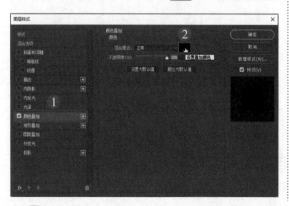

第二步 弹出【拾色器】对话框，将吸管放在"iOS.psd"文件中提醒事项图标中的第一个圆上吸取颜色，如下图所示。

第三步 颜色叠加效果如下图所示。

第四步 按第一步至第二步的操作，为其他 3 个圆形添加颜色叠加。至此，完成提醒事项图标的绘制，最终效果如下图所示。

6.11 曲曲折折疏疏密密——股市

本案例主要使用【矩形工具】【渐变工具】【钢笔工具】【移动工具】来制作 iOS 系统中 Bolsa（股市）的图标，效果如下图所示。

1. 新建文件

第一步 打开"素材 \ch06\iOS.psd"文件，按【F1】和【F2】键，新建参考线、引导线并绘制圆角矩形，效果如下图所示。

第二步 执行【窗口】→【排列】→【双联垂直】命令，如下图所示。

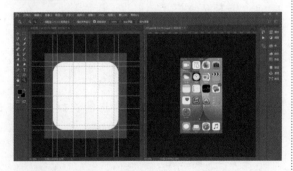

第三步 双联垂直效果如下图所示。

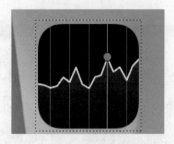

2. 绘制图形

第一步 选择【矩形选框工具】 ，在"iOS.psd"文件中选中股市图标，按【Ctrl+C】组合键进行复制，如下图所示。

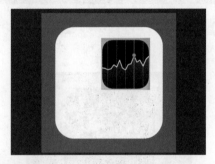

第二步 按【Ctrl+V】组合键将其粘贴至新建文件中，如下图所示。

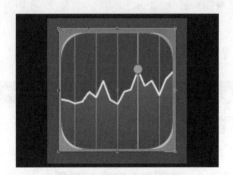

第三步 按【Ctrl+T】组合键调整参考图的大小，按【Enter】键确定，如下图所示。

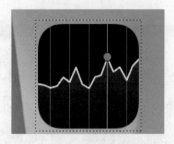

💡 **提示**

为精确调整图形的大小，可以将不透明度降低。

第四步 在【圆角矩形 1】图层中单击图层缩略图，弹出【拾色器】对话框，将颜色设置为"黑色"（RGB 值均为 0），单击【确定】

按钮，如下图所示。

第五步 选择【钢笔工具】，描绘参考图中的折线图形，效果如下图所示。

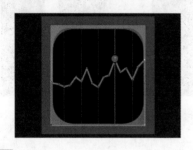

第六步 在工具选项栏中设置【填充】为"无"、描边颜色为"白色"（RGB 值均为255）、描边大小为"10 像素"，如下图所示。

第七步 在工具选项栏中单击【设置形状描边类型】下拉按钮，如下图所示。

第八步 在弹出的下拉列表中将【对齐】设置为"外部"，将【端点】和【角点】分别设置为"圆形"，如下图所示。

第九步 选中【图层 1】图层后按【Delete】键删除图层，如下图所示。

第十步 在【形状 1】图层中右击图层空白处，在弹出的快捷菜单中选择【创建剪贴蒙版】选项，如下图所示。

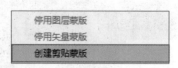

第十一步 右击图层，在弹出的快捷菜单中选择【复制图层】选项，如下图所示。

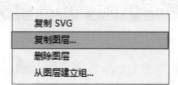

第十二步 在【形状 1 拷贝】图层中右击，在弹出的快捷菜单中选择【释放剪贴蒙版】选项，如下图所示。

第十三步 在【图层】面板中单击【添加图层蒙版】按钮，如下图所示。

第十四步 选择【渐变工具】，按住【Shift】键的同时从上至下拖曳鼠标，效果如下图所示。

第十五步 拖曳鼠标将【形状 1 拷贝】图层移动至【形状 1】图层下方，如下图所示。

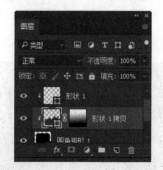

第十六步 在【形状 1 拷贝】图层面板中将【不

透明度】设置为"30%"，如下图所示。

3. 绘制线

第一步 选择【矩形工具】，在工作区内单击，弹出【创建矩形】对话框，在【宽度】和【高度】文本框中分别输入"6 像素""1152 像素"，单击【确定】按钮，如下图所示。

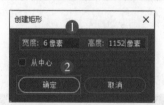

第二步 在工具选项栏中设置【填充】为"45% 灰色"、【描边】为"无"，如下图所示。

第三步 选择【移动工具】，将矩形调整至合适位置，效果如下图所示。

第四步　按住【Alt】键的同时向右拖曳鼠标复制 4 个矩形，效果如下图所示的同时。

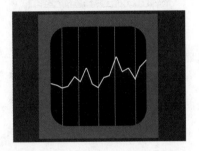

第五步　按住【Shift】键的同时选中 5 个矩形，在工具选项栏中单击【水平居中分布】按钮 ，效果如下图所示。

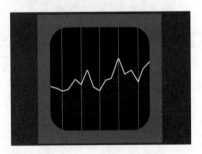

第六步　在【矩形 1 拷贝 3】图层中将【填充】设置为"蓝色"（R:55，G:173，B:255），效果如下图所示。

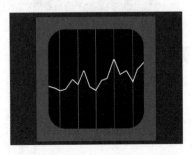

第七步　在【属性】面板中的【宽度】文本框中输入"8 像素"，如下图所示。

第八步　选择【椭圆工具】 ，在工作区内单击，弹出【创建椭圆】对话框，在【宽度】和【高度】文本框中分别输入"65 像素"，单击【确定】按钮，如下图所示。

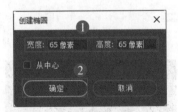

第九步　在工具选项栏中设置【填充】为"蓝色"（R:55，G:173，B:255）、【描边】为"无"，如下图所示。

第十步　选择【移动工具】 ，根据参考图将椭圆移动至合适的位置，如下图所示。

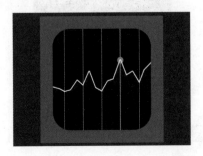

第十一步 在【图层】面板中将【椭圆 4】图层移动至【形状 1】图层上方，如下图所示。

第十二步 完成股市图标的设置，最终效果如下图所示。

6.12 我的游戏中心——Game Center

本案例主要使用【移动工具】【画笔工具】【椭圆工具】【矩形工具】来制作 iOS 系统中 Game Center（游戏中心）的图标，效果如下图所示。

1. 新建文件

第一步 打开"素材 \ch06\iOS.psd"文件，按【F2】和【F3】键，新建参考线、引导线并绘制圆角矩形，效果如下图所示。

第二步 执行【窗口】→【排列】→【双联垂直】命令，如下图所示。

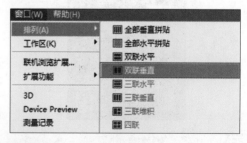

第三步 双联垂直效果如下图所示。

2. 绘制图形

第一步　选择【椭圆工具】 ，在圆角矩形框左上位置按住【Shift】键的同时拖曳鼠标绘制一个圆，效果如下图所示。

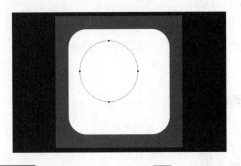

第二步　选择【矩形工具】 ，在工具选项栏中单击【填充】按钮 ，弹出填充列表，将【填充】设置为"渐变"，如下图所示。

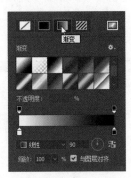

第三步　在填充列表中双击左侧的色标，弹出【拾色器】对话框，将吸管放在"iOS.psd"文件中 Game Center 图标下方吸取颜色，单击【确定】按钮，如下图所示。

第四步　双击右侧的色标，弹出【拾色器】对话框，将吸管放在"iOS.psd"文件中 Game Center 图标上方吸取颜色，单击【确定】按钮，如下图所示。

第五步　选择【移动工具】 ，按住【Alt】键的同时拖曳鼠标复制两个椭圆，并使两个椭圆相交，效果如下图所示。

第六步　按住【Shift】键的同时选中【椭圆 1 拷贝】和【椭圆 1 拷贝 2】图层，右击图层的空白处，在弹出的快捷菜单中选择【合并形状】选项，如下图所示。

第七步　单击工具选项栏中的【路径操作】

下拉按钮 ，在弹出的下拉列表中选择【减去顶层形状】选项，如下图所示。

第八步 单击工具选项栏中的【路径操作】下拉按钮 ，在弹出的下拉列表中选择【合并形状组件】选项，如下图所示。

第九步 在工具选项栏中单击【填充】按钮 ，弹出填充列表，将【填充】设置为"纯色"，如下图所示。

第十步 单击填充列表中的【拾色器】按钮 ，将吸管放在"iOS.psd"文件中 Game Center 图标中吸取颜色，单击【确定】按钮，如下图所示。

第十一步 选择【移动工具】 ，将形状移动至合适位置，效果如下图所示。

第十二步 执行【编辑】→【自由变换】命令，在工具选项栏中单击【变形】按钮 ，变换形状，按【Enter】键确定变换，效果如下图所示。

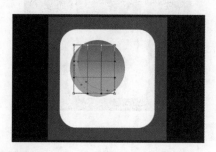

第十三步 执行【滤镜】→【模糊】→【高斯模糊】命令，弹出【高斯模糊】对话框，在【半径】文本框中输入"9.5"，单击【确定】按钮，如下图所示。

第十四步 在【图层】面板中单击【正常】下拉按钮 正常 ，在弹出的下拉列表中选择【滤色】选项，将【不透明度】设置为 "50%"，如下图所示。

第十五步 在【图层】面板中单击【添加图层蒙版】按钮 ，选择【渐变工具】 ，在椭圆中间由上至下拖曳鼠标，如下图所示。

第十六步 在【图层】面板中将【不透明度】设置为 "75%"，如下图所示。

第十七步 单击【图层】面板中的【新建图层】按钮 ，选择【吸管工具】 ，在 "iOS.

psd" 文件中的 Game Center 图标上吸取颜色，如下图所示。

第十八步 选择【画笔工具】 ，在工具选项栏中单击下拉按钮 ，弹出【画笔预设】面板，在【大小】文本框中输入 "35 像素"，在【硬度】文本框中输入 "0%"，如下图所示。

第十九步 使用【画笔工具】 ，在图中相应的位置涂画，效果如下图所示。

第二十步 执行【滤镜】→【模糊】→【高斯模糊】命令，弹出【高斯模糊】对话框，在【半径】文本框中输入 "30"，单击【确定】按钮，

如下图所示。

第二十一步 执行【编辑】→【自由变换】命令，在工具选项栏中单击【变形】按钮，变换形状，按【Enter】键确定变换，如下图所示。

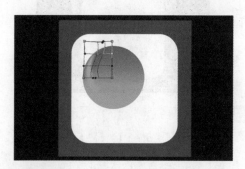

第二十二步 将【图层1】图层向下移动一层，单击【正常】下拉按钮，在弹出的下拉列表中选择【正片叠底】选项，将【不透明度】设置为"30%"，如下图所示。

第二十三步 右击图层空白处，在弹出的快

捷菜单中选择【复制图层】选项，如下图所示。

3. 制作高光

第一步 在【椭圆1拷贝2】图层中选择【椭圆工具】，拖动鼠标绘制一个椭圆，效果如下图所示。

第二步 在工具选项栏中单击【填充】按钮，弹出填充列表，将【填充】设置为"渐变"，如下图所示。

第三步 在填充列表中将左右两个色标设置为白色，单击左右两个【不透明度色标】按钮，分别在【不透明度】文本框中输入"80"和"0"，并把右侧不透明度色标向左移动，如下图所示。

第四步　选择【移动工具】，将椭圆向上移动，并按【Ctrl+T】组合键变换形状，按【Enter】键确定变换，效果如下图所示。

第五步　按住【Shift】键的同时选找中【椭圆 4】【椭圆 1 拷贝 2】【图层 1 拷贝】【图层 1】【椭圆 1】图层，执行【图层】→【图层编组】命令，如下图所示。

第六步　选中【组 1】图层，按【Ctrl+J】组合键复制图层，如下图所示。

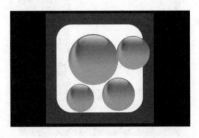

第七步　按【Ctrl+T】组合键变换形状，按【Enter】键确定变换，在相应的图层中依次将 3 个椭圆变换形状，效果如下图所示。

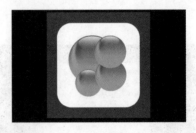

第八步　选择【移动工具】，参考"iOS.psd"文件中 Game Center 图标中椭圆的位置，将图层中的椭圆移动至合适位置，如下图所示。

第九步　双击图层名称，在文本框中输入"蓝色"文字，按【Enter】键确定修改名称，并从下至上将图层名称依次修改为"紫色""红色""黄色"，如下图所示。

4.添加色相饱和度

第一步　在【黄色】图层中单击【创建新的填充】下拉按钮，在弹出的下拉列表中选择【色相 / 饱和度】选项，如下图所示。

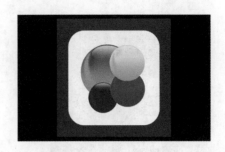

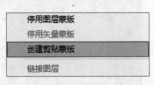

第二步 右击图层，弹出快捷菜单，选择【创建剪贴蒙版】选项，如下图所示。

第三步 在【色相/饱和度】属性面板中将【色相】滑杆上的滑块移动至黄色位置，如下图所示。

第四步 添加色相/饱和度的效果如下图所示。

第五步 在对应的图层内重复第一步至第三步的操作，为剩余的 3 组图层添加【色相/饱和度】，并为色相设置为合适的数值。添加色相/饱和度的效果如下图所示。

💡 **提示**

为了使效果更佳，在【色相/饱和度】属性面板中，除了调节色相数值，还可以调节饱和度和明度。

5. 图层混合模式

第一步 按住【Shift】键的同时选中【色相/饱和度 1】和【黄色】两个图层并右击，弹出快捷菜单，选择【转换为智能对象】选项，如下图所示。

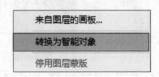

第二步 重复第一步的操作，将剩余的 3 组图层分别转换为智能对象，如下图所示。

第三步 按照之前设置名称的顺序从下至上依次将图层名称设置为"蓝色""紫色""红色""黄色"，如下图所示。

第四步 按住【Shift】键的同时选中【蓝色】【紫色】【红色】【黄色】图层，在【图层】面板中单击【正常】下拉按钮 ，在下拉列表中选择【正片叠底】选项，如下图所示。

第五步 按住【Shift】键的同时选中【蓝色】【紫色】【红色】【黄色】图层，执行【图层】→【图层编组】命令，如下图所示。

第六步 在【图层】面板中单击【创建新的填充】下拉按钮 ，在弹出的下拉列表中选择【曲线】选项并右击，在弹出的快捷菜单中选择【创建剪贴蒙版】选项，如下图所示。

第七步 在【曲线】属性面板中的曲线上上下拖动鼠标调整颜色，如下图所示。

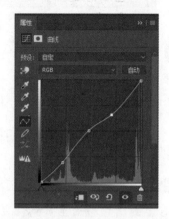

第八步 单击【RGB】右侧的下拉按钮，选择【绿】选项，如下图所示。

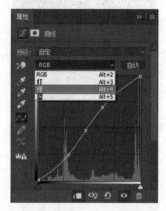

第九步 在曲线上上下拖动鼠标调整绿色。

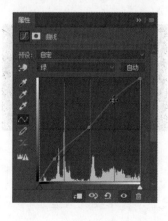

第十步　重复第八步至第九步的操作，在曲线上上下拖动鼠标调整红色和蓝色，如下图所示。

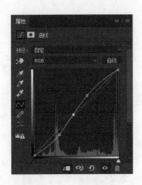

第十一步　在组1【红色】图层中单击【创建新的填充】下拉按钮，在弹出的下拉列表中选择【色相/饱和度】选项，如下图所示。

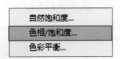

第十二步　右击图层，弹出快捷菜单，选择【创建剪贴蒙版】选项，如下图所示。

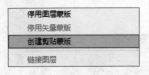

第十三步　在【色相/饱和度】属性面板中将【色相】【饱和度】【明度】滑杆上的滑块移动至合适位置，如下图所示。

6. 调整细节

第一步　按【Ctrl+T】组合键调整4个椭圆的大小，选择【移动工具】，将椭圆调整至合适位置，效果如下图所示。

第二步　选择【椭圆工具】，拖曳鼠标绘制一个椭圆，效果如下图所示。

第三步　选择【移动工具】，按住【Alt】键的同时拖曳鼠标复制两个椭圆，并使两个椭圆相交，如下图所示。

第四步　按住【Shift】键的同时选中【椭圆4】【椭圆4拷贝】图层，右击图层的空白处，在弹出的快捷菜单中选择【合并形状】选项，如下图所示。

第五步 单击工具选项栏中的【路径操作】下拉按钮■，在弹出的下拉列表中选择【减去顶层形状】选项，如下图所示。

第六步 单击工具选项栏中的【路径操作】下拉按钮■，在下拉列表中选择【合并形状组件】选项，如下图所示。

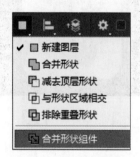

第七步 选择【椭圆工具】○，在工具选项栏中单击【填充】按钮□，弹出填充列表，将【填充】设置为"纯色"，如下图所示。

第八步 在填充列表中单击【拾色器】按钮■，弹出【拾色器】对话框，将吸管放在"iOS.psd"文件中 Game Center 图标的相应位置吸取颜色，单击【确定】按钮，如下图所示。

第九步 执行【滤镜】→【模糊】→【高斯模糊】命令，弹出【高斯模糊】对话框，在【半径】文本框中输入"22"，单击【确定】按钮，如下图所示。

第十步 将【椭圆 4 拷贝】图层移动至【组 1】图层组中，如下图所示。

第十一步　选择【吸管工具】 ，将吸管放在 "iOS.psd" 文件中 Game Center 图标的相应位置吸取颜色，单击【确定】按钮。

第十二步　右击图层，弹出快捷菜单，选择【创建剪贴蒙版】选项，如下图所示。

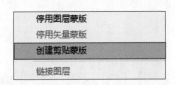

第十三步　选择【画笔工具】 ，在 "红色" 椭圆边缘处画出边缘，如下图所示。

第十四步　执行【滤镜】→【模糊】→【高斯模糊】命令，弹出【高斯模糊】对话框，在【半径】文本框中输入 "22"，单击【确定】按钮，如下图所示。

第十五步　在【图层】面板中单击【创建新的填充】下拉按钮 ，在弹出的下拉列表中选择【可选颜色】选项，如下图所示。

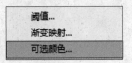

第十六步　在【可选颜色】属性面板中将【青色】设置为 "-70%"，将【洋红】设置为 "11%"，如下图所示。

第十七步　在【可选颜色】属性面板中，单击【颜色】下拉按钮 ，在弹出的下拉列表中选择【青色】选项，将【青色】设置为 "66%"，如下图所示。

第十八步　单击【颜色】下拉按钮 ，在弹出的下拉列表中选择【蓝色】选项，将【黄色】设置为 "-60%"。

第十九步 完成 Game Center 图标的制作，最终效果如下图所示。

6.13 医生时刻在你身边——健康

本案例主要使用【多边形工具】【矩形工具】【钢笔工具】【椭圆工具】【移动工具】来制作 iOS 系统中的 Quiosco（健康）图标，最终效果如下图所示。

1. 新建文件

第一步 打开 "素材 \ch06\iOS.psd" 文件，按【F2】和【F3】键，新建参考线、引导线并绘制圆角矩形，效果如下图所示。

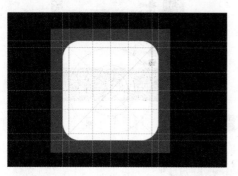

第二步 执行【窗口】→【排列】→【双联垂直】命令，如下图所示。

第三步 双联垂直效果如下图所示。

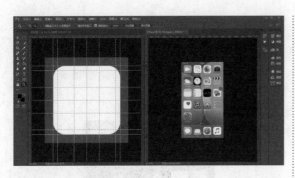

2. 绘制图形

第一步　在工具箱内选择【椭圆工具】 ，按住【Shift】键的同时拖曳鼠标绘制一个圆，效果如下图所示。

第二步　选择【移动工具】 ，按住【Alt】键的同时向右拖曳鼠标复制一个圆，并与另一个圆相交，效果如下图所示。

第三步　选择【多边形工具】 ，拖曳鼠标绘制一个等腰三角形，如下图所示。

第四步　选择【移动工具】 ，将多边形移动至圆心的位置，效果如下图所示。

第五步　按【Ctrl+T】组合键自由变换大小，按【Enter】键确定变换，如下图所示。

第六步　选择【钢笔工具】 ，按【Alt+Shift】组合键的同时向外拖曳锚点手柄调整图形，如下图所示。

第七步 按住【Alt】键的同时向内拖曳锚点手柄，效果如下图所示。

第八步 按住【Shift】键的同时选中【多边形1】【椭圆1】【椭圆1拷贝】图层，右击图层的空白处，在弹出的快捷菜单中选择【合并形状】选项，如下图所示。

第九步 单击工具选项栏中的【路径操作】下拉按钮▣，在弹出的下拉列表中选择【合并形状组件】选项，如下图所示。

3. 设置颜色

第一步 选择【矩形工具】▢，在工具选项栏中单击【填充】按钮▢，弹出填充列表，将【填充】设置为"渐变"，如下图所示。

第二步 在填充列表中双击左侧的色标，弹出【拾色器】对话框，将吸管放在"iOS.psd"文件中 Quiosco 图标下方吸取颜色，单击【确定】按钮，如下图所示。

第三步 双击右侧的色标，弹出【拾色器】对话框，将吸管放在"iOS.psd"文件中 Quiosco 图标上方吸取颜色，单击【确定】按钮，如下图所示。

第四步 选择【移动工具】![img](https://via.placeholder.com/1)，调整心形的位置，完成图标的制作。最终效果如下图所示。

6.14 看似复杂，实则简单——iTunes Store

本案例主要使用【矩形工具】【直接选择工具】【椭圆工具】【移动工具】【多边形工具】来制作 iOS 系统中 iTunes Store 的图标，效果如下图所示。

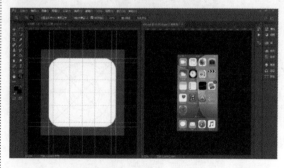

1. 新建文件

第一步 打开"素材 \ch06\iOS.psd"文件，按【F2】和【F3】键，新建参考线、引导线并绘制圆角矩形，绘制效果如下图所示。

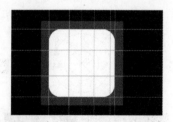

第二步 执行【窗口】→【排列】→【双联垂直】命令，如下图所示。

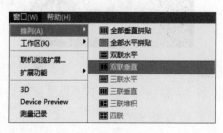

第三步 双联垂直效果如下图所示。

2. 设置背景色

第一步 在【圆角矩形 1】图层中选择【矩形工具】![img](https://via.placeholder.com/1)，在工具选项栏中单击【填充】按钮![img](https://via.placeholder.com/1)，弹出填充列表，将【填充】设置为"渐变"，如下图所示。

第二步 在填充列表中双击左侧的色标，弹出【拾色器】对话框。

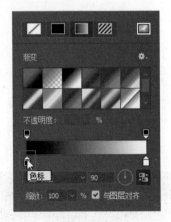

第三步 将吸管放在"iOS.psd"文件中的 iTunes Store 图标下方吸取颜色，如下图所示，单击【确定】按钮。

第四步 双击右侧的色标，弹出【拾色器】对话框，将吸管放在"iOS.psd"文件中的 iTunes Store 图标上方吸取颜色，如下图所示，单击【确定】按钮。

3. 绘制图形

第一步 选择【椭圆工具】 ⬭ ，在工作区内单击，弹出【创建椭圆】对话框，在【宽度】和【高度】文本框中分别输入"888 像素"，单击【确定】按钮，如下图所示。

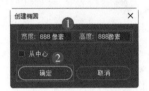

第二步 在工具选项栏中将【填充】设置为"无"，将描边大小设置为"40"，将描边颜色设置为"白色"（RGB 颜色值均为 255），如下图所示。

第三步 在【图层】面板中选中【圆角矩形 1】【椭圆 4】图层，单击工具选项栏中的【水平居中】按钮 和【垂直居中】按钮 ，效果如下图所示。

第四步 选择【圆角矩形工具】 ◻ ，在【椭圆 4】图层的左下角从上至下拖曳鼠标绘制圆角矩形，效果如下图所示。

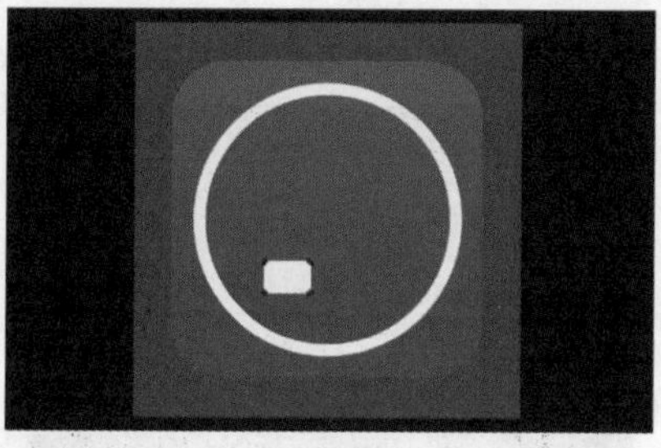

第五步 在【属性】面板中将【填充】设置为“白色”，将【描边】设置为“无”，将【半径】设置为“60 像素”，如下图所示。

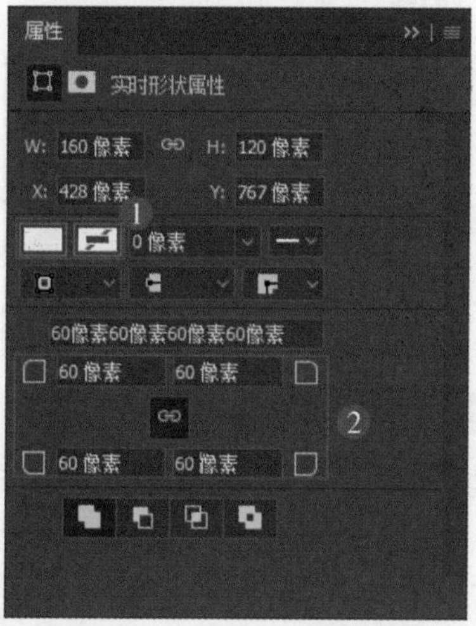

第六步 选择【矩形工具】，在工作区内单击，弹出【创建椭圆】对话框，在【宽度】和【高度】文本框中分别输入“32 像素”和“298 像素”，单击【确定】按钮，效果如下图所示。

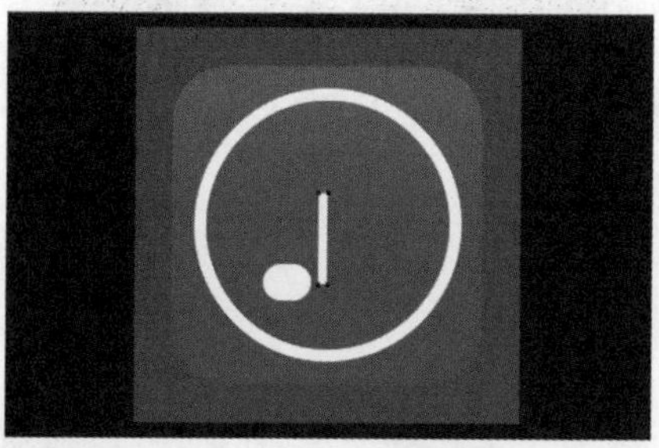

第七步 选择【移动工具】，移动矩形与圆角矩形，效果如下图所示。

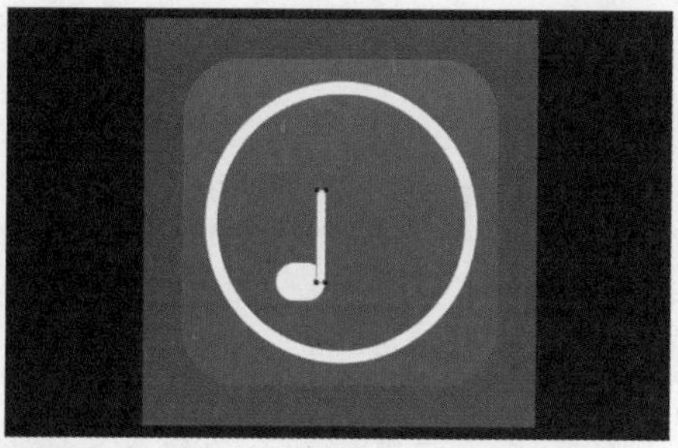

第八步 选择【矩形工具】，从上至下拖曳鼠标绘制矩形，效果如下图所示。

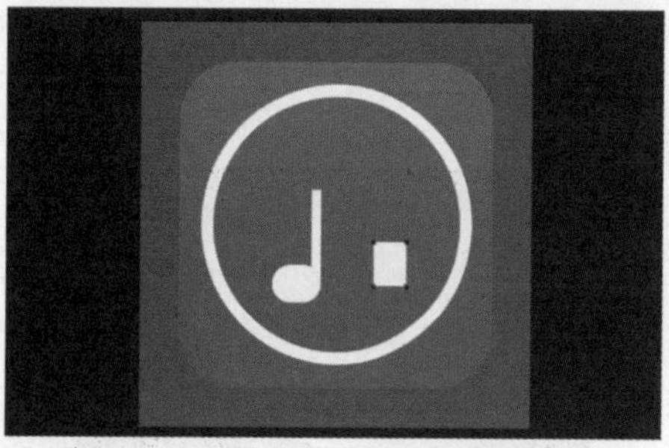

第九步 选择【椭圆工具】，从上至下拖曳鼠标绘制与矩形相交的椭圆，如下图所示。

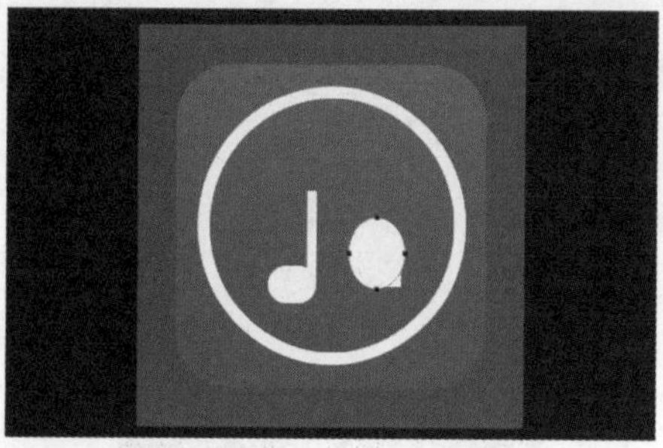

第十步 按住【Shift】键的同时选中【椭圆 2】【矩形 2】图层并右击，弹出快捷菜单，选择【合并形状】选项，如下图所示。

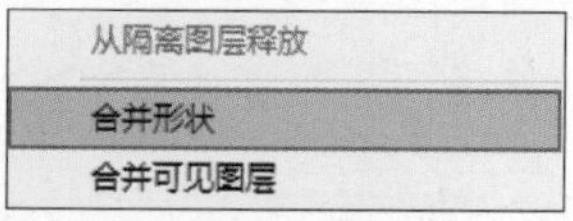

第十一步 选择【直接选择工具】，在工具选项栏中单击【路径操作】下拉按钮，

选择【减去顶层形状】与【合并形状组件】选项，如下图所示。

第十二步 选择【移动工具】，将"椭圆2"形状移动至圆角矩形与矩形夹角的位置，效果如下图所示。

第十三步 选择【直接选择工具】，拖曳节点控制手柄调整弧度，效果如下图所示。

第十四步 按住【Shift】键的同时选中【椭圆2】【矩形1】【圆角矩形2】图层并右击，弹出快捷菜单，选择【合并形状】选项，如下图所示，并将图层名称修改为"音符"。

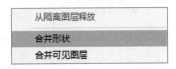

第十五步 选择【矩形工具】，在"音符"

形状上面拖曳鼠标绘制矩形，如下图所示。

第十六步 选择【直接选择工具】，选中矩形左侧的两个节点，按住鼠标左键将其向下拖曳至合适位置，如下图所示。

第十七步 按【Ctrl+T】组合键调整形状大小，选择【移动工具】，按住【Alt】的同时键拖曳鼠标复制形状，并移动至合适位置，如下图所示。

第十八步 按住【Shift】键的同时选中【矩形2】【音符】【音符拷贝】图层并右击，弹出快捷菜单，选择【合并形状】选项，如下图所示。

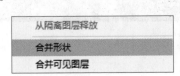

第十九步 按住【Shift】键的同时选中【矩形2】【椭圆1】【圆角矩形1】图层，单击工具选项栏中的【水平居中】按钮 ▉ 和【垂直居中】按钮 ▉，效果如下图所示。

第二十步 在【矩形2】图层中按【Ctrl+T】组合键调整音符形状的大小，最终效果如下图所示。

6.15 耐心、细节、化简——App Store

本案例主要使用【矩形工具】【路径选择工具】【椭圆工具】【移动工具】【多边形工具】来制作 iOS 系统中 App Store 的图标，最终效果如下图所示。

1. 新建文件

第一步 打开"素材 \ch06\iOS.psd"文件，按【F2】和【F3】键新建参考线、引导线并绘制圆角矩形，效果如下图所示。

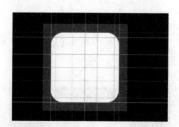

第二步 执行【窗口】→【排列】→【双联垂直】命令，如下图所示。

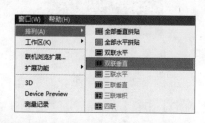

第三步 双联垂直效果如下图所示。

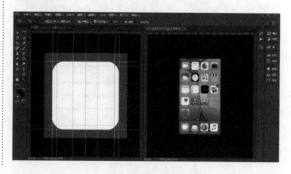

2. 绘制图形

第一步 在【圆角矩形 1】图层中选择【矩形工具】，在工具选项栏中单击【填充】按钮，弹出填充列表，将【填充】设置为“渐变”，如下图所示。

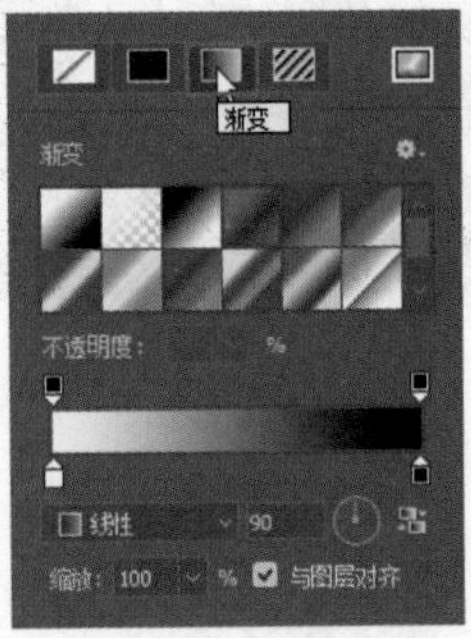

第二步 在填充列表中双击左侧的色标，弹出【拾色器】对话框。

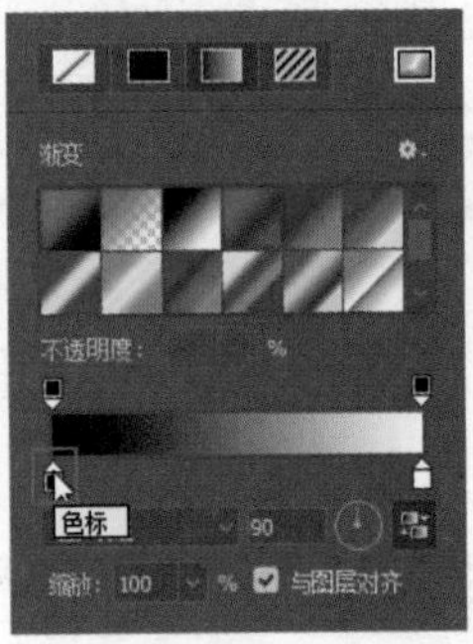

第三步 将吸管放在“iOS.psd”文件中的 AppStore 图标下方吸取颜色，如下图所示，单击【确定】按钮。

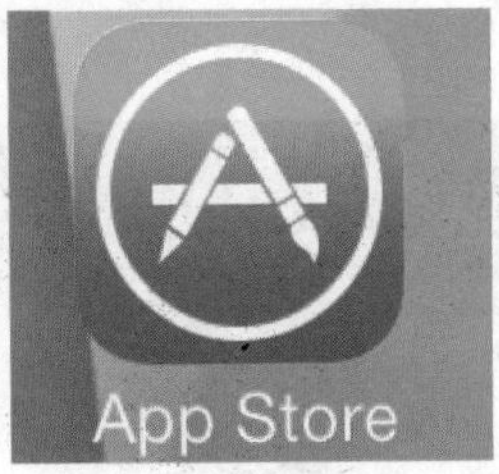

第四步 双击右侧的色标，弹出【拾色器】对话框，将吸管放置在“iOS.psd”文件中的 AppStore 图标上方吸取颜色，如下图所示，单击【确定】按钮。

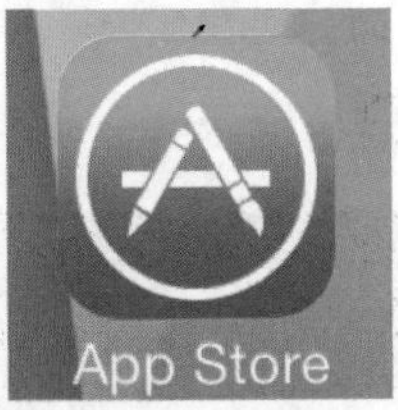

3. 绘制图形

第一步 选择【椭圆工具】，在工作区内单击，弹出【创建椭圆】对话框，在【宽度】和【高度】文本框中分别输入“888 像素”，单击【确定】按钮，如下图所示。

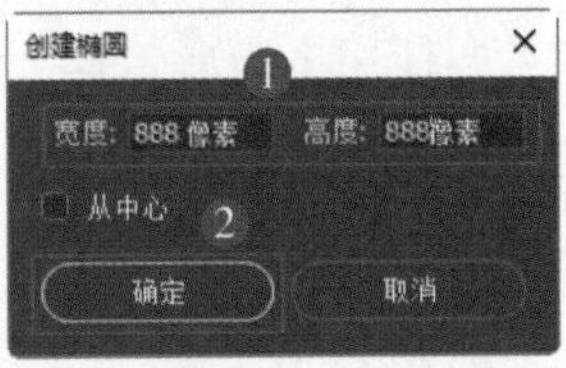

第二步 在工具选项栏中将【填充】设置为“无”，将描边大小设置为“40 像素”，将描边颜色设置为“白色”（RGB 颜色值均为 255），如下图所示。

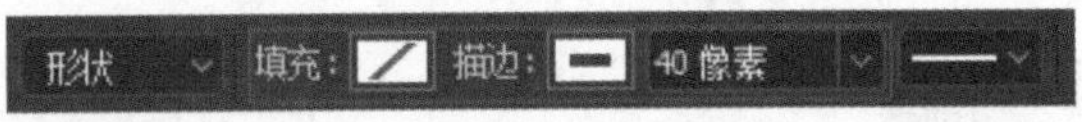

第三步 选择【移动工具】，在【图层】面板中按住【Shift】键的同时选中【椭圆 4】【圆角矩形 1】【背景】图层，单击工具选项栏中的【水平居中】按钮和【垂直居中】按钮，效果如下图所示。

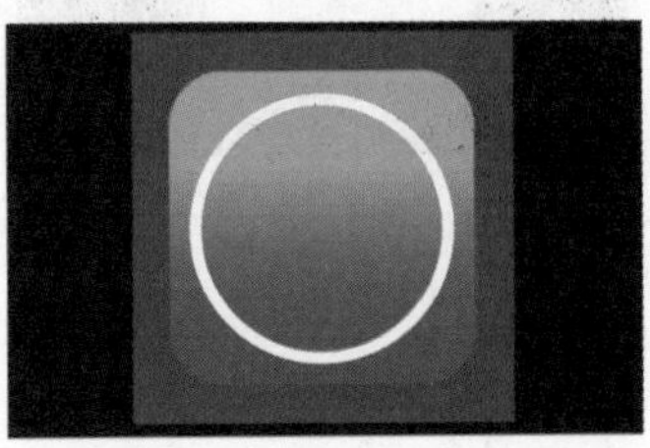

第四步 选择【矩形工具】■，在图标中心
靠左位置绘制一个矩形，单击工具选项栏中的
【水平居中】按钮■和【垂直居中】按钮■，
效果如下图所示。

第五步 选择【矩形工具】■，在图标左侧
绘制一个矩形，将组名称更改为"笔身"，按
住【Alt】键的同时向右拖曳鼠标复制图形，
效果如下图所示。

第六步 选择【移动工具】✛，向上移动图形，
按【Ctrl+T】组合键执行【自由变换】命令，向下
拖曳鼠标缩小图形高度，效果如下图所示。

第七步 选择【矩形工具】■，在【属性】
面板中将【左上角半径】【右上角半径】分
别设置为"18像素"，如下图所示，并将组
名称更改为"笔帽"。

第八步 按住【Shift】键的同时选中【笔帽】
【笔身】图层，按【Ctrl+G】组合键将图层编组，
将组名更改为"左"，如下图所示。

第九步 选择【多边形工具】⬡，在笔身下
方绘制一个三角形，按【Ctrl+T】组合键执
行【自由变换】命令，向内拖曳鼠标缩小图
形宽度和高度，按【Enter】键确定变换，效
果如下图所示。

第十步 按住【Alt】键的同时向右拖曳鼠标复
制图层，将图层名称更改为"右"，如下图所示。

第十一步 选中【左】图层，按【Ctrl+T】组合键执行【自由变换】命令，在工具选项栏中的【旋转角度】文本框中输入"30"，按【Enter】键确定旋转，如下图所示。

第十二步 双击【笔身】图层的空白处，弹出【图层样式】对话框，选中【描边】复选框，将【大小】设置为"8 像素"，【位置】设置为"外部"，【颜色】设置为"蓝色"（R: 28, G: 151, B: 246），单击【确定】按钮，如下图所示。

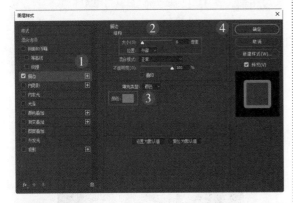

第十三步 在【右】组图层中选中【多边形 1】图层，如下图所示，按【Delete】键删除。

第十四步 选中【笔身】图层，按住【Alt】键的同时向右拖曳鼠标复制图形，按【Ctrl+T】组合键执行【自由变换】命令，向下拖曳鼠标降低图形高度，按【Enter】键确定变换，如下图所示。

第十五步 按【Ctrl+T】组合键执行【自由变换】命令，向上拖曳鼠标增加图形高度，按【Enter】键确定变换，如下图所示。

第十六步 按【Shift】键的同时选中【笔身】【笔帽】图层并右击，在弹出的快捷菜单中选择【合并形状】选项，如下图所示。

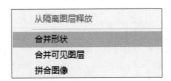

第十七步 选择【椭圆工具】⬭，在图标中绘制椭圆，如下图所示。

第十八步 选择【路径选择工具】▶，按住【Alt】键的同时向右拖曳鼠标复制路径，在工具选项栏中单击【路径操作】下拉按钮⬚，在下拉列表中选择【与形状区域相交】选项，如下图所示。

第十九步 选择【矩形工具】▭，按住【Alt】键的同时向右拖曳鼠标，减去相交区域。单击【路径操作】下拉按钮⬚，在下拉列表中选择【合并形状组件】选项，效果如下图所示。

第二十步 选择【移动工具】✛，将【椭圆5】图形移动至【笔身】图形下方，按【Ctrl+T】组合键执行【自由变换】命令，左右拖曳鼠标调整图形宽度，按【Enter】键确定变换，如下图所示。

第二十一步 选择【转换点工具】⬎，单击锚点，拖曳锚点手柄调整线条的弯曲度，按【Enter】键确定转换，如下图所示。

第二十二步 双击【椭圆5】图层的图层名称，将图层名称更改为"笔尖"，将图层移动至【右】组图层，如下图所示。

第二十三步 右击【左】组中的【笔身】图层，在弹出的快捷菜单中选择【拷贝图层样式】选项，如下图所示。

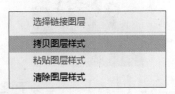

第二十四步 按住【Shift】键的同时选中【右】组中的【笔身拷贝】【笔帽】图层并右击，

在弹出的快捷菜单中选择【粘贴图层样式】选项，如下图所示。

第二十五步 选中【右】组图层，按【Ctrl+T】组合键执行【自由变换】命令，在工具选项栏

中的【旋转角度】文本框中输入"-30"，按【Enter】键确定变换，选择【移动工具】，调整图形至合适位置，最终效果如下图所示。

6.16 其实真的很简单——设置

本案例主要使用【椭圆工具】【矩形工具】【渐变工具】【选择工具】【吸管工具】【对齐工具】来制作 iOS 系统中的 Ajustes（设置）图标，最终效果如下图所示。

1. 新建文件

第一步 用 Adobe Illustrator CC 软件打开"素材 \ch06\iOS.psd"文件，选择【矩形选区工具】，从设置图标左上角至右下角拖曳鼠标创建矩形选区选中图标，如下图所示，按【Ctrl+C】组合键复制图形。

第二步 执行【新建】命令，如下图所示。

第三步 弹出【新建文档】对话框，在【宽度】和【高度】文本框中分别输入"1280"，单位为"像素"，【颜色模式】设置为"RGB颜色"，单击【创建】按钮，如下图所示。

第四步 按【Ctrl+V】组合键粘贴图形，按【Ctrl+T】组合键执行【自由变换】命令，调整图形的大小，如下图所示。

2. 绘制图形主体

第一步 选择【圆角矩形工具】◻，在工作区内单击，弹出【圆角矩形】对话框，在【宽度】和【高度】文本框中分别输入"1024px"，在【圆角半径】文本框中输入"180px"，单击【确定】按钮，如下图所示。

第二步 选择【渐变工具】▮，在圆角矩形顶边中心处从上至下拖动鼠标设置渐变，如下图所示。

第三步 选择【吸管工具】✐，放在设置图标底部吸取颜色，如下图所示。

第四步 将鼠标指针放到左侧【工具栏】中的【设置前景色】按钮▮上，按住鼠标左键将吸取的颜色拖曳至【色板】面板，如下图所示。

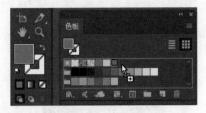

第五步 重复第三步和第四步的操作，吸取设置图标顶部的颜色，并拖入【色板】面板，如下图所示。

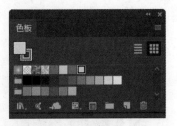

第六步 在【色板】面板中选中"浅色"，并按住鼠标左键将其拖曳至【渐变】面板中的左侧色标上，如下图所示。

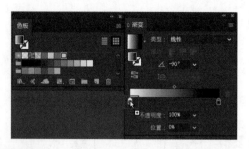

第七步 重复第六步的操作，选中"深灰"，并按住鼠标左键将其拖曳至【渐变】面板中的右侧色标上，如下图所示。

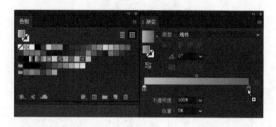

3.绘制齿轮主体

第一步 选择【椭圆工具】，在工作区内单击，弹出【椭圆】对话框，在【宽度】和【高度】文本框内分别输入"888px"，单击【确定】按钮，如下图所示。

第二步 选择【吸管工具】，将吸管放在设置图标中吸取颜色，如下图所示。

第三步 选择【选择工具】，按住【Shift】键的同时选中【椭圆】【圆角矩形】形状，在工具选项栏中单击【水平居中对齐】按钮和【垂直居中对齐】按钮，效果如下图所示。

第四步 选择【椭圆工具】，参照设置图标，按住【Shift】键的同时拖曳鼠标绘制圆形，效果如下图所示。

第五步 重复第四步的操作，参照设置图标，按住【Shift】键的同时拖曳鼠标绘制圆形，如下图所示。

第六步 按住【Shift】键的同时选中两个椭圆，在工具选项栏中单击【水平居中对齐】按钮

和【垂直居中对齐】按钮 ▥ ，效果如下图所示。

第七步　在【路径查找器】面板中单击【减去顶层】按钮 ▣ ，如下图所示。

第八步　选择【矩形工具】 ▭ ，绘制矩形，效果如下图所示。

第九步　选择【直接选择工具】 ▶ ，分别选中矩形的两个顶点，向内移动相同的数值，效果如下图所示。

第十步　执行【视图】→【标尺】→【显示标尺】命令，如下图所示。

显示标尺(S)	Ctrl+R
更改为画板标尺(C)	Alt+Ctrl+R
显示视频标尺(V)	

第十一步　选择【选择工具】 ✛ ，将鼠标指针放在工作区顶部标尺处，按住鼠标左键向下拖曳鼠标至画板中心位置；将鼠标指针放在工作区左侧标尺处，按住鼠标左键向右拖曳鼠标至画板中心位置，效果如下图所示。

第十二步　选择【旋转工具】 ↻ ，按住【Alt】键的同时单击画板中心点，如下图所示。

第十三步　弹出【旋转】对话框，在【角度】文本框中输入 "6°"，单击【复制】按钮，如下图所示。

第十四步 按【Ctrl+D】组合键进行多次复制，效果如下图所示。

第十五步 按住【Shift】键的同时选中所有矩形和椭圆，在【路径查找器】面板中单击【联集】按钮，效果如下图所示。

第十六步 单击左侧的【渐变】按钮，选择【渐变工具】，从上至下拖曳鼠标设置渐变颜色，效果如下图所示。

第十七步 选择【选择工具】，按住【Shift】键的同时拖曳鼠标等比例缩小图形，效果如下图所示。

4. 绘制齿轮细节

第一步 选中齿轮图形，按住【Alt】键的同时拖动鼠标复制图形，效果如下图所示。

第二步 选中复制的齿轮图形并双击，将内圆缩小，双击确定，效果如下图所示。

第三步 选中绘制的齿轮图形，按住【Shift】键的同时拖曳鼠标缩小图形，效果如下图所示。

第四步 双击鼠标左键，将内圆缩小，再次双击表示确定，效果如下图所示。

第五步 在【渐变】面板中单击【反向渐变】按钮，如下图所示。

第六步 选择【多边形工具】，在工作区内单击，弹出【多边形】对话框，在【边数】文本框中输入"3"，单击【确定】按钮，如下图所示。

第七步 选择【镜像工具】，按住【Alt】键的同时将多边形的中点移动至底边中点，双击鼠标左键，弹出【镜像】对话框，选中【水平】单选按钮，单击【确定】按钮，如下图所示。

第八步 选择两个多边形，在【路径查找器】面板中单击【联集】按钮，选择【旋转工具】，将图形旋转90°，效果如下图所示。

第九步 选择【椭圆工具】，在工作区内拖曳鼠标绘制椭圆，将椭圆图形移动至多边形图形上，在【路径查找器】面板中单击【交集】按钮，效果如下图所示。

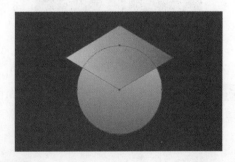

第十步 选择【直接选择工具】，按住

【Shift】键的同时选中左右侧节点，在工具选项栏中的【边角】文本框中分别输入"30像素"，选中底部节点，在【边角】文本框中输入"60像素"，效果如下图所示。

第十一步 选择【选择工具】⟍，将扇形图形移动至齿轮图形中，如下图所示。

第十二步 选择【旋转工具】↻，按住【Alt】键的同时单击图形中心点，弹出【旋转】对话框，在【角度】文本框中输入"120"，单击【复制】按钮，如下图所示。

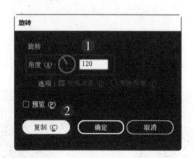

第十三步 按【Ctrl+D】组合键复制扇形图形，效果如下图所示。

第十四步 按住【Shift】键的同时选中 3 个扇形图形，在【路径查找器】面板中单击【联集】按钮▣，效果如下图所示。

第十五步 按住【Shift】键的同时选中扇形和齿轮图形，在【路径查找器】面板中单击【减去顶层】按钮▣，效果如下图所示。

第十六步 选择【选择工具】⟍，将齿轮图形移动至画板中，并在工具选项栏中单击【水平居中对齐】按钮▣和【垂直居中对齐】按钮▣，最终效果如下图所示。

6.17 常联系、别忘记——信息

本案例主要使用【椭圆工具】【钢笔工具】【移动工具】来制作 iOS 系统中的 Mensajes（信息）图标，效果如下图所示。

1. 设置图标背景色

第一步　打开"素材 \ch06\iOS.psd"文件，按【F2】和【F3】键，新建参考线、引导线并绘制圆角矩形，效果如下图所示。

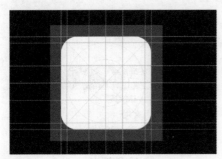

第二步　为了方便查看参考文件，执行【窗口】→【排列】→【双联垂直】命令，效果如下图所示。

第三步　在【圆角矩形 1】图层中单击工具选项栏内的【填充】按钮▢，弹出填充列表，将【填充】设置为"渐变"，如下图所示。

第四步　在填充列表中双击左侧的色标，弹出【拾色器】对话框，将吸管放在"iOS.psd"文件中的信息图标下方边缘处吸取颜色，如下图所示，单击【确定】按钮。

第五步　双击右侧色标，弹出【拾色器】对话框，将吸管放在"iOS.psd"文件中的信息图标上方边缘处吸取颜色，单击【确定】按钮，效果如下图所示。

2. 绘制图形

第一步　选择【椭圆工具】 　，在图形中绘制椭圆，效果如下图所示。

第二步　在工具选项栏中将【填充】设置为"白色"（RGB 值均为 255），将【描边】设置为"无"，效果如下图所示。

第三步　选择【椭圆工具】 ，绘制一个椭圆，效果如下图所示。

第四步　按住【Alt】键的同时拖曳鼠标绘制椭圆，使其与上步中的椭圆相切，效果如下图所示。

第五步　单击工具选项栏中的【路径操作】下拉按钮 ，在弹出的下拉列表中选择【合并形状组件】选项，如下图所示。

第六步　选择【移动工具】 ，将形状移动至合适位置，效果如下图所示。

第七步 按住【Shift】键的同时选中【椭圆 4】【椭圆 5】图层并右击，弹出快捷菜单，选择【合并形状】选项，如下图所示。

第八步 选择【钢笔工具】，按住【Alt】键调整图形弧度，效果如下图所示。

增加锚点，如下图所示。

第十步 选择【钢笔工具】，选中锚点并按住【Alt】键拖动控制手柄调整图形弧度，最终效果如下图所示。

第九步 在两个形状相交处按住【Shift】键

6.18 还是有些小技巧的——邮件

本案例主要使用【矩形工具】【移动工具】来制作 iOS 系统中的 Mail（邮件）图标，效果如下图所示。

1. 设置图标背景色

第一步 打开"素材 \ch06\iOS.psd"文件，按【F2】和【F3】键，新建参考线、引导线并绘制圆角矩形，效果如下图所示。

第二步 方便查看参考文件,执行【窗口】→【排列】→【双联垂直】命令，效果如下图所示。

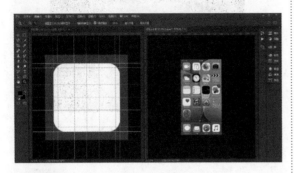

第三步 在【圆角矩形1】图层中单击工具选项栏内的【填充】按钮，弹出填充列表，将【填充】设置为"渐变"，如下图所示。

第四步 在填充列表中双击左侧的色标，弹出【拾色器】对话框，将吸管放在"iOS.psd"文件中 Mail 图标下方边缘处吸取颜色，如下图所示，单击【确定】按钮。

第五步 双击右侧的色标，弹出【拾色器】对话框，将吸管放在"iOS.psd"文件中 Mail 图标上方边缘处吸取颜色，单击【确定】按钮，效果如下图所示。

2. 绘制图形

第一步 选择【矩形工具】，在工作区内单击，弹出【创建矩形】对话框，在【宽度】和【高度】文本框中分别输入"700像素""500像素"，单击【确定】按钮，如下图所示。

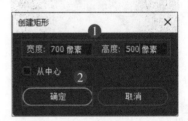

第二步 在【属性】面板中将【填充】设置为"白色"（RGB 值均为255），将【角半径】设置为"16像素"，如下图所示。

第三步 按住【Shift】键的同时选中【矩形1】【圆角矩形1】图层，单击工具选项栏中的【垂直居中对齐】按钮和【水平居中对齐】按钮，效果如下图所示。

第四步 选择【矩形工具】□，在图形中绘制一个矩形，在工具选项栏中将【填充】设置为"无"，将描边颜色设置为"蓝色"（R:27，G:166，B:248），描边大小设置为"16像素"，效果如下图所示。

第五步 按【Ctrl+T】组合键执行【自由变换】命令，在工具选项栏中的【旋转角度】文本框内输入"45"，按【Enter】键确定变换，效果如下图所示。

第六步 选择【移动工具】＋，将矩形向下移动至合适位置，效果如下图所示。

第七步 右击所在图层，在弹出的快捷菜单中选择【创建剪贴蒙版】选项，如下图所示。

第八步 选择【矩形工具】□，在图形中绘制一个矩形，在工具选项栏中将【填充】设置为"白色"（RGB值均为255），描边颜色设置为"黑色"（RGB值均为0），描边大小设置为"16像素"，效果如下图所示。

第九步 在【属性】面板中将【角半径】设置为"42像素"，如下图所示。

第十步 按上述第五步至第七步对图形进行具体操作，效果如下图所示。

第十一步 单击工具选项栏内的【填充】按钮 ▢ ，弹出填充列表，将【填充】设置为"渐变"，如下图所示。

第十二步 在填充列表中双击左侧的色标，弹出【拾色器】对话框，将吸管放在"iOS.psd"文件中 Mail 图标中吸取中间线条的颜色，如下图所示，单击【确定】按钮。

第十三步 双击右侧的色标，弹出【拾色器】对话框，将吸管放在"iOS.psd"文件中 Mail 图标上方吸取颜色，并将右侧色标向左移动，如下图所示，单击【确定】按钮。

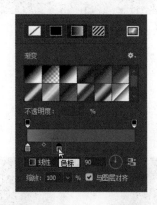

第十四步 选择【移动工具】 ✛ ，调整位置，最终效果如下图所示。

6.19 超赞浏览器——Safari

本案例主要使用【椭圆工具】【矩形工具】【移动工具】来制作 iOS 系统中的 Safari（浏览器）图标，效果如下图所示。

1. 设置图标背景色

第一步 打开"素材 \ch06\iOS.psd"文件，按【F2】和【F3】键，新建参考线、引导线并绘制圆角矩形，效果如下图所示。

第二步　为了方便查看参考文件，执行【窗口】→【排列】→【双联垂直】命令，效果如下图所示。

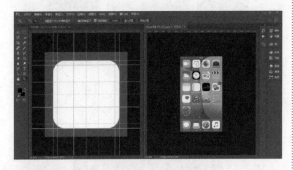

第三步　选择【椭圆工具】，在工作区内单击，弹出【创建椭圆】对话框，在【宽度】和【高度】文本框中分别输入"888 像素"，单击【确定】按钮，如下图所示。

第四步　按住【Shift】键的同时选中所有图层，单击工具选项栏中的【垂直居中对齐】按钮和【水平居中对齐】按钮，效果如下图所示。

第五步　在工具选项栏中单击【填充】按钮，弹出填充列表，将【填充】设置为"渐变"，如下图所示。

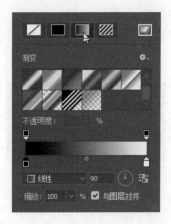

第六步　在填充列表中双击左侧的色标，弹出【拾色器】对话框，将吸管放在"iOS.psd"文件中 Safari 图标下方边缘处吸取颜色，如下图所示，单击【确定】按钮。

第七步　双击右侧的色标，弹出【拾色器】对话框，将吸管放在"iOS.psd"文件中 Safari 图标上方边缘处吸取颜色，单击【确定】按钮，效果如下图所示。

2. 绘制图形

第一步 选择【矩形工具】 ▭ ，在工作区内单击，弹出【创建矩形】对话框，在【宽度】和【高度】文本框中分别输入"8 像素""75 像素"，单击【确定】按钮，如下图所示。

第二步 在工具选项栏中将【填充】设置为"白色"（RGB 颜色值均为 255），选择【移动工具】 ✛ ，将矩形移动至中上方合适位置，效果如下图所示。

第三步 按【Ctrl+J】组合键复制图层，并更改图层名称为"短"，如下图所示。

第四步 按【Ctrl+T】组合键执行【自由变换】命令，按住【Alt】键的同时拖曳鼠标将矩形中心点移动至图标中心点，在工具选项栏中

的【旋转角度】文本框内输入"12"，按【Enter】键确定变换，如下图所示。

第五步 按住【Ctrl+Shift+Alt】组合键的同时按【T】键进行阵列复制，效果如下图所示。

第六步 按住【Shift】键的同时选中所有【矩形 1】图层，单击【图层】面板中的【创建新组】按钮 ▢ ，并更改名称为"长"，如下图所示。

第七步 在【短】图层中，按【Ctrl+T】组合键执行【自由变换】命令，选中底部中心节点向上拖曳鼠标降低图形高度，按【Enter】键确定变换，效果如下图所示。

提示

为显示效果，将【长】图层进行隐藏。

第八步　按照上述第四步至第七步的操作，将图层名称更改为"短"，效果如下图所示。

第九步　按【Ctrl+T】组合键执行【自由变换】命令，在工具选项栏中的【旋转角度】文本框内输入"6"，按【Enter】键确定变换，效果如下图所示。

3. 绘制指针

第一步　选择【多边形工具】，在图形中绘制一个三角形，在工具选项栏中将【填充】设置为"白色"（RGB 颜色值均为 255），效果如下图所示。

第二步　按【Ctrl+T】组合键执行【自由变换】命令，在顶点处向上拖曳鼠标增加图形高度，按住【Alt】键的同时在中点处向内拖曳鼠标缩小图形宽度，调整至合适大小，按【Enter】键确定变换，效果如下图所示。

第三步　在工具选项栏中将【填充】设置为"红色"（R:255；G:20；B:20），效果如下图所示。

第四步　按【Ctrl+J】组合键复制图层，执行【编辑】→【变换路径】→【垂直翻转】命令，如下图所示。

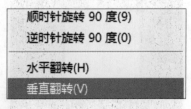

第五步　选择【移动工具】，将两个多边形对齐，按【Ctrl+G】组合键进行编组，效果如下图所示。

输入"45"，按【Enter】键确定变换，最终效果如下图所示。

第六步 按【Ctrl+T】组合键执行【自由变换】命令，在工具选项栏中的【旋转】文本框内

6.20 静静地听会 Music——音乐

本案例主要使用【矩形工具】【混合器画笔工具】来制作 iOS 系统中的 Music（音乐）图标，效果如下图所示。

1. 绘制图形

第一步 打开"素材 \ch06\iOS.psd"文件，按【F2】和【F3】键，新建参考线、引导线并绘制圆角矩形，效果如下图所示。

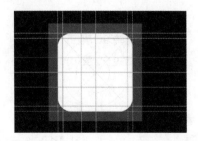

第二步 为了方便查看参考文件，执行【窗口】→【排列】→【双联垂直】命令，效果如下图所示。

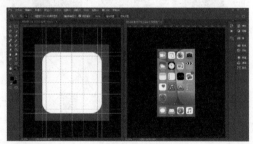

第三步 打开"素材 \ch06\ios.psd"文件，选中【符号】图层并右击，弹出快捷菜单，选择【复制图层】选项，如下图所示。

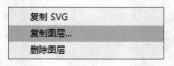

第四步 弹出【复制图层】对话框，单击【文

档】下拉按钮<span></span>，选择【未标题 -1】选项，
如下图所示。

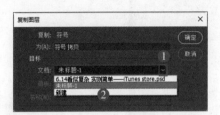

第五步　选择【矩形工具】□，在工具选项
栏中将【填充】设置为"灰色"（R:255；G:0；
B:0），效果如下图所示。

2. 设置颜色

第一步　单击【图层】面板中的【创建新图层】
按钮□，并更改图层名称为"彩色"，如下
图所示。

第二步　选择【混合器画笔工具】<span></span>，在
"iOS.psd"文件中按【Alt】键吸取颜色，依
次画在"未标题 -1"文件中相应的位置，如
下图所示。

第三步　右击图层，弹出快捷菜单，选择【创
建剪贴蒙版】选项，如下图所示。

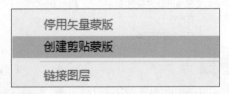

第四步　按【Ctrl+T】组合键执行【自由变换】
命令，调整图形的大小，最终效果如下图所示。

6.21　团队需要协同工作——命名规范

　　本案例主要使用【矩形工具】【横排文字工具】【移动工具】来制作命名规范，效果如下
图所示。

1.新建画布

第一步 启动 Photoshop CC 软件，执行【文件】→【新建】命令。

第二步 弹出【新建】对话框，在【宽度】和【高度】文本框中分别输入"800""3000"，单击【创建】按钮，如下图所示。

第三步 执行【滤镜】→【杂色】→【添加杂色】命令，弹出【添加杂色】对话框，在【数量】文本框中输入数值"5"，单击【确定】按钮，如下图所示。

2.绘制图形

第一步 选择【矩形工具】，在工作区内单击，弹出【新建矩形】对话框，在【宽度】和【高度】文本框中分别输入数值"750像素""200像素"，单击【确定】按钮，如下图所示。

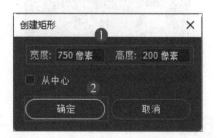

第二步 在工具选项栏中单击【填充】按钮，将填充颜色设置为"白色"（RGB 颜色值均为 255），效果如下图所示。

第三步　选择【移动工具】⊕，按住【Shift】键的同时选中【背景】【矩形 1】图层，单击工具选项栏中的【水平居中对齐】按钮⊕，向上移动至合适位置，效果如下图所示。

3. 输入文本

第一步　选中【横排文字工具】T，输入文字 "iOS10-- 照片"，如下图所示。

第二步　在工具选项栏中将【字体】设置为 "苹方"，【字体样式】设置为 "常规"，【大小】设置为 "36 点"，如下图所示。

第三步　选择【移动工具】⊕，将文字移动

至左上角，效果如下图所示。

第四步　选择【横排文字工具】T，将【大小】设置为 "12 点"，按住鼠标左键从左上角至右下角拖曳鼠标创建选区，如下图所示。

第五步　执行【文字】→【粘贴 Lorem Ipsum】命令，如下图所示。

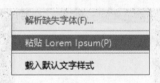

第六步　保留选区中的前面 4 行文字，将其余文字删除，效果如下图所示。

第七步　按住鼠标左键，拖曳鼠标选择文字，在工具选项栏中将【颜色】设置为 "灰色"（RGB 颜色值值为 128），如下图所示。

移动，靠左对齐，最终效果如下图所示。

第八步 选择【移动工具】，将文字向上

6.22 规范文档——成品展示

图标制作完成后，需要有成品展示效果图，本节介绍成品展示规范文档的制作方法。

1. 设计过程

第一步 打开"结果\ch06\6.21 命名规范 .psd"文件，在【矩形 1】图层中按【Ctrl+T】组合键执行【自由变换】命令，选中底部中心节点，向下拖曳鼠标，增加矩形高度，如下图所示。

第二步 打开"结果 \ch06\6.4 照片 .psd"文件，为方便查看多个文档，执行【窗口】→【排列】→【双联垂直】命令，如下图所示。

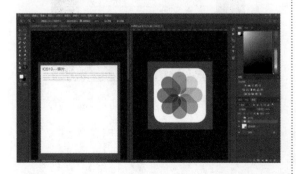

第三步 在【圆角矩形 1】图层中选择【矩形工具】，在工具选项栏中将【描边】设置为"灰色"（RGB 颜色值均为 125），如下图所示。

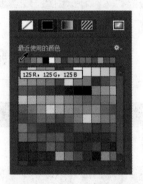

第四步 按住【Shift】键的同时选中【组 1】【圆角矩形 1】图层并右击，弹出快捷菜单，选择【复制图层】选项，如下图所示。

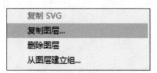

第五步 弹出【复制图层和组】对话框，单击【文档】下拉按钮，在弹出的下拉列表

中选择【6.23命名规范.psd】选项，单击【确定】按钮，如下图所示。

第六步　右击选中的图层，弹出快捷菜单，选择【转换为智能对象】选项，如下图所示。

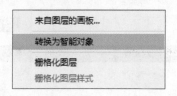

第七步　执行【编辑】→【自由变换】命令，按住【Shift】键将图形缩放至合适大小，如下图所示，按【Enter】键确定变换。

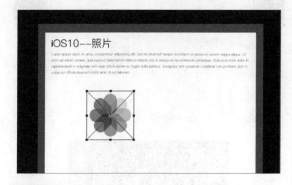

第八步　在打开的"结果\ch06\6.21命名规范.psd"文件中按住【Shift】键并选中【guides】【组1】【圆角矩形1】图层，右击图层，弹出快捷菜单，选择【复制图层】选项。

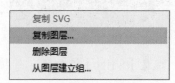

第九步　弹出【复制图层和组】对话框，单

击【文档】下拉按钮，选择【6.23命名规范.psd】选项，单击【确定】按钮，如下图所示。

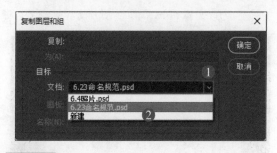

第十步　右击选中的图层，弹出快捷菜单，选择【转换为智能对象】选项，如下图所示。

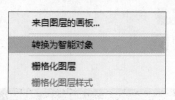

第十一步　执行【编辑】→【自由变换】命令，按住【Shift】键将图形缩放至合适大小，按【Enter】键确定变换，效果如下图所示。

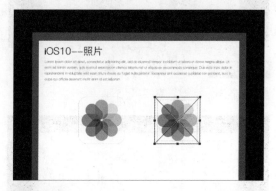

第十二步　选择【横排文字工具】 T ，输入文字"照片"，在工具选项栏中将【字体】设置为"苹方"，【字体样式】设置为"常规"，【大小】设置为"18点"，如下图所示。

苹方	常规	ᴛᵀ 18点

第十三步 选择【移动工具】，调整文本位置，选中文字，按【Alt】键的同时向右拖曳鼠标复制文本，效果如下图所示。

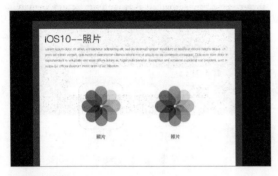

第十四步 选中复制的文本，选择【横排文字工具】，将文字更改为"标准线稿图"，如下图所示。

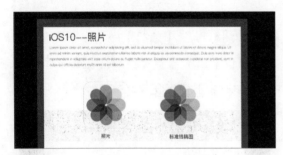

第十五步 选择【移动工具】，在工作区内绘制一个矩形，效果如下图所示。

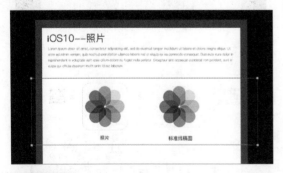

第十六步 在工具选项栏中将【填充】设置为"无"，【描边】设置为"灰色"（RGB 颜色值均为 169），如下图所示。

第十七步 选择【矩形选框工具】，选中需要的矩形区域，如下图所示，单击【图层】面板下方的【添加图层蒙版】按钮。

2. 尺寸标记

第一步 按住【Shift】键并选中【照片】【Lorem ipsum…】图层，单击【创新建组】按钮，如下图所示，同时将图层名称更改为"组 2"。

第二步 按住【Shift】键的同时选中【组 1】【照片】图层，单击【创新建组】按钮，

如下图所示，同时将图层名称更改为"组3"。

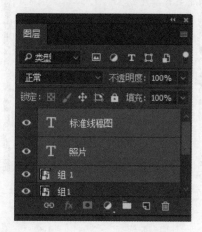

第三步　在【组1】图层中选择【移动工具】，按住【Alt】键向下拖曳鼠标进行复制，效果如下图所示。

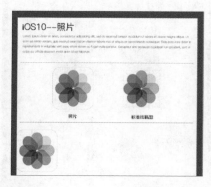

第四步　选择【移动工具】，按住【Alt】键向下拖曳鼠标复制5个图层，效果如下图所示。

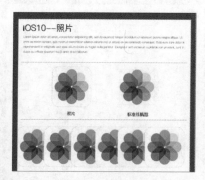

第五步　在【组1拷贝2】图层中按【Ctrl+T】

组合键执行【自由变换】命令，按住【Shift】键等比例缩小图形，按【Enter】键确定，效果如下图所示。

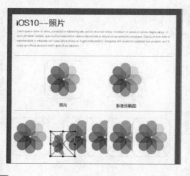

第六步　按照第五步的操作，在相应的图层内递减式缩小图形，效果如下图所示。

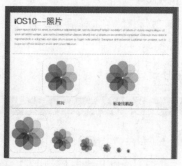

第七步　按住【Shift】键的同时选中【组1拷贝】【组1拷贝2】【组1拷贝3】【组1拷贝4】【组1拷贝5】【组1拷贝6】图层，如下图所示，在工具选项栏中单击【底对齐】按钮。

第八步 按【Ctrl+T】组合键执行【自由变换】命令，拖曳鼠标移动至合适位置，按【Enter】键确定变换，效果如下图所示。

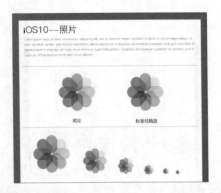

第九步 选择【横排文字工具】 T ，输入文字"1024*1024"，在工具选项栏中将【字体】设置为"苹方"，【字体样式】设置为"常规"，【大小】设置为"16 点"，【颜色】设置为"灰色"（RGB 颜色值均为 128），如下图所示。

| 苹方 | 常规 | T 16 点 | aa 锐利 |

第十步 选择【移动工具】 ✛ ，调整文本位置，选中文字，按【Alt】键的同时向右拖曳鼠标复制文本 5 次，效果如下图所示。

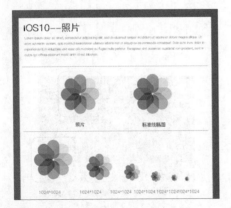

第十一步 在【1024*1024 拷贝 1】图层中选择【横排文字工具】 T ，选中文字并将其更改为"512*512"，效果如下图所示。

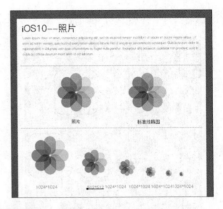

第十二步 按照第十一步的操作，在相应的复制文字图层中依次选中文字，并更改为"180*180""120*120""114*114""57*57"，效果如下图所示。

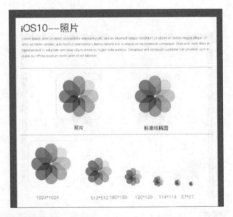

第十三步 选择【移动工具】 ✛ ，调整各文字位置，效果如下图所示。

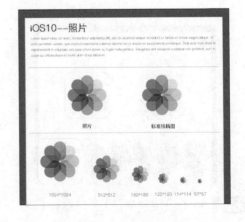

3. 系统界面

第一步　打开"成品展示.psd"文件，按住【Shift】键的同时选中【homescreen】【图层1】图层并右击，弹出快捷菜单，选择【复制图层】选项，如下图所示。

第二步　弹出【复制图层合组】对话框，单击【文档】下拉按钮，在弹出的下拉列表中选择【未标题-1.psd】选项，单击【确定】按钮，如下图所示。

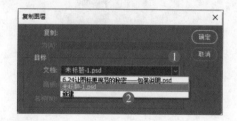

第三步　按【Ctrl+T】组合键执行【自由变换】命令，按住【Shift】键等比例缩小图形，按【Enter】键确定，效果如下图所示。

第四步　选中【homescreen】图层并右击，弹出快捷菜单，选择【复制图层】选项，如下图所示。

第五步　选择【移动工具】，将图形移动至【图层1】图形上方，按【Ctrl+T】组合键执行【自由变换】命令，按住【Shift】键缩小图形至合适大小，按【Enter】键确定，效果如下图所示。

第六步　在【矩形2】图层名称上右击，如下图所示，弹出快捷菜单，选择【复制图层】选项。

第七步　选择【移动工具】，将矩形向下移动，按【Ctrl+T】组合键执行【自由变换】命令，按住【Shift】键将其扩大至合适大小，

按【Enter】键确定，效果如下图所示。

4. 透视展示

第一步 在【homescreen】图层中右击，弹出快捷菜单，选择【复制图层】选项，如下图所示。

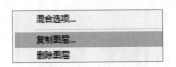

第二步 按【Ctrl+T】组合键执行【自由变换】命令，将图形旋转 30°，按住【Ctrl】键并选中上节点向内拖动鼠标，按【Enter】键确定，效果如下图所示。

第三步 选择【移动工具】，按住【Alt】键并向上拖曳鼠标，复制两个图形，效果如下图所示。

第四步 在【homescreen 拷贝 2】【home screen 拷贝 3】图层中按【Ctrl+T】组合键执行【自由变换】命令，将图形缩小至合适大小，按【Enter】键确定，效果如下图所示。

第五步 在相应的 3 个图层中按【Ctrl+T】组合键执行【自由变换】命令，将图形旋转至合适角度，按【Enter】键确定，效果如下图所示。

第六步 在【homescreen 拷贝 4】图层中右击，弹出快捷菜单，选择【复制图层】选项，如下图所示，并将图层名称更改为"投影"。

第七步 双击图层，弹出【图层样式】对话框，选中【颜色叠加】复选框，将【颜色】设置为"黑色"（RGB 颜色值均为 0），单击【确定】按钮，如下图所示。

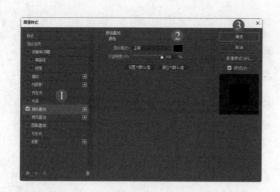

第八步　按【Ctrl+T】组合键执行【自由变换】命令，将图形缩小至合适大小，按【Enter】键确定，在【图层】面板中将【不透明度】设置为"10%"，效果如下图所示。

第十一步　选择【椭圆工具】 ，在工作区内拖曳鼠标绘制一个椭圆，效果如下图所示。

第九步　执行【滤镜】→【模糊】→【高斯模糊】命令，弹出【高斯模糊】对话框，在【半径】文本框中输入"5"，单击【确定】按钮，如下图所示。

第十二步　执行【滤镜】→【模糊】→【高斯模糊】命令，弹出【高斯模糊】对话框，在【半径】文本框中输入"40.0"，单击【确定】按钮，如下图所示。

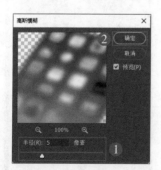

第十步　单击【图层】面板中的【创建图层】按钮 ，并将图层名称更改为"投影"，如下图所示。

第十三步　选择【移动工具】 ，将【投影】图层移动至【homescreen】图层下方，如下图所示。

第十四步 选择【横排文字工具】 **T**，在工作区内输入文字 "thanks"，【字体】设置为 "苹方"，【样式】设置为 "细体"，【大小】设置为 "48 点"，【颜色】设置为 "灰色"（RGB颜色值均为 129），如下图所示。

第十五步 选择【圆角矩形工具】 **□**，在文字外围绘制一个圆角矩形，效果如下图所示。

第十六步 在【属性】面板中将【角半径】设置为 "18 像素"，如下图所示。

第十七步 选择【移动工具】 **⊕**，按住【Shift】键的同时选中【圆角矩形 1】【thanks】图层，在工具选项栏中单击【垂直居中对齐】按钮 **⊪** 和【水平居中对齐】按钮 **⊟**，效果如下图所示。

第十八步 选择【裁剪工具】 **⼍**，选中需要保留的选区，按【Enter】键确定裁剪，最终效果如下图所示。

本章主要通过 Photoshop 软件的一些基本工具和操作，制作出平时常见的 App 图标。

7.1 朋友圈就是全世界——微信

本节主要讲解如何使用【椭圆工具】【钢笔工具】等工具绘制微信图标

第一步 打开 Photoshop 软件，按【F2】和【F3】键运行动作，将微信图标放进去作为参考，如下图所示。

第二步 将参考图层命名并锁定，如下图所示。

第三步 选中【圆角矩形 1】图层，单击工具箱中的【矩形工具】按钮，单击属性栏

中的【填充】按钮，在弹出的列表中选择【渐变】选项，双击色标，分别吸取参考图的上下两部分颜色，如下图所示。

第四步 单击工具箱中的【椭圆工具】按钮，绘制一个椭圆并填充为白色，如下图所示。

第五步 再次单击【椭圆工具】按钮，按住【Shift】键绘制一个圆形，单击工具箱中

的【路径选择工具】按钮 可以调整位置，如下图所示。

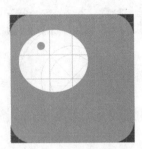

第六步 按住【Alt】键复制小圆并放到合适的位置，单击属性栏中的【路径操作】按钮 ，在弹出的快捷菜单中选择【合并形状组件】选项，将两个小圆合并到一起，如下图所示。

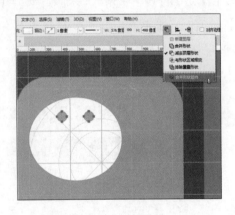

 提示

选择【合并形状组件】选项后如果弹出下图所示的提示框，单击【是】按钮即可。

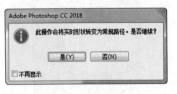

第七步 框选这三个图形，单击属性栏中的【路径对齐方式】按钮 ，在弹出的快捷菜

单中选择【水平居中】选项，如下图所示。

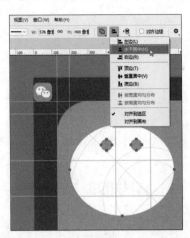

第八步 单击工具箱中的【钢笔工具】按钮 ，在属性栏中选择【形状】模式，单击【路径操作】 按钮，在弹出的快捷菜单中选择【合并形状】选项，如下图所示。

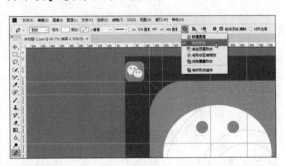

第九步 在合适的位置绘制一个小三角形，如下图所示。

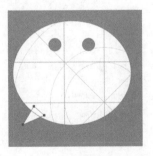

第十步 单击左侧工具箱中的【直接选择工具】按钮 ，按住【Alt】键复制一个图形，

然后按【Ctrl+T】组合键将其缩放至合适的
大小，然后右击，在弹出的快捷菜单中选择【水
平翻转】选项，如下图所示。

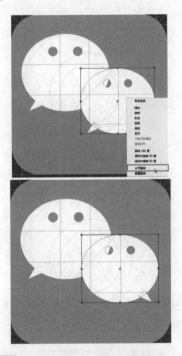

第十一步 选中【椭圆4拷贝】图层中的椭圆形，
按【Ctrl+C】组合键进行复制，单击【图层】面
板中的【新建图层】按钮 🔲，然后按【Ctrl+V】
组合键进行粘贴，如下图所示。

第十二步 选择【编辑】→【自由变换路径】
选项，然后按【Alt+Shift】组合键将其放大，
如下图所示。

第十三步 按【Enter】键确认后，将【图层
1】图层移动到【椭圆4拷贝】图层下方，如
下图所示。

第十四步 按【Ctrl+Enter】组合键建立选区，
单击【图层】面板中的【新建图层】按钮 🔲，
然后删除【图层1】图层，将新建的图层命
名为"底色"，如下图所示。

第十五步 选择【吸管工具】 ✐，吸取绿色
部分，按【Alt+Delete】组合键填充颜色，如
下图所示。

第十六步　在【图层】面板中双击【底色】图层，弹出【图层样式】对话框，选中【渐变叠加】复选框，单击【点按可编辑渐变】按钮，弹出【渐变编辑器】对话框，如下图所示。

第十七步　分别选取下图所示位置的颜色，然后单击【确定】按钮。

第十八步　最后整体调整一下位置及大小，最终效果如下图所示。

7.2　陪你到永远——QQ

本节主要讲解利用【圆角矩形工具】【钢笔工具】【椭圆工具】等工具绘制 QQ 图标的过程。

1. 绘制身体、双眼及嘴巴

第一步　打开 Photoshop 软件，按【F2】和【F3】键运行动作，将 QQ 图标放进去作为参考，如下图所示。

第二步 先将参考图放大以便参考，单击工具箱中的【圆角矩形工具】按钮 ◻️，绘制一个圆角矩形，在【属性】面板中调节圆角半径，如下图所示。

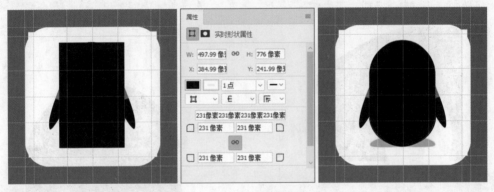

第三步 单击工具箱中的【椭圆工具】按钮 ◯，绘制一个企鹅的眼睛，再次单击【椭圆工具】按钮 ◯，绘制瞳孔，如下图所示。

第四步 按住【Alt】键复制一个白色眼睛，最后调整双眼的位置，如下图所示。

第五步 接下来用基本图形绘制右眼中的眨眼效果。首先绘制两个重叠的椭圆形，方便起见，可以先把两个椭圆的颜色设置为其他颜色，如下图所示。

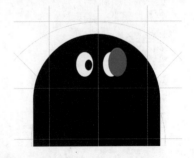

第六步 选择两个椭圆的图层并右击，在弹出的快捷菜单中选择【合并形状】选项，然后在属性栏中单击【路径操作】按钮 ◻️，在弹出的快捷菜单中选择【减去顶层形状】选项，如下图所示。

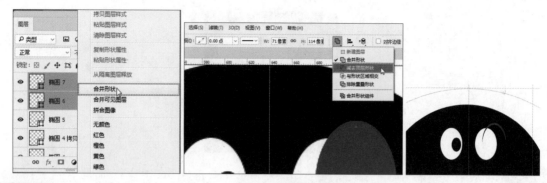

第七步 单击工具箱中的【钢笔工具】按钮 ∅，绘制眨眼图形两边的弧度，如下图所示。

第八步 绘制完成后，合并两个形状，然后单击属性栏中的【路径操作】按钮 ▣，在弹出的快捷菜单中选择【与形状区域相交】选项，如下图所示。

第九步 将颜色改为黑色，拖动到眼睛中间的合适位置，如果觉得效果不合适，也可以继续进行调整，直到效果最佳，如下图所示。

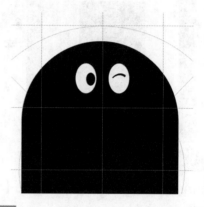

第十步 绘制一个椭圆，并填充为黄色，如下图所示。

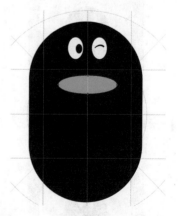

第十一步 单击【钢笔工具】按钮 ∅，调整椭圆弧度得到嘴的形状，在调整过程中尽量保持左右对称，如下图所示。

 提示

使用【钢笔工具】后，按住【Alt】键的同时单击锚点并拖动，即可调整椭圆弧度；按住【Shift】键即可让椭圆两边的弧度相同；按住【Ctrl】键框选锚点，然后按方向键，即可移动锚点。

2. 绘制肚子、围巾和脚

第一步　单击工具箱中的【圆角矩形工具】按钮 ▢，绘制如左下图所示的一个圆角矩形，然后按【Ctrl+T】组合键调整位置及大小，如右下图所示。

第二步　单击工具箱中的【矩形选框工具】按钮 ▢，在合适位置绘制选框，然后单击【图层】面板中的【添加图层蒙版】按钮 ▣，如下图所示。

第三步　单击工具箱中的【钢笔工具】按钮 ✎，在身体旁边绘制一个翅膀，如下图所示。

第四步　按住【Alt】键，复制一个翅膀到右边，按【Ctrl+T】组合键调整方向和大小，然后右击，在弹出的快捷菜单中选择【水平翻转】

选项，然后调整位置，效果如下图所示。

第五步　利用同心椭圆绘制围巾。单击工具箱中的【椭圆工具】按钮 ◯. ，绘制一个椭圆形，如下图所示。

第八步　在【图层】面板中选中身体和两个翅膀图层并右击，在弹出的快捷菜单中选择【合并形状】选项，并调整图层顺序，如下图所示。

第六步　在【图层】面板中右击，选择【复制图层】选项，按【Ctrl+T】组合键调整椭圆方向和大小，然后按住【Alt+Shift】组合键的同时单击角点并拖动，如下图所示。

第七步　按【Enter】键，在【图层】面板中选中两个椭圆图层并右击，在弹出的快捷菜单中选择【合并形状】选项，单击属性栏中的【路径操作】按钮 ⬚ ，选择【减去顶层形状】选项，如下图所示。

第九步　在【图层】面板中右击围巾图层，

选择【创建剪贴蒙版】选项，如下图所示。

第十步 移动围巾到合适的位置，单击工具箱中的【矩形选框工具】按钮□，框选出需要留下的部分，在【图层】面板中单击【添加图层蒙版】按钮□，如下图所示。

第十一步 调整图层位置，将肚子放在围巾

下面，如果有白色肚子露出来，可将原来的蒙版删除，重新创建蒙版，如下图所示。

第十二步 单击工具箱中的【矩形工具】按钮□，在合适的位置绘制围巾下摆，如下图所示。

第十三步 单击【钢笔工具】按钮 ⌀，调整围巾弧度，如下图所示。

第十四步 单击工具箱中的【椭圆工具】按钮 ○，绘制一个椭圆，绘制完成后，单击属性栏中的【路径操作】按钮 □，选择【与形状区域相交】选项，如下图所示。

第十五步　然后单击工具箱中的【矩形工具】按钮 ▢，绘制一个矩形，绘制完成后，在【图层】面板中选中这两个图层并右击，选择【合并形状】选项，即可显示相交部分，如下图所示。

第十六步　再次通过绘制椭圆形状调整两脚脚尖的弧度，绘制完成后单击属性栏中的【路径操作】按钮 ▢，选择【与形状区域相交】选项，如下图所示。

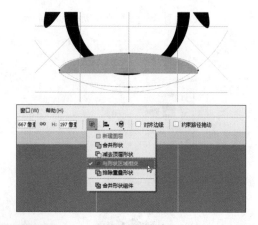

第十七步　然后单击【钢笔工具】按钮 ✎，继续调整，使其变得更圆滑，如下图所示。

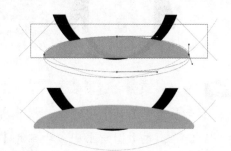

第十八步　最后调整图层顺序，将脚放在身体后面，如下图所示。

至此，QQ 图标就制作完成了。

7.3　每天刷够 100 遍——微博

下面介绍如何使用【椭圆工具】和【钢笔工具】等工具绘制微博图标。

第一步　打开 Photoshop 软件，按【F2】和【F3】键运行动作，将微博图标放进去作为参考，如下图所示。

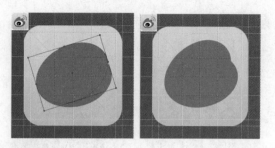

第二步　单击属性栏中的【填充】按钮，选择【渐变】填充，分别选择参考图上下两部分的颜色作为渐变色，如下图所示。

第五步　在【图层】面板中选中这两个图层并右击，选择【合并形状】选项，如下图所示。

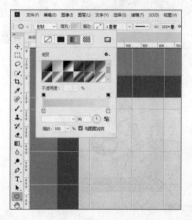

第六步　单击属性栏中的【路径操作】按钮，选择【与形状区域相交】选项，如下图所示。

第三步　单击工具箱中的【椭圆工具】按钮，绘制一个椭圆，暂时填充为红色，旋转到合适的位置，如下图所示。

第七步　单击工具箱中的【钢笔工具】按钮，绘制并调整至下图所示的形状。

第四步　按住【Alt】键，复制一个椭圆并旋转到合适位置，如下图所示。

第八步 单击属性栏中的【填充】按钮 ▆ ，选择【渐变】填充，分别选择参考图对应部分的颜色作为渐变色，如下图所示。

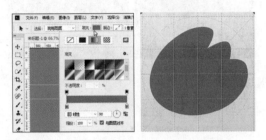

第九步 单击工具箱中的【椭圆工具】按钮 ⬭ ，绘制眼睛部分，并填充为白色，然后移动位置并旋转，如下图所示。

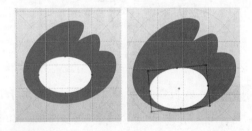

第十步 使用同样的方法绘制眼睛的黑色部分并进行调整，如下图所示。

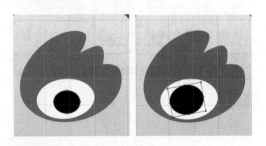

第十一步 再次使用同样的方法进行操作，直至眼睛绘制完成，如下图所示。

第十二步 单击工具箱中的【钢笔工具】按钮 ◯ ，绘制一条弧线，在属性栏中设置【填充】为 "无"，选择描边颜色，设置粗细为 "31.35 点"，单击【设置描边类型】按钮 ▭ ✓ ，在弹出的下拉菜单中选择弧形端点，如下图所示。

第十三步 再次使用【钢笔工具】 ◯ 绘制一条弧线，参数与上一步相同，最后可再根据参考图进行调整，最终效果如下图所示。

7.4 不止一面，大有看头——QQ 浏览器

本节主要介绍如何使用【椭圆工具】【画笔工具】【移动工具】等工具制作 QQ 浏览器图标，具体操作步骤如下。

第一步 打开 Photoshop 软件，按【F2】和【F3】键运行动作，将 QQ 浏览器图标放进去作为参考，如下图所示。

第二步 单击工具箱中的【椭圆工具】按钮，按住【Shift】键绘制一个圆形，在属性栏中设置【填充】为"无"，设置描边颜色为"渐变"，分别选取参考图的颜色，设置合适的描边粗细，如下图所示。

第三步 然后分别绘制三个圆形和一个矩形，并摆放好位置，如下图所示。

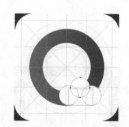

第四步 在【图层】面板中选择矩形和圆形图层并右击，选择【合并形状】选项，如下图所示。

第五步 双击合并后的图层，弹出【图层样式】对话框，选中【投影】复选框，在右侧设置合适的参数，如下图所示。

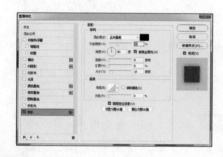

第六步 新建图层，将其命名为"融合层"，单击工具箱中的【渐变工具】按钮，选取参考图云朵附近的颜色，在新建的图层上拖动鼠标填充渐变色，如下图所示。

第七步 在【图层】面板中选中第二步绘制的圆形并右击，在弹出的快捷菜单中选择【栅

格化图层】选项，如下图所示。

第八步 单击工具箱中的【移动工具】按钮 ✛，按住【Ctrl】键的同时单击【椭圆4】缩略图即可建立选区，如下图所示。

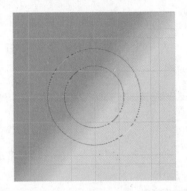

第九步 选中【融合层】图层，单击【图层】面板下方的【添加图层蒙版】按钮 ◻，效果如下图所示。

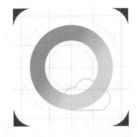

第十步 单击工具箱中的【画笔工具】按钮 ✎，设置【前景色】为"黑色"，在属性栏中设置【不透明度】为"100%"，先将不需要覆盖的颜色擦出来，如下图所示。

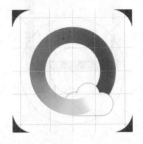

第十一步 调整合适的不透明度，在云朵附近根据情况擦拭多次，直到得到最终效果，如下图所示。

7.5 方便每一个人的出行——滴滴出行

本节介绍使用【矩形工具】【路径选择工具】等工具绘制滴滴出行图标的过程。

第一步 打开 Photoshop 软件，按【F2】和【F3】键运行动作，将滴滴图标放进去作为参考，如下图所示。

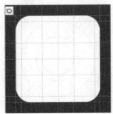

第二步　单击工具箱中的【圆角矩形工具】按钮 ▢，，绘制一个矩形并放置在中央位置，暂时填充为橙色，如下图所示。

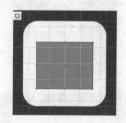

第三步　在【属性】面板中调整圆角半径，如下图所示。

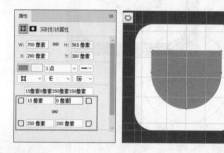

第四步　单击【路径选择工具】按钮 ▶，，按【Ctrl+C】组合键和【Ctrl+V】组合键，复制并粘贴上步调整的图形，然后按住【Alt+Shift】组合键缩小图形，如下图所示。

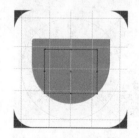

第五步　单击属性栏中的【路径操作】按钮 ▣，，在弹出的快捷键菜单中选择【减去顶层形状】选项，如下图所示。

第六步　单击工具箱中的【矩形工具】按钮 ▯，，在右上角绘制一个矩形，如下图所示。

第七步　在【图层】面板中选中这两个形状并右击，在弹出的快捷键菜单中选择【合并形状】选项，如下图所示。

第八步　单击属性栏中的【路径操作】按钮 ▣，，在弹出的快捷键菜单中选择【减去顶层形状】选项，如下图所示。

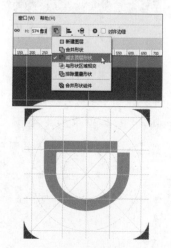

第九步　单击工具箱中的【钢笔工具】按钮 ⬠，按住【Ctrl】键框选需要移动的锚点，可以进行适当的调整，如下图所示。

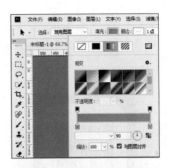

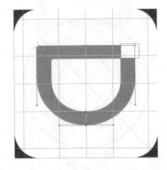

第十步　单击属性栏中的【填充】按钮，选择【渐变】填充，分别选取参考图上下两部分的颜色作为渐变色，最终效果如下图所示。

7.6　吃遍所有，买够一条街——饿了么

本节介绍如何使用【椭圆工具】【矩形工具】等工具绘制饿了么图标，具体操作步骤如下。

第一步　打开 Photoshop 软件，按【F2】和【F3】键运行动作，将饿了么图标放进去作为参考，并将白色区域填充为蓝色，如下图所示。

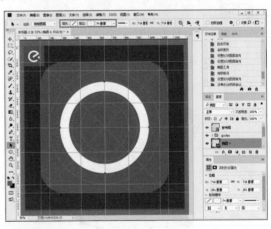

第三步　单击【矩形选框工具】按钮 ▭，在下图所示的位置绘制一个矩形选框。

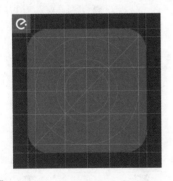

第二步　单击工具箱中的【椭圆工具】按钮 ○，按住【Shift】键绘制一个圆形，在属性栏中设置【填充】为"无"，描边颜色为"白色"，粗细为"74 像素"，如下图所示。

第四步　单击【图层】面板中的【添加图层蒙版】按钮 ▣，然后执行【图层】→【调整】→【反相】命令，如下图所示。

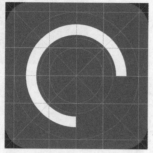

第五步　单击工具箱中的【矩形工具】按钮 □，绘制一个高为"74 像素"的矩形，如下图所示。

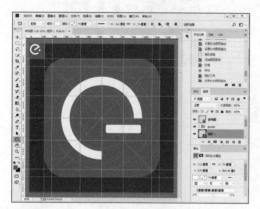

第六步　将矩形放置在合适位置之后，按住【Alt】键复制一个矩形并调整长度，在属性栏中设置右上角的角半径，如下图所示。

第七步　将其移动到合适的位置，如下图所示。

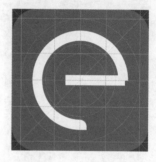

第八步　再次复制一个矩形，将其改为边长为"74 像素"的正方形，如下图所示。

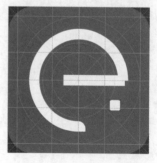

第九步　在属性栏中调整右下角的圆角半径，并调整其位置，如下图所示。

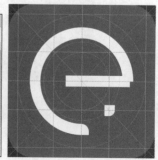

第十步　单击工具箱中的【路径选择工具】按钮
▶.，选择第一个矩形，在属性栏中设置左上角的
圆角半径，如下图所示。

第十一步　在【图层】面板中复制【椭圆 4】
图层，复制后删除图层蒙版，如下图所示。

第十二步　单击【矩形选框工具】按钮▢，
绘制一个矩形选框，然后单击【图层】面板
中的【添加图层蒙版】按钮▢，效果如下图
所示。

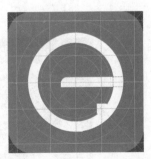

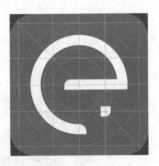

第十三步　选择所有白色部分的图层，按
【Ctrl+T】组合键进行旋转，最终效果如下
图所示。

第 8 章
视听类 App 设计

本章主要通过 Photoshop 软件的一些基本工具和操作，制作出常见的视听类 App 图标。

8.1 悦享品质的视频 App——爱奇艺

本节主要使用【矩形工具】【椭圆工具】【选择工具】【路径选择工具】等工具来绘制爱奇艺 App 的图标。

8.1.1 悦享品质的视频 App——爱奇艺 01

制作爱奇艺 LOGO 的具体操作步骤如下。

第一步 打开 Photoshop 软件新建一个文档，按【F2】和【F3】键，先做好 LOGO 的基础部分，利用【圆角矩形工具】绘制一个圆角矩形，如下图所示。

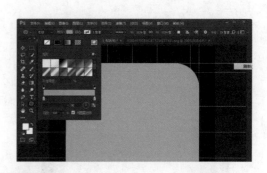

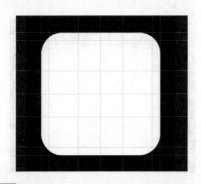

第二步 将爱奇艺 LOGO 拖曳至图层的左上角作为参照，双击基础部分的图层，将【填充】设置为"渐变色"，利用【吸管工具】吸取"爱奇艺"LOGO 颜色，如下图所示。

第三步 使用【圆角矩形工具】□ 绘制一个圆角矩形，填充为"白色"，将圆角半径设置为"48 像素"，如下图所示。

第四步　选择【移动工具】，选中两个图层，单击【水平居中对齐】按钮，使用【钢笔工具】在中心位置加一个点，如下图所示。

第五步　使用【路径选择工具】选中圆角矩形，再使用【钢笔工具】选中圆角矩形的中点，按【Ctrl+;】组合键隐藏参考线，按住【Ctrl】键的同时向上拖曳鼠标调整边线，效果如下图所示。

第六步　将圆角上的空心锚点去掉，如下图所示。

第七步　选中【圆角矩形 2】图层并右击，在弹出的快捷菜单中选择【复制图层】选项，弹出【复制图层】对话框，单击【确定】按钮即可，如下图所示。

第八步　按【Ctrl+T】组合键使图形自由变换，再按【Alt+shift】组合键围绕中心点等比缩放，如下图所示。

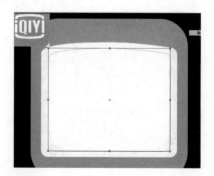

第九步　选中【圆角矩形 2】和【圆角矩形 2拷贝】图层并右击，在弹出的快捷菜单个中选择【合并形状】选项，如下图所示。

第十步 选择【路径工具】，选中里面的图形，单击【路径操作】按钮，在弹出的下拉列表中选择【减去顶层形状】选项，如下图所示。

第十一步 选择【矩形工具】，在【减去顶层形状】状态下选择要减掉的部分，将多余的减掉，如下图所示。

第十二步 单击【路径操作】按钮，在弹出的下拉列表中选择【合并形状组件】选项，如下图所示。

第十三步 按住【Alt】键复制图形，再按【Ctrl+T】组合键调用自由变换命令。然后选中形状并右击，在弹出的快捷菜单中选择【垂直翻转】选项，如下图所示。

第十四步 选中两个形状的图层并右击，在弹出的快捷菜单中选择【合并形状】选项，然后单击【水平居中对齐】按钮，效果如下图所示。

第十五步 使用【矩形工具】绘制一个矩形，填充为白色，按【Ctrl+T】组合键调整大小，如下图所示。

 提示

> 如果上下形状距离不合适，则用【路径选择工具】 ▲ 选中上下形状，按【↑】或【↓】键调整即可。

8.1.2　悦享品质的视频 App——爱奇艺 02

上一节绘制完了大概的框架，这一节接着上节操作继续绘制。

第一步　使用【圆角矩形工具】 ◻ 绘制一个圆角矩形，填充为白色，将圆角半径设置为"118.5 像素"，如下图所示。

第二步　选择【直接选择工具】 ▲，选中中间的 4 个点，执行【编辑】→【自由变换点】命令进行调整，如下图所示。

第十六步　复制一个矩形，按【Ctrl+T】组合键调整大小并移至合适位置，如下图所示。

第三步　调整完成后转化为路径，用【钢笔工具】 ✎ 单击两端中间的锚点，效果如下图所示。

第四步　按【Ctrl+T】组合键调整形状大小，使用【圆角矩形工具】绘制一个圆角矩形，填充为"红色"，将中间部分做出来，如下图所示。

第五步 选中两个形状的图层，合并形状，单击【路径操作】按钮 ▣，在弹出的下拉列表中选择【减去顶层形状】选项，效果如下图所示。

第六步 使用【圆角矩形工具】▭ 绘制一个圆角矩形，将圆角半径设置为"23 像素"，移至合适位置，如下图所示。

第七步 按【Alt】键复制上一步绘制的圆角矩形，将填充颜色改为红色，如下图所示。

第八步 选中两个形状的图层，合并形状，单击【路径操作】按钮 ▣，在弹出的下拉列表中选择【减去顶层形状】选项，效果如下图所示。

第九步 选择【矩形工具】▭，单击【路径操作】按钮 ▣，在弹出的下拉列表中选择【减去顶层形状】选项，并绘制出矩形，然后将多余的形状减掉，效果如下图所示。

第十步 复制"i"的下半部分形状并移至合适位置，按【Ctrl+T】组合键调整大小，如下图所示。

第十一步 重复第十步的操作，选择【多边

形工具】 ⬡，将边数设置为 "3"，绘制一个三角形，按【Ctrl+T】组合键调整大小并移至合适位置，如下图所示。

第十二步 按住【Alt】键复制一个三角形，用鼠标将其向上拖曳，重复第八步至第九步的操作，效果图如下所示。

第十三步 再复制一个 "i" 的下半部分移至合适位置并调整大小，按住【Shift】键调整各个字母的间距即可，最终效果如下图所示。

8.2 不负好时光——腾讯视频

本节使用【矩形工具】【钢笔工具】【直接选择工具】【路径工具】等工具来制作腾讯视频 App 的图标，具体操作步骤如下。

第一步 打开 Photoshop 软件，新建一个文档，按【F2】和【F3】键，先做好 LOGO 的基础部分，利用【圆角矩形工具】 ▣ 绘制一个圆角矩形，填充为 "白色"，如下图所示。

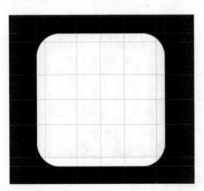

第二步 将腾讯视频的 LOGO 拖曳至图层的左上角作为参照，选择【矩形工具】 ▢ 绘制一个矩形，再选择【直接选择工具】 ▸ 选中矩形的一边，按【Ctrl+T】组合键调整大小，按住【Alt】键调整上下两条边，如下图所示。

第三步 选择【矩形工具】，再绘制一个矩形，选择【直接选择工具】选中矩形的一边，按【Ctrl+T】组合键调整大小，然后按住【Alt】键调整上下两条边，如下图所示。

第四步 选择【钢笔工具】调整角的弧度，按住【Alt】键一点点地调整弧度即可，如下图所示。

 提示

调整的过程中一定要注意对称。

第五步 重复第四步的操作调整梯形，调整完成后填充为"渐变色"，利用【吸管工具】吸取"腾讯"LOGO 最底层形状的颜色，再按【Ctrl+T】组合键调整大小，如下图所示。

第六步 按住【Alt】键复制图形并拖曳至合适位置，选择【渐变工具】，单击【点按可编辑渐变】按钮，弹出【渐变编辑器】对话框，如下图所示。

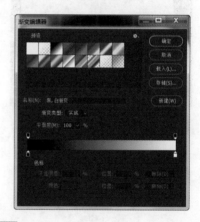

第七步 单击【色标】按钮，吸取"腾讯"LOGO中橙色部分的最下端颜色，再单击右侧的【色标】按钮，吸取橙色上端的颜色，单击【确定】按钮，效果如下图所示。

提示

可以拖曳色标来调整渐变色的亮度。

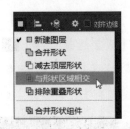

第八步 按【Ctrl+T】组合键调整形状的大小，再选中【橙色 图形】图层拖曳至【蓝色 图形】图层的下方，效果如下图所示。

第九步 选中两个"图形"图层并右击，在弹出的快捷菜单中选择【复制图层】选项，如下图所示。

第十步 右击图层，在弹出的快捷菜单中选择【合并形状】选项，选择【矩形工具】，单击【路径操作】按钮，在弹出的下拉列表中选择【与形状区域相交】选项，如下图所示。

第十一步 选择【直接选择工具】选中两个图形，单击【路径操作】按钮，在弹出的下拉列表中选择【与形状区域相交】选项，效果如下图所示。

第十二步 将图形移至合适位置，选择【渐变工具】，单击【点按可编辑渐变】按钮，弹出【渐变编辑器】对话框，重复第七步的操作设置渐变颜色，效果如下图所示。

第十三步 复制"绿色"图形，按【Ctrl+T】组合键调整形状的大小，将渐变填充改为白色，移至合适位置，效果如下图所示。

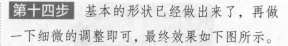

第十四步 基本的形状已经做出来了，再做一下细微的调整即可，最终效果如下图所示。

提示

按【Ctrl+T】组合键的同时可以再按住【Shift】键，这样可以使图形按中心点缩放。

8.3 音乐总有新玩法——酷狗

本节主要使用【直接选择工具】【椭圆工具】【矩形工具】等工具来绘制酷狗 App 的图标，具体操作步骤如下。

第一步 打开 Photoshop 软件，新建一个文档，按【F2】和【F3】键，先做好 LOGO 的基础部分，利用【圆角矩形工具】绘制一个圆角矩形，如下图所示。

单击【色标】按钮，吸取酷狗 LOGO 的底端颜色，如下图所示。

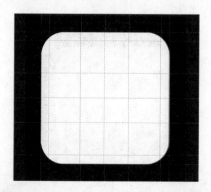

第二步 将酷狗 LOGO 拖曳至图层的右上角作为参照，双击基础部分的图层，将【填充】设置"渐变色"，单击【点按可编辑渐变】按钮，弹出【渐变编辑器】对话框，

第三步 选择【椭圆工具】，按住【Shift】键绘制一个圆形，设置【填充】为"无"、描边颜色为"白色"、粗细为"38 像素"，如下图所示。

第四步　选择【矩形工具】□绘制一个矩形，设置【填充】为白色、【描边】为"无"，如下图所示。

第五步　按住【Alt】键复制矩形图形，选择【直接选择工具】▶，选中矩形的上面两个端点，按方向键调整倾斜度，如下图所示。

第六步　选中复制的矩形图形，按【Ctrl+T】组合键调整形状大小，选择【直接选择工具】▶，选中矩形上面的两个端点，按【Shift】键并拖曳鼠标调整倾斜度，如下图所示。

第七步　将矩形移至合适位置，按住【Alt】键复制调整好的图形，按【Ctrl+T】组合键调用自由变换命令，然后右击图层，在弹出的快捷菜单中选择【垂直翻转】选项，如下图所示。

第八步　将图形调整到合适的位置，大概的效果就出来了，如下图所示。

第九步　选中【矩形1】【矩形1拷贝】【矩形1拷贝2】图层并右击，在快捷菜单中选择【合并形状】选项，将图层合为一个并命名为"k"，如下图所示。

第十步 选择【直接选择工具】▶,单击【路径操作】下拉按钮▣,在下拉列表中选择【合并形状组件】选项,如下图所示,将字母"k"合为一体。

第十一步 选中【k】和【椭圆】图层,单击【垂直居中】按钮▐▌和【水平居中】按钮▐,调整字母"k"的位置至圆的正中央,如下图所示。

第十二步 按【Ctrl+T】组合键调整酷狗 LOGO 的大小,调整至和参考的图标一样大,如下图所示。

第十三步 将 LOGO 图层拖曳至【圆角矩形】图层上方,将【不透明度】设置为"60%",效果如下图所示。

第十四步 按【Ctrl+T】组合键调整图形的大小,如下图所示。

第十五步 使用【直接选择工具】▶选中需要调整的边,按住【Shift】键并单击鼠标左键做细微的调整即可,如下图所示。

第十六步 选中圆形图层将描边值加大，最终效果如下图所示。

8.4 金曲捞——QQ 音乐

本节主要使用【椭圆工具】【直接选择工具】【钢笔工具】等工具来绘制 QQ 音乐 App 的图标，具体操作步骤如下。

第一步 打开 Photoshop 软件，新建一个文档，按【F2】和【F3】键，先做好 LOGO 的基础部分，利用【圆角矩形工具】 绘制一个圆角矩形，如下图所示。

第二步 将 QQ 音乐 LOGO 拖曳至 Photoshop 中，执行【窗口】→【排列】→【双联垂直】命令，如下图所示。

第三步 选择【椭圆工具】 ，按住【Shift】键绘制一个圆形，单击【填充】按钮 ，在弹出的列表中单击【拾色器】按钮 ，吸取 QQ 音乐 LOGO 的底色，单击【确定】按钮，如

下图所示。

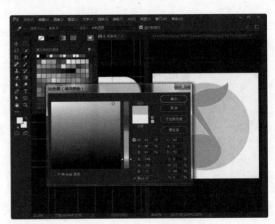

第四步 选择【椭圆工具】 绘制一个椭圆形，双击图形所在的图层，弹出【拾色器】对话框，吸取对应的颜色即可，如下图所示。

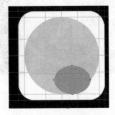

第五步 按【Ctrl+T】组合键适当调整图形

的方向，选择【矩形工具】 绘制一个矩形，如下图所示。

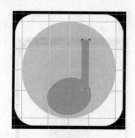

第六步 按【Ctrl+;】组合键隐藏参考线，使用【直接选择工具】 选中右下角的点，按【←】键进行调整，如下图所示。

第七步 按【Ctrl+T】组合键适当调整形状的方向，如下图所示。

第八步 选择【椭圆工具】 绘制一个椭圆形，按【Ctrl+T】组合键适当调整形状的方向和大小，如下图所示。

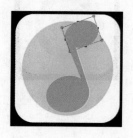

第九步 选择【钢笔工具】 将图形截取一部分，如下图所示。

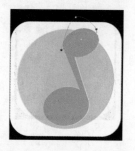

第十步 选中两个图层并右击，在弹出的快捷菜单中选择【合并形状】选项，如下图所示。

第十一步 选择【直接选择工具】 ，单击【路径操作】下拉按钮 ，在弹出的下拉列表中选择【减去顶层形状】选项，如下图所示。

第十二步 大致的形状出来之后，单击【路径操作】下拉按钮 ，在弹出的下拉列表中

选择【合并形状组件】选项，选择【直接选择工具】调整形状，如下图所示。

第十三步 选中 3 个形状的图层并右击，在弹出的快捷菜单中选择【合并形状】选项，

选择【直接选择工具】，再单击【路径操作】下拉按钮，在弹出的下拉列表中选择【合并形状组件】选项，最终的效果如下图所示。

8.5　这世界很酷——优酷

本节主要使用【矩形工具】【椭圆工具】等工具来绘制优酷 App 的图标，具体操作步骤如下。

第一步 打开 Photoshop 软件，新建一个文档，按【F2】和【F3】键，先做好 LOGO 的基础部分，利用【圆角矩形工具】绘制一个圆角矩形，如下图所示。

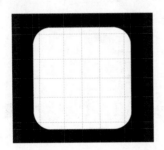

第二步 将优酷 LOGO 拖曳至 Photoshop 中，执行【窗口】→【排列】→【双联垂直】命令，如下图所示。

第三步 选择【椭圆工具】，在工作区内

单击，在弹出的【创建椭圆】对话框中设置【宽度】和【高度】均为“700 像素”，单击【确定】按钮，如下图所示。

第四步 设置圆形的填充色为“无”、描边颜色为“浅蓝”、粗细为“99.69 像素”，选中【椭圆】和【圆角矩形】图层，选择【移动工具】，单击【垂直居中对齐】按钮和【水平居中对齐】按钮，调整图形位置至中心，如下图所示。

第五步 单击【设置形状描边类型】按钮，

在弹出的列表中选择【渐变】类型中的第 3 个，如下图所示。

第六步　选中【色标】按钮，按住【Alt】键复制一个色标按钮，双击【色标】按钮，弹出【拾色器（色标）】对话框，吸取优酷 LOGO 中的颜色，单击【确定】按钮，如下图所示。

第七步　设置【旋转渐变】的角度值为 "−37"，再添加一个色标，填充为 "深蓝色"，如下图所示。

第八步　选择【椭圆工具】，按住【Shift】键绘制一个圆形，吸取 LOGO 中的颜色进行填充，描边色为 "无"，按【Ctrl+T】组合键调整形状的大小即可，如下图所示。

第九步　按住【Alt】键复制图形拖曳至对角，如下图所示。

第十步　选择【圆角矩形工具】绘制一个圆角矩形，将圆角半径设置为 "50.5 像素"，【填充】设置为 "渐变"，吸取 LOGO 中的颜色，如下图所示。

第十一步　按住【Alt】键再复制一个形状，按【Ctrl+T】组合键调整形状的大小和角度，设置旋转角度分别为 "35°" 和 "−35°"，再移至合适位置，如下图所示。

第十二步　选中两个形状的图层并右击，在

弹出的快捷菜单中选择【合并形状】选项，将图层命名为"jiao"，如下图所示。

第十四步 将图形填充为"红色"，再恢复到原位即可，最终的效果如下图所示。

第十三步 复制【jiao】图层，使用【直接选择工具】选中两个图形，单击【路径操作】下拉按钮，在弹出的下拉列表中选择【与形状区域相交】选项，效果如下图所示。

8.6 量身定做的音乐播放器——网易云音乐

本节主要使用【吸管工具】【椭圆工具】【螺旋线工具】【直接选择工具】【钢笔工具】等工具来制作网易云音乐 App 的图标，具体操作步骤如下。

第一步 选择【圆角矩形工具】并单击鼠标左键，在弹出的【圆角矩形】对话框中设置【宽度】为"1024px"、【高度】为"102px"、【圆角半径】为"180px"，如下图所示。

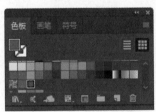

> 💡 **提示**
>
> 由于网易云音乐图标的底色是渐变色，因此要吸取两次，分别拖曳至【色板】面板中。

第二步 选择【吸管工具】吸取网易云音乐图标的底色，按【F】键打开【色板】面板，将颜色拖曳至【色板】中，如下图所示。

第三步 选择【渐变工具】做上下渐变色，在【渐变】面板中调整渐变颜色，如下图所示。

第四步 打开【对齐】面板，单击【中心对齐】按钮，将图形放在画板的最中央，如下图所示。

第五步 选择【椭圆工具】 ◎ 绘制一个圆形，设置填充色为"无"，描边色为"白色"，粗细为"8pt"，图形为"圆"，拖曳鼠标调整形状大小，如下图所示。

第六步 执行【窗口】→【变换】命令，打开【变换】面板，设置【开口】值为"120°"，如下图所示。

第七步 此时需要删除圆弧线和120°的连线，使用【剪刀工具】选中圆弧线的两个端点，即可删除圆弧线，再用【钢笔工具】选中120°的连线，按【Delete】键删除连线即可，效果如下图所示。

第八步 将图形复制一份，重复第七步的操作，删除一部分的线，按住【Shift】键，按中心点调整形状的大小，如下图所示。

第九步 选择【螺旋线工具】，在工作区内单击，在弹出的【螺旋线】对话框中设置【段数】为"2"、【衰减】为"80%"，单击【确定】按钮，如下图所示。

第十步 设置描边色为"白色"，粗细为"8pt"，图形为"圆"，移至合适位置并调整大小，如下图所示。

第十一步 选择【直接选择工具】▶，调整上下两个圆弧的位置，使其弧度能够完美地衔接，如下图所示。

第十二步 选择【钢笔工具】✎，单击末端的点，绘制出大概的形状，如下图所示。

第十三步 按住【Alt+Shift】组合键调整细节，效果如下图所示。

 提示

按【Ctrl】键可以添加钢笔工具的锚点。

第十四步 选中两个形状相邻的点并右击，在弹出的快捷菜单中选择【连接】选项，如下图所示。

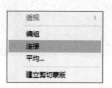

💡 **提示**

连接之后选择【钢笔工具】✎，会发现多出一个锚点，将多余点删除，按住【Alt】键或【Ctrl】键细微调整形状。

第十五步 选中所有形状创建轮廓，执行【对象】→【路径】→【轮廓化描边】命令，如下图所示。

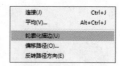

第十六步 创建轮廓之后右击，在快捷菜单中选择【编组】选项，如下图所示。

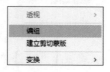

第十七步 按住【Alt+Shift】组合键调整形状大小并移至合适位置，最终效果如下图所示。

第 9 章
摄影类 App 图标设计

使用 Photoshop 中的【多边形工具】【矩形工具】【转换点工具】【选择工具】【自定形状工具】【对齐工具】【椭圆工具】【移动工具】【渐变工具】等工具可以制作摄影类 App。

9.1 瞬间提高颜值——美颜相机

本案例主要使用【多边形工具】【矩形工具】【转换点工具】【选择工具】【自定形状工具】来制作美图相机图标，最终效果如下图所示。

1. 新建文档

第一步 使用 Photoshop 软件打开"素材\ch09\美颜相机 .jpg"，按【F2】和【F3】键，新建参考线、引导线并绘制圆角矩形，效果如下图所示。

第二步 执行【窗口】→【排列】→【双联垂直】命令，效果如下图所示。

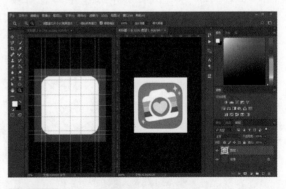

第三步 在【圆角矩形 1】图层中选择【椭圆工具】，在工具选项栏中单击【填充】按钮，弹出填充列表，将填充类型设置为"渐变"，如下图所示。

第四步 在填充列表中双击左侧的色标，弹出【拾色器】对话框，将吸管放在美颜相机图标下方边缘处吸取颜色，如下图所示，单击【确定】按钮。

第五步 双击右侧的色标，弹出【拾色器】对话框，将吸管放在美颜相机图标上方边缘处吸取颜色，单击【确定】按钮，设置填充后效果如下图所示。

2. 绘制图形

第一步 选择【圆角矩形工具】 ，在有效区域内拖曳鼠标绘制圆角矩形，效果如下图所示。

第二步 在【属性】面板中将【填充】设置为"白色"（RGB 颜色值均为 255），【描边】设置为"无"，在【角半径】文本框中分别输入"105 像素"，如下图所示。

第三步 在有效区域内拖曳鼠标绘制圆角矩形，并在【属性】面板中的【角半径】文本框内分别输入"110 像素"，如下图所示。

第四步 选择【移动工具】 ，按住【Shift】

键的同时选中【圆角矩形 2】【圆角矩形 3】图层，单击工具选项栏中的【水平居中对齐】按钮 ，效果如下图所示。

第五步 右击图层，弹出快捷菜单，选择【合并形状】选项，如下图所示，并更改图层名称为"机身"。

第六步 选择【移动工具】 ，按住【Shift】键的同时选中【圆角矩形 3】【圆角矩形 1】图层，单击工具选项栏中的【垂直居中对齐】按钮 和【水平居中对齐】按钮 ，效果如下图所示。

第七步 选择【矩形工具】 ，拖曳鼠标绘制矩形，在工具选项栏中将【填充】设置为"蓝色"（R:70；G:215；B:234），效果如下图所示。

第八步 选择【移动工具】 ，将鼠标指针放在矩形上，按住【Alt】键的同时向下拖曳鼠标，复制两个矩形，效果如下图所示。

第九步 在【矩形 1 拷贝】图层中选择【矩形工具】，在工具选项栏中将【填充】设置为"黄色"（R:253；G:213；B:53），效果如下图所示。

第十步 在【矩形 1 拷贝 2】图层中将工具选项栏中的【填充】设置为"紫色"（R:171；G:88；B:255），效果如下图所示。

第十一步　选择【椭圆工具】◯，在工作区内单击，弹出【创建椭圆】对话框，在【宽度】和【高度】文本框内分别输入"540 像素"，单击【确定】按钮，如下图所示。

第十二步　选择【移动工具】✛，按住【Ctrl】键的同时选中【椭圆 4】【圆角矩形 1】图层，单击工具选项栏中的【水平居中对齐】按钮 ▉，并将椭圆向下移动至合适位置，效果如下图所示。

第十三步　在【图层】面板中右击，弹出快捷菜单，选择【复制图层】选项，如下图所示。

第十四步　按【Ctrl+T】组合键执行【自由变换】命令，按住【Alt+Shift】组合键的同时向内拖曳鼠标将椭圆缩小，按【Enter】键确定变换，效果如下图所示。

第十五步　选择【椭圆工具】◯，在工具选项栏中将【填充】设置为"粉色"（R:255；G:105；B:168），效果如下图所示。

3. 绘制部件

第一步　选择【自定形状工具】✿，在工具选项栏中单击【形状】下拉按钮，在弹出的下拉列表中选择【红心形卡】选项，如下图所示。

第二步　在工作区内按住【Shift】键，拖曳鼠标绘制形状，选择【移动工具】✛，将形状移动至合适位置，效果如下图所示。

第三步　在工具选项栏中单击【填充】按钮，将颜色设置为"黄色"（R:255；G:233；B:130），效果如下图所示。

第四步 选择【删除锚点工具】，删除底部两侧多余的锚点，效果如下图所示。

第五步 选择【转换点工具】，按住【Alt+Shift】组合键的同时向下拖曳锚点控制手柄，调整形状两侧的弧度，效果如下图所示。

第六步 选择【多边形工具】，在工作区内单击，弹出【创建多边形】对话框，在【边数】文本框中输入"4"，选中【星形】复选框，单击【确定】按钮，如下图所示。

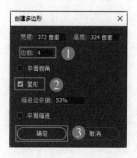

第七步 在工具选项栏中单击【填充】按钮，将颜色设置为"黄色"（R:255；G:233；B:126），效果如下图所示。

第八步 选择【转换点工具】，向下拖曳锚点控制手柄，调整星形的弧度，效果如下图所示。

第九步 按【Ctrl+T】组合键执行【自由变换】命令，按住【Shift】键，将星形缩小并旋转至合适的角度，按【Enter】键确定变换，效果如下图所示。

第十步 选择【移动工具】，按住【Alt】键的同时拖曳鼠标复制两个图层，并移动至

合适位置，效果如下图所示。

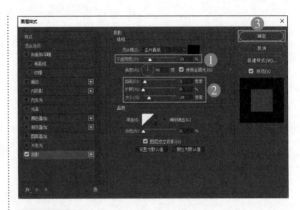

第十一步　在复制的两个图层中，重复第九步的操作，将星形缩小并旋转至合适的角度，按【Enter】键确定变换，效果如下图所示。

第十三步　在【图层】面板中，按住【Shift】键的同时选中【形状 3】【椭圆 4 拷贝】【椭圆 4】【矩形 1 拷贝 2】【矩形 1 拷贝】【矩形 1】【机身】图层，按【Ctrl+T】组合键执行【自由变换】命令，再按住【Shift】键将选中的图形旋转至合适的角度，按【Enter】键确定变换，制作完成的美颜相机图标效果如下图所示。

第十二步　双击【机身】图层，弹出【图层样式】对话框，在【不透明度】文本框中输入"21"，【距离】文本框中输入"5"，【大小】文本框中输入"29"，单击【确定】按钮，如下图所示。

9.2 我就是喜欢秀——美图秀秀

本案例主要使用【椭圆工具】【矩形工具】【移动工具】【渐变工具】来制作美图秀秀图标，最终效果如下图所示。

1. 设置背景色

第一步 使用 Photoshop 软件打开"素材 \ ch09\ 美图秀秀 .jpg"文件，按【F2】和【F3】键，新建参考线、引导线并绘制圆角矩形，效果如下图所示。

第二步 为了方便查看参考图，执行【窗口】→【排列】→【双联垂直】命令，如下图所示。

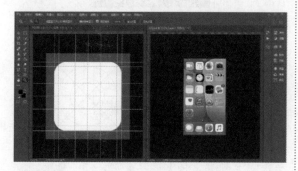

第三步 在【圆角矩形 1】图层中单击工具选项栏内的【填充】按钮，弹出填充列表，将填充类型设置为"渐变"，如下图所示。

第四步 在填充列表中双击左侧的色标，弹出【拾色器】对话框，将吸管放在美图秀秀

图标下方边缘处吸取颜色，单击【确定】按钮。双击右侧的色标，弹出【拾色器】对话框，将吸管放在美图秀秀图标上方边缘处吸取颜色，单击【确定】按钮，效果如下图所示。

2. 绘制图形

第一步 选择【矩形工具】，拖曳鼠标绘制矩形，效果如下图所示。

第二步 选择【直接选择工具】，分别选中矩形上部的锚点，向外移动相同的位置，效果如下图所示。

第三步 选择【移动工具】，将矩形底部移动至图形中心位置，效果如下图所示。

第四步 按【Ctrl+T】组合键执行【自由变换】命令，按住【Alt】键选中矩形中心点，拖曳鼠标移动至图形中心点，在工具选项栏中的【旋转角度】文本框中输入"15"，按【Enter】键确定变换，效果如下图所示。

第五步 按住【Ctrl+Shift+Alt】组合键的同时按【T】键进行阵列复制，效果如下图所示。

第六步 在【图层】面板中按住【Shift】键选中所有复制的矩形图层并右击，弹出快捷菜单，选择【合并形状】选项，如下图所示。

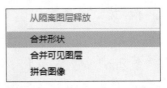

💡 **提示**

合并形状之后，在【图层】面板中右击，创建剪贴蒙版。

第七步 选择【矩形工具】▢，在工具选项栏中单击【路径操作】下拉按钮▣，选择【合并形状组件】选项，如下图所示。

第八步 单击工具选项栏内的【填充】按钮▢，弹出填充列表，将【填充】设置为"渐变"，如下图所示。

第九步 在填充列表中双击左侧的色标，弹出【拾色器】对话框，将颜色设置为"白色"（RGB 颜色值均为 255），单击【确定】按钮，

如下图所示。

第十步　在填充列表中，分别单击左右侧【不透明度色标】按钮不透明度：　　％，在【不透明度】文本框中分别输入"24"和"50"，如下图所示。

第十一步　选择【椭圆工具】○，在工作区内单击，弹出【创建椭圆】对话框，在【宽度】和【高度】文本框中分别输入"888 像素"，单击【确定】按钮，如下图所示。

第十二步　在工具选项栏中将【填充】设置为"无"，【描边】设置为"白色"（RGB 颜色值均为 255），在【描边大小】文本框中输

入"55 像素"，效果如下图所示。

第十三步　选择【移动工具】✛，按住【Ctrl】键在【图层】面板中选中【背景】图层，单击工具选项栏中的【垂直居中对齐】按钮和【水平居中对齐】按钮，效果如下图所示。

第十四步　按【Ctrl+J】组合键复制图层。

第十五步　在【椭圆 4】图层中按【Ctrl+T】组合键执行【自由变换】命令，将图形缩小，按【Enter】键确定变换，效果如下图所示。

第十六步 在工具选项栏中将【描边】设置为"无"，【填充】设置为"红色"（R：221；G：12；B：73），效果如下图所示。

3. 添加文字

第一步 选择【横排文字工具】T，输入文字"秀"，在工具选项栏中将【字体】设置为"方正兰亭粗黑简体"，【字体样式】设置为"中黑"，【字体大小】设置为"500 点"，效果如下图所示。

第二步 在【椭圆 4】图层中按【Ctrl+J】组合键复制图层，并将图层名称更改为"透明"，如下图所示。

第三步 按住【Ctrl】键并单击【图层缩略图】按钮，效果如下图所示。

第四步 选择【移动工具】，将【透明】图层移动至最上方，如下图所示。右击图层，弹出快捷菜单，选择【栅格化图层】选项，按【Delete】键删除图层。

第五步 选择【渐变工具】，弹出【渐变编辑器】对话框，分别单击左右两侧的色标，将颜色设置为"白色"（RGB 颜色值均为255），在左右两侧的【不透明度】文本框中分别输入"0"和"50"，单击【确定】按钮，如下图所示。

第六步 在工具选项栏中单击【径向渐变】按钮，选择【反向渐变颜色】选项，如下图所示。

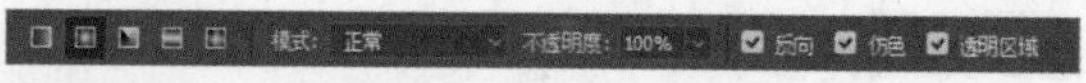

第七步 将鼠标指针放在“秀”字上方中心位置，向右上角拖曳鼠标，如下图所示。

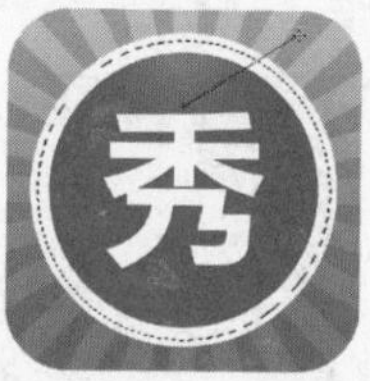

第八步 执行【选择】→【取消选择】命令，如下图所示。

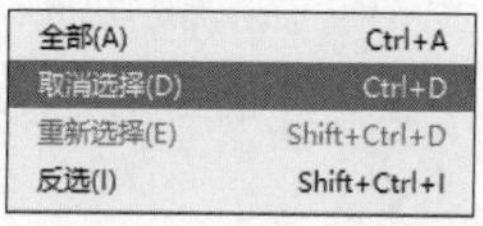

第九步 按【Ctrl+J】组合键复制图层，如下图所示。

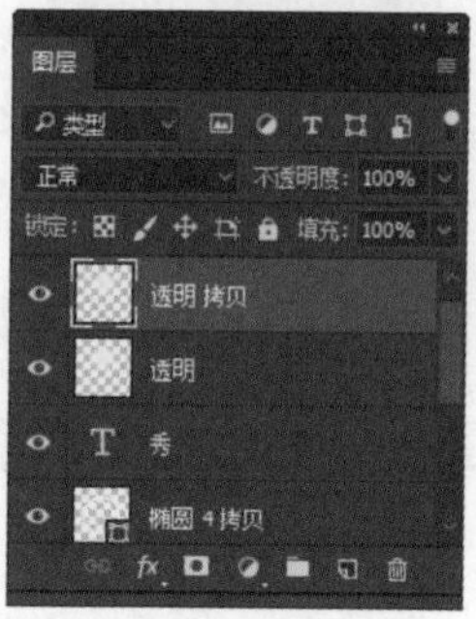

第十步 按【Ctrl+T】组合键执行【自由变换】命令，在图形中右击，弹出快捷菜单，选择【垂直翻转】选项，如下图所示，按【Enter】键确定变换。

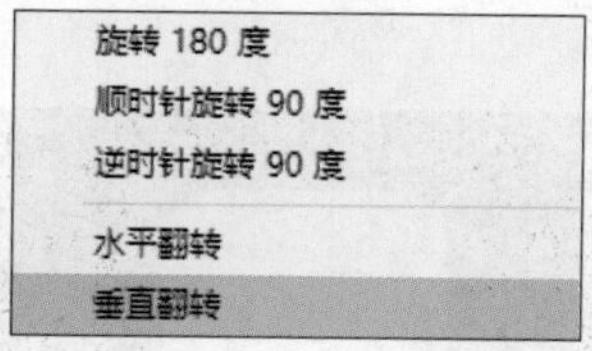

第十一步 完成美图秀秀图标的制作，最终效果如下图所示。

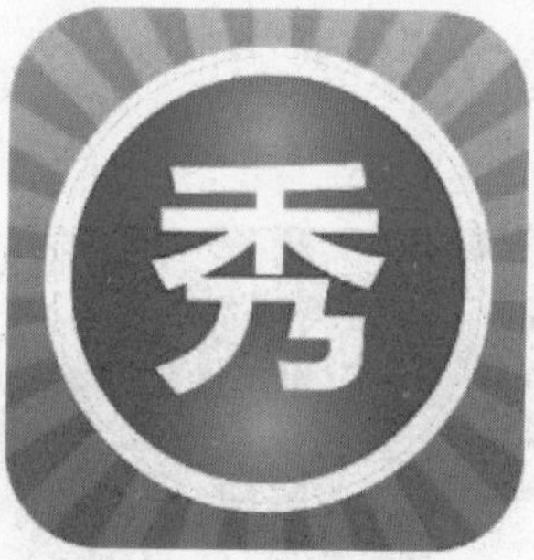

9.3 越亲密越有趣——激萌

本案例主要使用【椭圆工具】【矩形工具】【钢笔工具】【直接选择工具】【移动工具】来制作激萌图标，最终效果如下图所示。

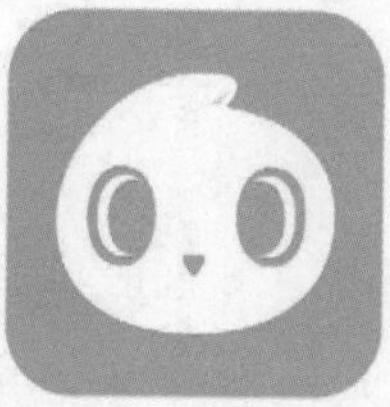

1. 设置背景

第一步　使用 Photoshop 软件打开"素材 \ ch09\ 激萌 .png"文件，按【F2】和【F3】键新建参考线、引导线并绘制圆角矩形，效果如下图所示。

第二步　为了方便查看参考图，执行【窗口】→【排列】→【双联垂直】命令，效果如下图所示。

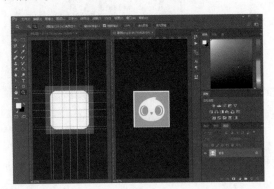

第三步　在【圆角矩形 1】图层中单击工具选项栏内的【填充】按钮 ，弹出填充列表，将填充类型设置为"渐变"，将【旋转渐变】设置为"0"，如下图所示。

第四步　在填充列表中双击左侧的色标，弹出【拾色器】对话框，将吸管放在"激萌 .png"文件中左侧边缘处吸取颜色，单击【确定】按钮，如下图所示。

第五步　双击右侧的色标，弹出【拾色器】对话框，将吸管放在"激萌 .png"文件中右侧吸取颜色，单击【确定】按钮，效果如下图所示。

2. 绘制主体图形

第一步　选择【椭圆工具】 ，拖曳鼠标绘制椭圆，在工具选项栏中单击【填充】按钮，将颜色设置为"白色"（RGB 颜色值均为 255），效果如下图所示。

第二步　选择【钢笔工具】 ，选中顶部锚点，按住【Alt+Shift】组合键的同时向右拖

曳锚点控制手柄，同时调整形状两侧的弧度，效果如下图所示。

第三步　选择【直接选择工具】，选择底部锚点并向上移动，效果如下图所示。

第四步　选择【移动工具】，按【Ctrl+T】组合键执行【自由变换】命令，将椭圆扩大，按【Enter】键确定变换，效果如下图所示。

第五步　选择【钢笔工具】，在工具选项栏中将【工具模式】设置为"路径"，单击【路径操作】下拉按钮，在弹出的下拉列表中选择【减去顶层形状】选项，如下图所示。

第六步　使用【钢笔工具】创建所需的路径，闭合路径，效果如下图所示。

第七步　按住【Alt】键的同时选中锚点控制手柄拖曳鼠标，调整路径弧度，单击工具选项栏中的【路径操作】下拉按钮，在弹出的下拉列表中选择【合并形状组件】选项，效果如下图所示。

第八步　使用【钢笔工具】在顶部拖曳鼠标绘制形状，效果如下图所示。

第九步　按住【Alt】键的同时选中锚点控制手柄拖曳鼠标调整弧度，效果如下图所示。

第十步 在【形状3】图层中单击工具选项栏内的【填充】按钮■，弹出填充列表，将填充类型设置为"渐变"，将【旋转渐变】设置为"0"，如下图所示。

第十一步 双击左侧的色标，弹出【拾色器】对话框，在 RGB 文本框中分别输入"187""231""216"，单击【确定】按钮，如下图所示。

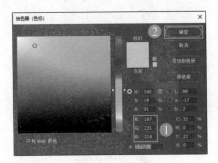

第十二步 将右侧【色标】设置为"白色"（RGB颜色值均为 255），效果如下图所示。

3. 绘制部件

第一步 选择【椭圆工具】○，拖曳鼠标绘制椭圆，效果如下图所示。

第二步 选择【钢笔工具】✐，按住【Alt】键的同时分别选中顶部与底部锚点，拖曳锚点控制手柄调整两侧弧度，效果如下图所示。

第三步 选择【移动工具】✛，将鼠标指针放在椭圆上，按住【Alt】键并拖曳鼠标复制3个图形，效果如下图所示。

第四步 按【Ctrl+T】组合键执行【自由变换】命令，将椭圆缩小并移动至合适位置，按【Enter】键确定变换，效果如下图所示。

第五步 选择【椭圆工具】 ⬭，按住【Shift】键的同时选中【椭圆 5 拷贝】【椭圆 5 拷贝 2】图层，在【图层】面板中右击，弹出快捷菜单，选择【合并形状】选项，如下图所示。

第六步 在工具选项栏中单击【路径操作】下拉按钮 ⬚，在弹出的下拉列表中选择【减去顶层形状】选项，效果如下图所示。

第七步 按住【Shift】键的同时选中【椭圆 5 拷贝】【椭圆 5】【椭圆 4】图层，在【图层】面板中右击，弹出快捷菜单，选择【合并形状】选项，效果如下图所示。

第八步 重复第六步的操作，在【路径操作】下拉列表中选择【减去顶层形状】选项，效果如下图所示。

第九步 在【椭圆 5 拷贝】图层中将工具选项栏中的【填充】设置为"白色"（RGB 颜色值均为 255），效果如下图所示。

第十步 在【椭圆 5 拷贝 2】图层中，按【Ctrl+T】组合键执行【自由变换】命令，将图形缩小并移动至合适位置，按【Enter】键确定变换，效果如下图所示。

第十一步 重复第九步的操作，将【填充】设置为"白色"（RGB 颜色值均为 255），效果如下图所示。

第十二步 选择【移动工具】 ✛，按住【Alt】键并拖曳鼠标复制图形，效果如下图所示。

第十三步 按【Ctrl+T】组合键执行【自由变换】命令，右击图层，弹出快捷菜单，选择【水平翻转】选项，如下图所示，按【Enter】键确定变换。

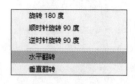

第十四步 将图形移至合适位置。

第十五步 选择【矩形工具】▣，拖曳鼠标绘制矩形，效果如下图所示。

第十六步 选择【钢笔工具】✎，在矩形底边中心处添加锚点，并按住【Alt】键向下移动锚点，效果如下图所示。

第十七步 选择【直接选择工具】➤，调整形状并移至合适位置，效果如下图所示。

第十八步 在【图层】面板中按住【Shift】键并选中【椭圆5拷贝】【椭圆5】【椭圆4】图层，在【图层】面板中右击，弹出快捷菜单，选择【合并形状】选项，如下图所示。

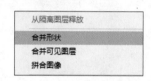

第十九步 在工具选项栏中单击【路径操作】下拉按钮▣，在弹出的下拉列表中选择【减去顶层形状】选项，效果如下图所示。

第二十步 选择【路径选择工具】➤，将图形调整至合适位置，最终效果如下图所示。

第 10 章
质感类图标设计

质感设计以材质为主，不同的材质有不同的触感和视觉体现。

质感设计的形式美法则：形式美是美学中的一个重要概念，是从美的形式发展而来的，是一种具有独立审美价值的美。从广义上讲，形式美就是生活中各种形式因素（几何要素、色彩、材质、光泽、形态等）的有规律的组合。形式美法则是人们长期实践经验的累积。

10.1 巧用渐变色——电梯按钮

本案例主要使用【矩形工具】【渐变工具】【路径选择工具】【移动工具】【椭圆工具】来制作电梯按钮图标，效果如下图所示。

1. 设置背景图层

第一步 打开"素材\ch10\质感图标.jpg"文件，按【F2】和【F3】键，新建参考线、引导线并绘制圆角矩形，效果如下图所示。

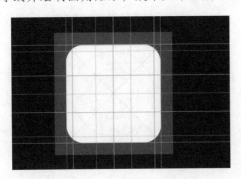

第二步 为了方便查看参考图，执行【窗口】→【排列】→【双联垂直】命令，效果如下图所示。

第三步 在【圆角矩形 1】图层中选择【矩

形工具】■，打开【属性】面板，在【角半径】文本框中分别输入"300 像素"，如下图所示。

第四步 单击工具选项栏内的【填充】按钮■，弹出填充列表，将【填充】设置为"渐变"，如下图所示。

第五步 在填充列表中双击左侧的色标，弹出【拾色器】对话框，将吸管放在"质感图标 .jpg"文件中图标底部吸取颜色，如下图所示，单击【确定】按钮。

第六步 双击右侧的色标，弹出【拾色器】

对话框，将吸管放在"质感图标 .jpg"文件中图标顶部吸取颜色，单击【确定】按钮，效果如下图所示。

2. 绘制主体图形

第一步 按【Ctrl+J】组合键复制图层，并将图层名称更改为"圆"，如下图所示。

第二步 按【Ctrl+T】组合键执行【自由变换】命令，按住【Alt】键的同时向内拖曳鼠标，缩小图形并移动至中心位置，按【Enter】键确定变换，效果如下图所示。

第三步 选择【矩形工具】▢，打开【属性】面板，在【角半径】文本框中分别输入"382像素"，如下图所示。

第四步 单击【填充】按钮，弹出填充列表，单击【反向渐变】按钮▧，如下图所示。

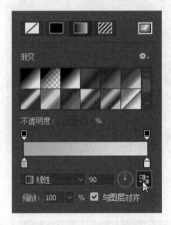

第五步 选择【矩形工具】▢，拖曳鼠标绘制矩形，效果如下图所示。

第六步 按【Ctrl+T】组合键执行【自由变换】命令，按住【Alt】键向右拖曳鼠标到合适距离，按【Enter】键确定变换，效果如下图所示。

第七步 按住【Ctrl+Shift+Alt】组合键的同时按【T】键进行阵列复制，效果如下图所示。

第八步 按住【Shift】键的同时在【图层】面板中选中所有矩形 1 图层并右击，弹出快捷菜单，选择【合并形状】选项，如下图所示。

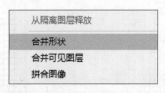

第九步 按【Ctrl+T】组合键执行【自由变换】命令，按住【Alt】键向下拖曳鼠标至合适距离，按【Enter】键确定变换，效果如下图所示。

第十步 按住【Ctrl+Shift+Alt】组合键的同时按【T】键进行阵列复制，效果如下图所示。

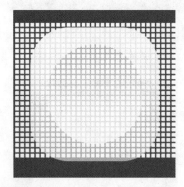

第十一步 选中【矩形 1 拷贝】阵列中的任意一个图层，按【Delete】键删除，效果如下图所示。

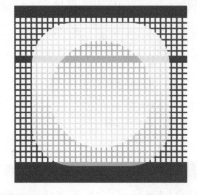

第十二步 选择【移动工具】，按【Shift】键选中所有复制图层，单击工具选项栏中的【垂直居中分布】按钮，效果如下图所示。

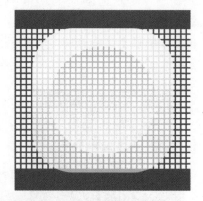

第十三步 在【图层】面板中右击，弹出快捷菜单，选择【合并形状】选项，并更改图层名称为"网格"，如下图所示。

第十四步 按【Ctrl+J】组合键复制图层，如下图所示。

第十五步 选中【圆】图层并按【Ctrl+J】组合键复制图层，如下图所示。

第十六步 按【Ctrl+T】组合键执行【自由变换】命令，按住【Alt】键向内拖曳鼠标，缩小图形并移动至中心位置，按【Enter】键确定变换，效果如下图所示。

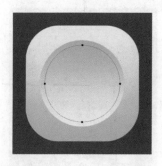

第十七步 选择【矩形工具】□，单击工具选项栏内的【填充】按钮□，弹出填充列表，将【填充】设置为"渐变"，将【渐变类型】设置为"径向渐变"，如下图所示。

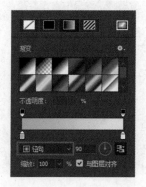

第十八步 在填充列表中双击左侧的色标，弹出【拾色器】对话框，将吸管放在"质感图标 .jpg"文件中图标的相应位置吸取颜色，如下图所示，单击【确定】按钮。

第十九步 双击右侧的色标，弹出【拾色器】对话框，将吸管放在"质感图标 .jpg"文件中图标的相应位置吸取颜色，如下图所示，单击【确定】按钮。

第二十步 在【网格】图层中右击，弹出快捷菜单，选择【创建剪贴蒙版】选项，如下图所示。

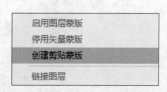

第二十一步 将所在图层中的【填充】设置

为"10%"，如下图所示。

第二十二步 在【圆拷贝】图层中按【Ctrl+J】组合键复制图层，将【圆拷贝】图层顺序向上移动至【网格 拷贝】图层上方，如下图所示。

第二十三步 将所在图层中的【填充】设置为"0%"，双击鼠标，弹出【图层样式】对话框，选择【内阴影】样式，将【不透明度】设置为"46%"，【角度】设置为"90 度"，【距离】设置为"8 像素"，【大小】设置为"68 像素"，单击【确定】按钮，如下图所示。

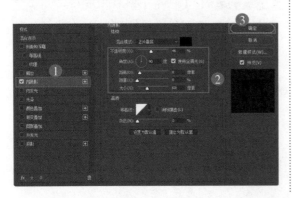

3. 绘制部件

第一步 在【网格·拷贝】图层中选择【矩形工具】▢，拖曳鼠标绘制矩形，效果如下图所示。

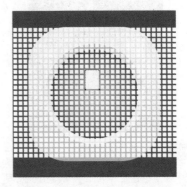

第二步 按【Ctrl+J】组合键复制【网格 拷贝】图层，并更改图层名称为"箭头"，如下图所示。

第三步 选择【路径选择工具】▸，删除多余的矩形，效果如下图所示。

第四步 选择【移动工具】➕，将图形移动至合适位置，效果如下图所示。

第五步 将【网格 拷贝】图层顺序向上移动一个位置，按【Shift】键的同时选中【矩形 1】图层并右击，弹出快捷菜单，选择【合并形状】选项，如下图所示。

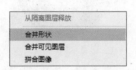

第六步 选择【矩形工具】▭，在工具选项栏中单击【路径操作】下拉按钮▣，在弹出的下拉列表中选择【与形状区域相交】选项，效果如下图所示。

第七步 选择【移动工具】➕，将图形移动至合适位置，效果如下图所示。

第八步 按【Shift】键的同时选中【箭头】图层，单击【图层】面板中的【创建新组】按钮，如下图所示，并将新组命名为"箭头"。

第九步 使用【移动工具】➕将图形移动至中心位置，效果如下图所示。

第十步 选择【椭圆工具】◯，拖曳鼠标绘制椭圆，单击【图层】面板中的【添加图层蒙版】按钮▣，效果如下图所示。

第十一步 选择【渐变工具】 █，单击工具
选项栏中的【编辑渐变】下拉按钮 █████ ▼，
弹出【渐变编辑器】对话框，选择【黑，白
渐变】选项，单击【确定】按钮，如下图所示。

第十二步 从上至下拖曳鼠标绘制渐变，效
果如下图所示。

第十三步 执行【编辑】→【自由变换】命令，
调整椭圆，效果如下图所示。

第十四步 在【背景】图层中选择【油漆桶
工具】 █，将【背景色】设置为"白色"（RGB
颜色值均为 255），效果如下图所示。

第十五步 在【圆角矩形 1】图层面板中双
击，弹出【图层样式】对话框，将【不透明度】
设置为"43%"，【角度】设置为"126 度"，【距
离】设置为"14 像素"，【大小】设置为"57
像素"，单击【确定】按钮，如下图所示。

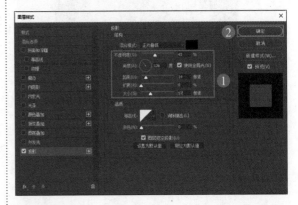

第十六步 完成图标的绘制，最终效果如下

图所示。

10.2 "图层样式"使用技巧——电话

本案例主要使用【矩形工具】【渐变工具】【椭圆工具】【移动工具】来制作电话图标，最终效果如下图所示。

1. 设置背景图层

第一步 打开"素材\ch10\质感图标.jpg"文件，按【F2】和【F3】键，新建参考线、引导线并绘制圆角矩形，效果如下图所示。

第三步 在【圆角矩形 1】图层中选择【矩形工具】，打开【属性】面板，将圆角半径设置为"300 像素"，如下图所示。

第二步 为了方便查看参考图，执行【窗口】→【排列】→【双联垂直】命令，效果如下图所示。

第四步　单击工具选项栏内的【填充】按钮□，弹出填充列表，将【填充】设置为"渐变"，如下图所示。

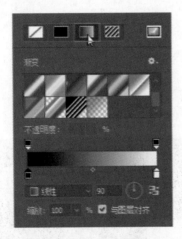

第五步　在填充列表中双击左侧的色标，弹出【拾色器】对话框，将吸管放在"质感图标 .jpg"文件中电话图标的底部吸取颜色，如下图所示，单击【确定】按钮。

第六步　双击右侧的色标，弹出【拾色器】对话框，将吸管放在"质感图标 .jpg"文件中电话图标的顶部吸取颜色，单击【确定】按钮，设置渐变后效果如下图所示。

2. 绘制主体图形

第一步　选择【圆角矩形工具】□，拖曳鼠标绘制图形，效果如下图所示。

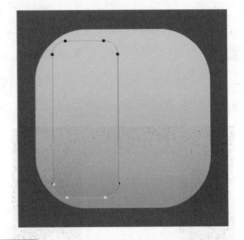

第二步　按【Ctrl+T】组合键执行【自由变换】命令，按住【Alt】键调整高度或宽度，按【Enter】键确定变换，效果如下图所示。

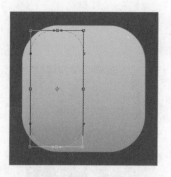

第三步　打开【属性】面板，将圆角半径设置为"222像素"，如下图所示。

第四步　单击工具选项栏中的【填充】按钮，弹出【设置形状填充类型】列表，选择【黑、白渐变】选项，单击右侧的【色标】按钮，将【颜色】设置为"灰色"（RGB 颜色值均为180），效果如下图所示。

第五步　在【图层】面板中单击【图层类型】下拉按钮 ，在弹出的下拉列表中选择【正片

叠底】选项，将【不透明度】设置为"46%"，如下图所示。

第六步　按【Ctrl+J】组合键复制图层，如下图所示。

第七步　按【Ctrl+T】组合键执行【自由变换】命令，按住【Alt+Shift】组合键并向内拖曳鼠标，围绕中心点缩小图形；按住【Alt】键并向内拖曳鼠标缩小宽度，按【Enter】键确定变换，效果如下图所示。

【第八步】 在【图层】面板中单击【图层类型】下拉按钮，在弹出的下拉列表中选择【正常】选项，如下图所示。

【第九步】 单击工具选项栏内的【填充】按钮，弹出填充列表，将【填充】设置为"渐变"，如下图所示。

【第十步】 在填充列表中，双击左侧的色标，弹出【拾色器】对话框，将吸管放在"质感图标.jpg"文件中电话图标的底部吸取颜色，如下图所示，单击【确定】按钮。

【第十一步】 双击右侧的色标，弹出【拾色器】对话框，将吸管放在"质感图标.jpg"文件中电

话图标的顶部吸取颜色，单击【确定】按钮，效果如下图所示。

【第十二步】 在【图层】面板中双击，弹出【图层样式】对话框，选中【内发光】复选框，单击【设置发光色】按钮，弹出【拾色器】对话框，吸取电话图标左侧边缘的颜色，如下图所示，单击【确定】按钮。

【第十三步】 将【不透明度】设置为"73%"，【阻塞】设置为"7%"，【大小】设置为"18像素"，【范围】设置为"37%"，单击【确定】按钮，如下图所示。

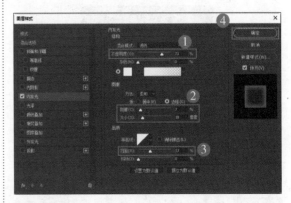

【第十四步】 选择【矩形工具】，单击工具

选项栏内的【填充】按钮□，弹出填充列表，选中右侧的色标向左移动至合适位置，如下图所示。

第十五步 在【图层】面板中双击，弹出【图层样式】对话框，选中【投影】复选框，将【不透明度】设置为"43%"，【距离】设置为"7像素"，【大小】设置为"16像素"，单击【确定】按钮，如下图所示。

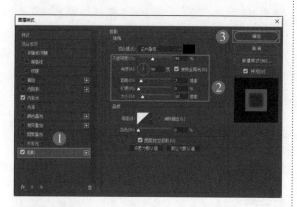

第十六步 在【圆角矩形2】图层中选择【椭圆工具】○，将鼠标指针放在电话筒底部，拖曳鼠标绘制椭圆，效果如下图所示。

第十七步 单击工具选项栏内的【填充】按钮□，弹出【形状填充类型】列表，单击【纯色】按钮，将【颜色】设置为"黑色"（RGB 颜色值均为 0），如下图所示。

第十八步 执行【滤镜】→【模糊】→【高斯模糊】命令，弹出【高斯模糊】对话框，在【半径】文本框中输入"6.6像素"，单击【确定】按钮，如下图所示。

第十九步 在【图层】面板中将【不透明度】设置为"15%"，如下图所示。

第二十步 在【圆角矩形 2 拷贝】图层中，

按【Ctrl+T】组合键执行【自由变换】命令，选中底部中心锚点，按住【Alt】键的同时向上拖曳鼠标，缩小图形至合适大小，按【Enter】键确定变换，效果如下图所示。

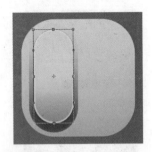

第二十一步　在【图层】面板中将【不透明度】设置为"85%"，如下图所示。

3. 绘制部件

第一步　选择【椭圆工具】◯，拖曳鼠标绘制椭圆，效果如下图所示。

第二步　在【图层】面板中双击所在图层，弹出【图层样式】对话框，选中【斜面和浮雕】

复选框，单击【样式】下拉按钮∨，在弹出的下拉列表中选择【枕状浮雕】选项，单击【方法】下拉按钮∨，在弹出的下拉列表中选择【雕刻清晰】选项，将【深度】设置为"157%"，【大小】设置为"3像素"，如下图所示。

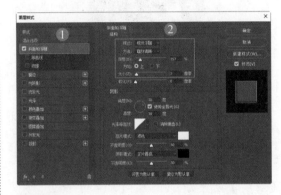

第三步　在【图层样式】对话框中选择【颜色叠加】样式，单击【拾色器】按钮▧，弹出【拾色器】对话框，吸取电话图标椭圆浮雕边缘颜色，如下图所示，单击【确定】按钮。

第四步　单击【图层】面板中的【创建图层】按钮◻，按住【Ctrl】键的同时单击【椭圆5】图层缩略图，形成选区，效果如下图所示。

第五步　选择【渐变工具】■，单击【渐变编辑器】按钮■■■，弹出【渐变编辑器】对话框，双击鼠标左键选择左侧【色标】，将【颜色】设置为"白色"（RGB 颜色值均为255）；分别双击左右侧的【不透明度色标】按钮，将左右两侧不透明度分别设置为"0%"和"60%"，单击【确定】按钮，如下图所示。

第八步　按【Ctrl+T】组合键执行【自由变换】命令，按住【Alt】键的同时向内拖曳鼠标，将图形缩小至合适大小，按【Enter】键确定变换，效果如下图所示。

第六步　在工具选项栏中单击【径向渐变】按钮■，拖曳鼠标绘制渐变，效果如下图所示。

第九步　在【椭圆 5】图层中，按【Ctrl+T】组合键执行【自由变换】命令，按住【Alt】键的同时向内拖曳鼠标，将图形缩小至合适大小，按【Enter】键确定变换，效果如下图所示。

第七步　按【Ctrl+D】组合键取消选择，效果如下图所示。

第十步　按住【Shift】键的同时选中【图层 1】【椭圆 5】图层，按【Ctrl+G】组合键进行编组，并将组名命名为"1"，如下图所示。

第十一步 选择【移动工具】，按住【Alt】键拖曳鼠标复制两个图层，效果如下图所示。

第十二步 按住【Shift】键的同时选中【1】【1 拷贝】【1 拷贝 2】图层，单击工具栏中的【水平居中分布】按钮，并移动至合适位置，效果如下图所示。

第十三步 按住【Alt】键的同时拖曳鼠标再次复制图层，并移动至合适位置，效果如下图所示。

第十四步 按住【Shift】键的同时选中【1】【1 拷贝】【1 拷贝 2】【1 拷贝 3】图层，按【Ctrl+T】组合键执行【自由变换】命令，调整图形至合适大小，按【Enter】键确定变换，效果如下图所示。

第十五步 按住【Shift】键的同时选中【1】【1 拷贝】【1 拷贝 2】【1 拷贝 3】图层，向下移动至合适位置，效果如下图所示。

第十六步 选择【圆角矩形工具】 ▢，在工作区内单击，弹出【创建圆角矩形】对话框，在【宽度】【高度】文本框内分别输入"212像素"，将圆角半径设置为"10像素"，单击【确定】按钮，如下图所示。

第十七步 单击工具选项栏内的【填充】按钮 ▢，弹出填充列表，将【填充】设置为"渐变"，然后选择【黑，白渐变】，如下图所示。

第十八步 在填充列表中双击左侧的色标，弹出【拾色器】对话框，将吸管放在"质感图标.jpg"文件中电话图标按键底部吸取颜色，如下图所示，单击【确定】按钮。

> 💡 **提示**
>
> 因为右侧色标是白色，所以不用再设置白色。

第十九步 在【图层】面板中双击所在图层，弹出【图层样式】对话框，选择【内发光】样式，将【不透明度】设置为"60%"，【阻塞】设置为"6%"，【大小】设置为"10像素"，【范围】设置为"37%"，单击【确定】按钮，如下图所示。

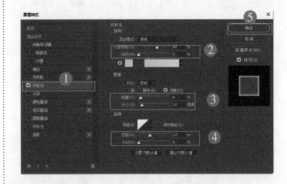

第二十步 在【图层】面板中双击所在图层，弹出【图层样式】对话框，选择【投影】样式，将【不透明度】设置为"45%"，【角度】设置为"90度"，【距离】设置为"32像素"，【大小】设置为"10像素"，单击【确定】按钮，如下图所示。

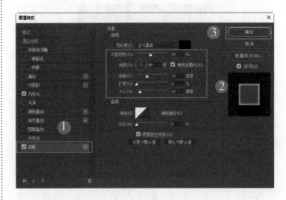

第二十一步　选择【横排文字工具】 T ，在工具选项栏中将【大小】设置为"200 点"，输入数字"1"，效果如下图所示。

第二十二步　选择【移动工具】 ✛ ，将数字"1"移动至中心位置，按住【Shift】键的同时选中【1】【圆角矩形 3】图层，单击工具选项栏中的【垂直居中对齐】按钮 ⬝ ，效果如下图所示。

第二十三步　按【Ctrl+G】组合键执行【图层编组】命令，如下图所示。

第二十四步　按【Ctrl+T】组合键执行【自由变换】命令，调整图形至合适大小，按【Enter】键确定变换，效果如下图所示。

第二十五步　选择【移动工具】 ✛ ，按住【Alt】键同时向右拖曳鼠标复制图层，效果如下图所示。

第二十六步　按住【Shift】键的同时选中【组1】【组 1 拷贝】图层，按住【Alt】键向下拖曳鼠标复制图层，再次向下拖曳鼠标复制图层，效果如下图所示。

第二十七步　在【组 1 拷贝】图层中，选择【横排文字工具】 T，选中数字，输入"2"，按【Enter】键确定，效果如下图所示。

第二十八步　重复第二十七步的操作，在相应的图层中修改相应数字，最终效果如下图所示。

10.3　渐变叠加与形状合并——邮件

本节案例主要通过图层样式的运用来制作特殊效果，如斜面与浮雕、描边、渐变叠加、投影、内阴影等，通过这些样式可以做出逼真的效果，最终效果如下图所示。

1. 制作信封

第一步　打开 Photoshop 软件，按【F2】和【F3】键运行动作，并打开素材中的"质感图标"文件，执行【窗口】→【排列】→【双联垂直】命令，将"质感图标"文件作为参考，如下图所示。

第二步　首先在【属性】面板中将圆角半径改为"300 像素"，如下图所示。

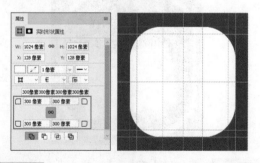

第三步　复制【圆角矩形 1】图层，将其填充为参考图的底色，按【Ctrl+T】键执行【自由变换】命令，按住【Ctrl+Shift】组合键缩

小图层，如下图所示。

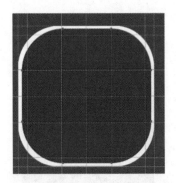

第四步 单击工具箱中的【矩形工具】按钮█，绘制一个矩形并填充为白色，如下图所示。

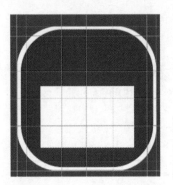

第五步 再复制两个矩形，并在【图层】面板中分别更改不透明度，然后旋转不同的角度，如下图所示。

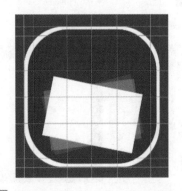

第六步 单击工具箱中的【文字工具】按钮█，在绘图区单击，输入"@"，在属性栏中选择合适的字体及字号，然后调整文字的位置和方向，如下图所示。

第七步 在【图层】面板中双击文字图层，弹出【图层样式】对话框，在左侧选中【渐变叠加】复选框，然后选取参考图的颜色作为渐变色，设置完成后单击【确定】按钮，如下图所示。

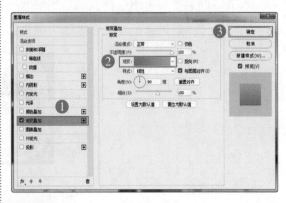

第八步 在【图层】面板中将这几个信封及文字进行编组，并命名为"信封"，如下图所示。

2.制作外壳

第一步 再次复制【圆角矩形 1】图层，并调整图层顺序到最上方，如下图所示。

第二步 双击图层，弹出【图层样式】对话框，选中【颜色叠加】复选框，选择颜色混合模式，在右侧设置颜色，可直接选取参考图的颜色，如下图所示。

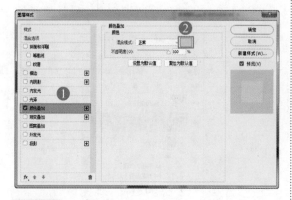

第三步 选择【斜面和浮雕】样式，在【结构】栏中设置【样式】为"浮雕效果"、【方法】为"平滑"，根据情况设置合适的深度、大小及软化的参数，在【阴影】栏中设置【高光模式】为"白色"，【阴影模式】为"灰色"，并根据情况调整不透明度，设置完成后单击【确定】按钮，如下图所示。

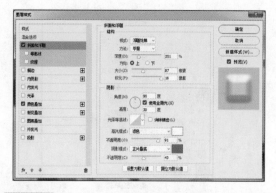

第四步 在【图层】面板中将【不透明度】设置为"95%"，并命名为"外壳"，此时可以看到图形上方有一点外发光，如下图所示。

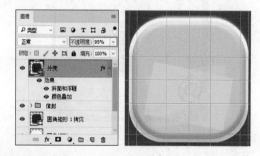

第五步 在【图层】面板中右击【信封】组，在弹出的快捷菜单中选择【转换为智能对象】选项，如下图所示。

第六步 在【图层】面板中选中【信封】和【外壳】图层并右击，选择【创建剪贴蒙版】选项，即可看到上方的外发光已经消失，如下图所示。

3. 制作挖空效果

第一步　单击工具箱中的【圆角矩形】按钮 ⬜，按住【Shift】键绘制一个正方形，在属性栏中设置左下角的圆角半径，如下图所示。

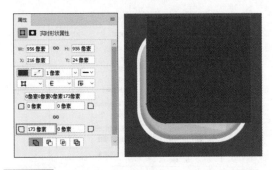

第二步　按【Ctrl+T】键，然后旋转角度，旋转完成后单击工具箱中的【直接选择工具】按钮 ▸，分别选中左右两侧的点，将其往外拉，注意两边的角度要一致，如下图所示。

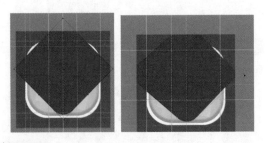

第三步　然后将其移动到合适的位置，如下图所示。

第四步　在【图层】面板中复制【圆角矩形1拷贝】图层，并移动图层顺序，如下图所示。

　提示

在复制图层时，【外壳】和【信封】图层的剪贴蒙版会消失，要重新创建剪贴蒙版。

第五步 选中最上方的两个图层并右击,在弹出的快捷菜单中选择【合并形状】选项,如下图所示。

第六步 暂时把填充颜色改为白色,单击属性栏中的【路径操作】按钮,选择【与形状区域相交】选项,如下图所示。

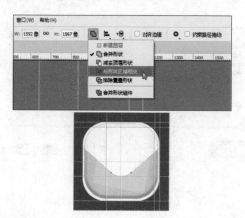

第七步 单击工具箱中的【矩形工具】按钮,在下图所示的位置绘制一个矩形。

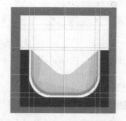

第八步 选中这两个图层并右击,在弹出的快捷菜单中选择【合并形状】选项,单击属

性栏中的【路径操作】下拉按钮,在弹出的下拉列表中选择【减去顶层形状】选项,如下图所示。

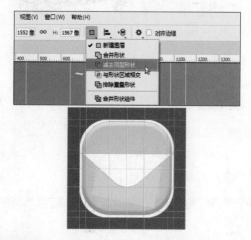

第九步 单击属性栏中的【路径操作】下拉按钮,在弹出的下拉列表中选择【合并形状组件】选项,如下图所示。

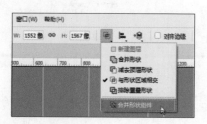

第十步 按住【Ctrl】键的同时单击【图层】面板中的缩略图即可建立选区,如下图所示。

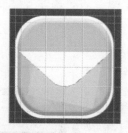

第十一步 暂时隐藏【矩形1】图层,选中【外壳】图层,单击【添加图层蒙版】按钮,执行【图像】→【调整】→【反向】命令,效果如下图所示。

第十二步 在【图层】面板中显示【矩形 1】图层，将【填充】改为"0%"，双击图层，弹出【图层样式】对话框，进行如下设置，设置完成后单击【确定】按钮。

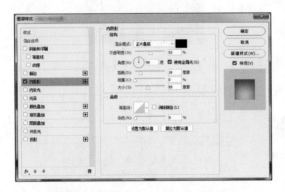

4. 制作信封盖子

第一步 复制【矩形 1】图层，将其命名为"上层"并右击，在弹出的快捷菜单中选择【清除图层样式】选项，并将【填充】改回"100%"，按【Ctrl+T】组合键，然后垂直翻转，将其移动到上方，效果如下图所示。

第二步 单击【路径选择工具】按钮 ，选择上方的白色三角形，单击【钢笔工具】按钮 ，调整锚点位置，效果如下图所示。

第三步 双击图层，弹出【图层样式】对话框，在左侧选中【渐变叠加】复选框，如下图所示。

第四步 单击【渐变编辑】按钮 ，弹出【渐变编辑器】对话框，选取参考图中对应位置的颜色，调整色标位置，设置完成后单击【确定】按钮，效果如下图所示。

第五步 在【图层】面板中复制【上层】图层，清除【上层】图层的图层样式，如下图所示。

第六步 按【Ctrl+T】组合键，移动并缩放图形，制作白色描边，如下图所示。

第七步 双击图层，弹出【图层样式】对话框，在左侧选中【投影】复选框，在右侧进行设置，设置完成后单击【确定】按钮，如下图所示。

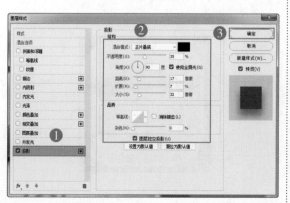

5. 去掉盖子下方的浮雕效果

第一步 选中【外壳】图层，按【Ctrl+J】组合键复制图层，然后删除蒙版，右击鼠标，在弹出的快捷菜单中选择【栅格化图层样式】选项，如下图所示。

第二步 单击【矩形选框工具】按钮，在下图所示的位置绘制矩形选区。

第三步 在【图层】面板中单击【添加图层蒙版】按钮，如下图所示。

第四步 单击工具箱中的【画笔工具】按钮 ，调整不透明度，将多余的部分擦去，如下图所示。

6. 绘制两条虚线

第一步 单击工具箱中的【矩形工具】按钮 ，按住【Shift】键绘制正方形，在属性栏中设置【填充】为"无"，【描边】为"虚线"，粗细设置为"4 点"，然后进行旋转，如下图所示。

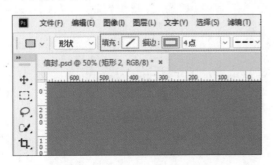

第二步 单击工具箱中的【套索工具】按钮 ，将需要保留的部分圈起来，如下图所示。

第三步 单击【图层】面板中的【创建图层蒙版】按钮 ，效果如下图所示。

第四步 至此，本案例就全部制作完成了，如果有不合适的地方可以进行调整，最终效果如下图所示。

10.4　超酷炫的安全 App——密码锁

本节主要讲解有金属质感的图标的制作过程，主要通过渐变来完成，最终效果如下图所示。

第一步　打开 Photoshop CC 软件，按【F2】和【F3】键运行动作，在【属性】面板中将圆角半径改为"300 像素"，效果如下图所示。

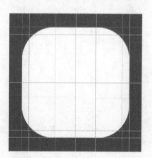

第二步　双击【圆角矩形 1】图层，弹出【图层样式】对话框，在左侧选中【渐变叠加】复选框，在右侧设置渐变色，选取参考图中的颜色即可，如下图所示。

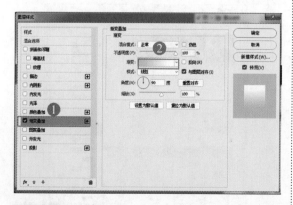

第三步　在左侧选中【投影】复选框，在右

侧设置投影参数，设置完成后单击【确定】按钮，如下图所示。

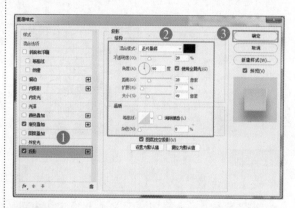

第四步　单击工具箱中的【椭圆工具】按钮 ，按住【Shift】键绘制一个圆形，在图层面板中选中这两个图层，然后单击【移动工具】按钮 ，在属性栏中单击【水平居中对齐】 和【垂直居中对齐】 按钮，如下图所示。

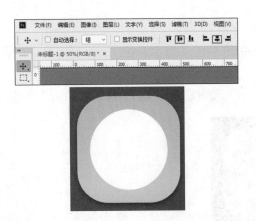

第五步 单击【路径选择工具】 ，选择圆形，在属性栏中设置【渐变】填充，渐变颜色选取参考图的颜色，如下图所示。

第六步 双击【椭圆1】图层，弹出【图层样式】对话框，选中【内阴影】复选框，在右侧设置参数，设置完成后单击【确定】按钮，如下图所示。

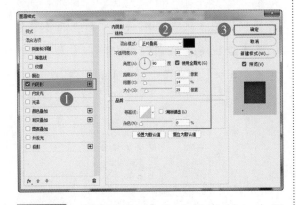

第七步 按【Ctrl+J】组合键复制一个圆形，按【Ctrl+T】组合键启用自由变换，按【Alt+Shift】组合键缩小圆形，如下图所示。

第八步 双击复制后的图层，弹出【图层样式】对话框，取消选中【内阴影】复选框，选中【渐变叠加】复选框，在右侧设置【样式】为"角度"，如下图所示。

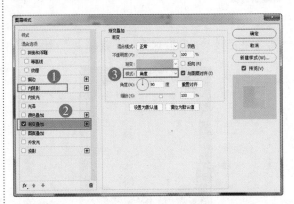

第九步 单击【编辑渐变】按钮 ，弹出【渐变编辑器】对话框，单击 下拉按钮，在弹出的下拉列表中选择【金属】选项，如下图所示。

第十步 双击色标，弹出【拾色器】对话框，选取参考图对应部分的颜色，选取后复制【#】的值，如下图所示。

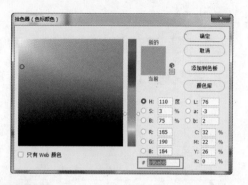

第十一步 增加色标，顺序为灰色和白色的循环，灰色的值直接粘贴【#】值即可，全部设置完成后单击【确定】按钮，如下图所示。

第十二步 按【Ctrl+J】组合键复制图层，按【Ctrl+T】组合键启用自由变换，按【Alt+Shift】组合键缩小圆形，效果如下图所示。

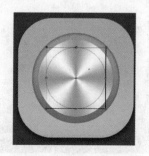

第十三步 双击图层，弹出【图层样式】对话框，更改【角度】为"49度"，如下图所示。

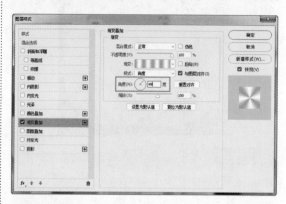

第十四步 在左侧选中【内阴影】复选框，在右侧设置参数，设置完成后单击【确定】按钮，如下图所示。

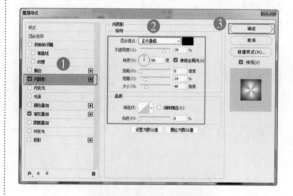

第十五步 使用【椭圆工具】○和【圆角矩形工具】□绘制锁芯形状，在【属性】面板中设置下面两个角的圆角半径，然后将两个图形垂直居中对齐，如下图所示。

第十六步 选中这两个图层并右击，在弹出的快捷菜单中选择【合并形状】选项，然后将形状移动到中间位置，如下图所示。

第十七步 双击合并后的图层，弹出【图层样式】对话框，在左侧选中【颜色叠加】复选框，将右侧颜色设置为"黑色"，如下图所示。

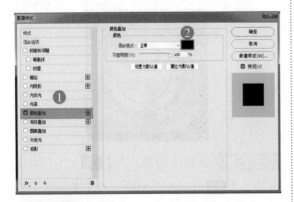

第十八步 选择【描边】样式，在【结构】栏中设置【大小】【位置】，设置【填充】为"渐

变"，单击【编辑渐变】按钮，选择"银色"，单击【确定】按钮，回到【图层样式】对话框，更改【角度】为"52度"，单击【确定】按钮，如下图所示。

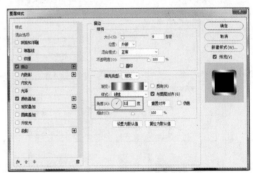

第十九步 至此，本案例就制作完成了，最终效果如下图所示。

第 11 章
Dribbble 设计风格

Dribbble 是一个非常专业的 UI 设计师交流网站，里面有非常多的优秀设计作品，引领者着 UI 设计的流行趋势。本章主要使用 AI 软件，通过一些基本工具和操作，制作 Dribbble 设计风格的图标。

11.1 Dribbble 餐饮风格——啤酒

本节主要通过 AI 软件中的基本操作工具，来完成一个具有 Dribbble 风格的啤酒图标制作。

11.1.1 Dribbble 餐饮风格——啤酒 01

下面主要通过【矩形工具】【直线工具】【符号喷枪工具】等工具来制作啤酒的杯身部分，具体操作步骤如下。

第一步 利用 AI 软件打开"素材 \ch11\ Dribbble.jpg"文件，按【F】键调整图片的位置及大小，如下图所示。

第二步 选择【矩形工具】，绘制一个与画布同样大小的矩形，按【Alt】键吸取以下底纹颜色，选中形状和画布，执行【对象】→【锁定】→【所选对象】命令，如下图所示。

第三步 临摹第一个图形，用【矩形工具】绘制一个形状，并设置填充色为"无"、描边色为"黑色"，打开【变换】面板，设置圆角半径为"6px"，如下图所示。

第四步 在工具栏的【描边】文本框内输入 "4pt"，选择【直线工具】⁄，绘制一条横线，如下图所示。

长度，效果如下图所示。

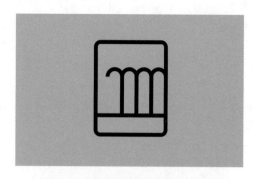

第五步 用【圆角矩形工具】▢绘制形状，在【变换】面板中设置下面两个圆角的半径为 "0px"，如下图所示。

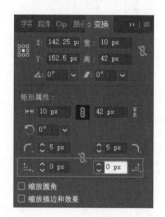

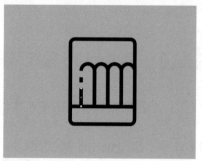

第八步 单独复制一个外框，填充颜色，设置【描边】为 "无"，将填充了颜色的形状移至合适位置，执行【窗口】→【图层】命令，打开【图层】面板，如下图所示。

第六步 按住【Alt】键拖曳形状，按【Ctrl+D】组合键进行复制，如下图所示。

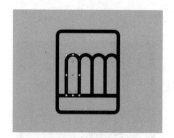

第七步 选择【剪刀工具】✂，将需要断开的边剪切掉，再选择【直线工具】⁄，绘制一条直线，按【Alt】键复制一条直线并调整

第九步 按住鼠标左键不放，将填充了颜色的形状图层拖曳至描边形状图层的下方，如

下图所示。

第十步　选择【椭圆工具】◯绘制一个圆并填充为"白色"，执行【窗口】→【符号】命令，打开【符号】面板，将绘制的形状拖曳到【符号】面板中（或者新建一个符号面板），如下图所示。

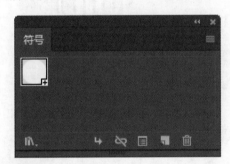

第十一步　按住鼠标左键不放，选择【符号喷枪工具】🖊随意喷射即可，如下图所示。

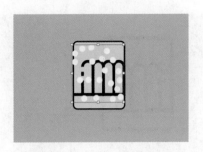

 提示

选择【符号缩放器工具】🔍可以调整符号的大小，按住【Alt】键是缩小符号；选择【符号紧缩器工具】🔧可以调整符号的间距，按住【Alt】键是放大间距。

第十二步　选中"符号组"图层，按住鼠标左键将其拖曳至填充了"黄色"的形状图层上面，效果如下图所示。

11.1.2　Dribbble 餐饮风格——啤酒 02

紧接 11.1.1 节的操作步骤，配合【圆角矩形工具】【shoper 工具】及【编组】选项等来完成整个设计，具体操作步骤如下。

第一步　选择【圆角矩形工具】◻绘制一个形状，在中心点的位置按住鼠标左键向上拖曳，调整形状的圆角半径，如下图所示。

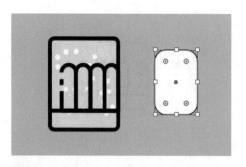

第二步 　按【Alt】键复制形状并调整大小，选中两个形状，打开【对齐】面板，单击【对齐】下拉按钮 ，在弹出的下拉列表中选择【对齐所选对象】选项，效果如下图所示。

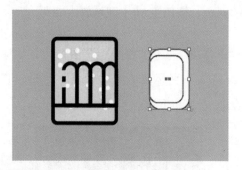

第三步 　单击【对齐】面板中的【居中对齐】按钮 ，打开【路径查找器】面板，单击【前减后】按钮 ，如下图所示。

第四步 　选中 11.1.1 节制作的所有形状并右击，在弹出的快捷菜单中执行【排列】→【置于底层】命令，如下图所示。

第五步 　将矩形的形状描边粗细改为"4pt"，调整大小后移至合适的位置，效果如下图所示。

第六步 　选择【shoper 工具】 绘制几个合并在一起的图形，选中所有形状，在【路径查找器】面板中单击【联集】按钮 ，所有形状即可合为一体，如下图所示。

💡 **提示**

　【shoper 工具】 是一个手势工具，主要支持触屏。

第七步 　调整好大小后移至合适位置，按住【Alt】键复制形状，将原形状的图形去掉描边，复制形状的图形去掉填充色，如下图所示。

第八步 　将图形移至合适位置，选择【剪刀工具】 剪切掉相应的路径，选择【选择工

具】将剪切掉的一段路径移出，调整长短后再放回，如下图所示。

第九步　选中所有形状后按【Ctrl+C】组合键进行复制，执行【新建】→【新建文档】命令，新建一个 1280×1280 像素的画布，按【Ctrl+V】组合键将形状粘贴进来，效果如下图所示。

第十步　将形状拖曳至画布外，选中需要调整笔触的线段，单击【笔触】下拉按钮 ，在弹出的下拉列表中选择笔触类型，如下图所示。

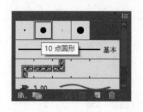

 提示

修改过笔触类型后，重新调整描边的粗细为 "0.3pt" 即可。

第十一步　选中所有形状，执行【对象】→【路径】→【轮廓化描边】命令，如下图所示。

第十二步　右击，在弹出的下拉列表中选择【编组】选项，如下图所示。

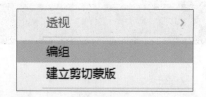

第十三步　将图形移至画布中，调整大小即可，最终效果如下图所示。

11.2 Dribbble 餐具风格——烤箱

本节主要通过对 AI 软件基本工具和断点辅助工具的使用，来制作 Dribbble 风格的烤箱图标。

11.2.1　Dribbble 餐具风格——烤箱 01

下面主要使用【圆角矩形工具】【吸管工具】【裁剪工具】等来制作烤箱的基础部分，具体操作步骤如下。

第一步　首先创建一个画布，打开"素材/ch11/Dribbble.jpg"文件，将素材图片拖曳至画布外并调整其大小，如下图所示。

提示

执行【对象】→【锁定】命令，可以将素材图片锁定。

第二步　选择【圆角矩形工具】绘制形状，打开【变换】面板，将圆角矩形的下面两个圆角半径值修改为"4px"，如下图所示。

第三步　选择【吸管工具】吸取对应的颜色，按住【Alt】键复制形状，并吸取对应颜色进行填充，重复复制、吸取，如下图所示。

第四步　先复制一个形状，仅设置描边色，并放置在一边，选中最底层的形状，执行【编辑】→【贴在前面】命令，如下图所示。

剪切(T)	Ctrl+X
复制(C)	Ctrl+C
粘贴(P)	Ctrl+V
贴在前面(F)	Ctrl+F
贴在后面(B)	Ctrl+B
就地粘贴(S)	Shift+Ctrl+V
在所有画板上粘贴(S)	Alt+Shift+Ctrl+V

第五步　选中所有的形状并右击，在弹出的下拉列表中选择【建立剪切蒙版】选项，如下图所示。

第六步　将复制好的仅设置描边的形状移至合适位置并右击，在弹出的下拉列表中选择【排列】→【置于顶层】选项，如下图所示。

置于顶层(F)	Shift+Ctrl+]
前移一层(O)	Ctrl+]
后移一层(B)	Ctrl+[
置于底层(A)	Shift+Ctrl+[
发送至当前图层(L)	

第七步 将笔触类型修改为"圆"、粗细修改为"0.3pt",选择【剪刀工具】,单击第 1 个点后再单击一个点,选择【选择工具】将剪断的线段移除,效果如下图所示。

第八步 选择【直接选择工具】,按住【Alt】键将剪断的线段调整后移至合适位置,效果如下图所示。

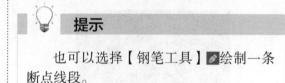

💡 **提示**

也可以选择【钢笔工具】绘制一条断点线段。

11.2.2 Dribbble 餐具风格——烤箱 02

紧接 11.2.1 的操作步骤,配合【矩形工具】【路径查找器】【编组】等来完成整个的设计,具体操作步骤如下。

第一步 选择【矩形工具】绘制一个矩形,仅设置填充色,按【Alt】键复制多个形状,并移至相应位置,如下图所示。

第二步 在按住【Shift】键的同时选中所有形状,打开【变换】面板将圆角半径设置为"2px",效果如下图所示。

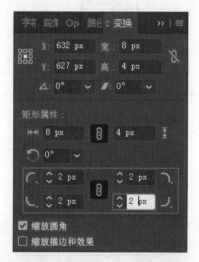

第三步 选择【圆角矩形工具】绘制形状,设置填充色为"无"、描边色为"黑色"、粗细为"3pt",效果如下图所示。

第四步 选择【椭圆工具】◯绘制形状，按【Alt】键复制形状，选中所有形状，打开【路径查找器】面板，单击【减去顶层】按钮◻，如下图所示。

第五步 按【Alt】键复制第四步的形状，取消描边色，吸取对应的填充色，并移至合适位置，如下图所示。

第六步 打开【图层】面板，将第五步复制的图层移至边框图层的下方，如下图所示。

第七步 选择【钢笔工具】✒绘制一条有弧度的线，按【Alt】键复制，再按【Ctrl+D】组合键粘贴，选择【直接选择工具】▶，选中相邻的两个端点并右击，在弹出的快捷菜单中选择【链接】选项，重复操作，设置笔触类型为"圆点"、粗细为"0.35pt"，并移至合适位置，效果如下图所示。

第八步 选择【直线工具】✏绘制一条直线，设置粗细为"4pt"，选择【直接选择工具】▶调整线的长度，按【Alt】键复制直线并调整长度，效果如下图所示。

💡 **提示**

选择【直接选择工具】选中形状，单击需要删除的部分，可以直接删除。

第九步 选中最初的底层形状，选择【矩形工具】▢绘制形状，选择【吸管工具】✏吸取相应的颜色并填充，然后移至合适的位置，效果如下图所示。

第十步　单击【图层】面板，选中第九步中的两个形状图层，将其拖曳至底层形状图层的上方，如下图所示。

第十一步　选中所有的形状，执行【对象】→【路径】→【轮廓化描边】命令，如下图所示。

 提示

选中曲线，按【Alt】键即可直接调整线的粗细。

第十二步　选中所有的形状并右击，在弹出的下拉列表中选择【编组】选项，如下图所示。

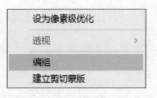

第十三步　选中所有的形状，执行【对象】→【形状】→【扩展形状】命令，效果如下图所示。

第十四步　放大图形，将图形移至画布中，最终效果如下图所示。

 提示

执行【对象】→【全部解锁】命令，可将素材图片删除。

11.3　Dribbble 餐具风格——煎烤

本节主要通过对 AI 软件中的基本工具和各个面板的应用，来制作 Dribbble 风格的煎烤图标。

11.3.1 Dribbble 餐具风格——煎烤 01

下面主要通过【椭圆工具】【钢笔工具】【路径查找器】等来绘制煎烤的大致轮廓，具体操作步骤如下。

第一步　新建空白文档，选择【椭圆工具】绘制一个形状，再选择【圆角矩形工具】■绘制一个形状，选中两个形状，打开【路径查找器】面板，单击【联集】按钮■合并两个形状，设置粗细为"3pt"，效果如下图所示。

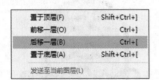

第二步　按【Alt】键复制形状，取消描边色，吸取"亮红色"填充，并移至合适位置，在形状上右击，在弹出的下拉列表中选择【排列】→【后移一层】选项，如下图所示。

置于顶层(F)	Shift+Ctrl+]
前移一层(O)	Ctrl+]
后移一层(B)	Ctrl+[
置于底层(A)	Shift+Ctrl+[
发送至当前图层(L)	

第三步　重复第二步的操作，选择【椭圆工具】◯和【圆角矩形工具】◯分别绘制一个形状，选中两个形状，打开【路径查找器】面板，单击【联集】按钮■合并两个形状，如下图所示。

第四步　选择【吸管工具】✐吸取填充色，设置描边色为"黑色"、粗细为"3pt"，将合并后的形状移至合适位置并右击，在弹出的快捷菜单

中选择【排列】→【置于底层】选项，如下图所示。

置于顶层(F)	Shift+Ctrl+]
前移一层(O)	Ctrl+]
后移一层(B)	Ctrl+[
置于底层(A)	Shift+Ctrl+[
发送至当前图层(L)	

第五步　按【Shift】键进行缩放，选择【圆角矩形工具】◻绘制一个形状，打开【变换】面板，设置下面两个圆角半径的值分别为"18px"和"8px"，如下图所示。

> 💡 **提示**
>
> 选择【直接选择工具】▶调整缩放不到位的地方，或者选择【钢笔工具】✐调整弧度不合适的地方。

第六步　选择【剪刀工具】✂将多余的部分裁剪掉，选中上面的形状并右击，在弹出的快捷菜单中选择【排列】→【置于顶层】选项，并移至合适位置，如下图所示。

置于顶层(F)	Shift+Ctrl+]
前移一层(O)	Ctrl+]
后移一层(B)	Ctrl+[
置于底层(A)	Shift+Ctrl+[
发送至当前图层(L)	

第七步　调整大小，选择【直接选择工具】 ▶
将多出的部分裁剪掉，调整弧度，选择【吸
管工具】 ✐ 吸取相应的颜色进行填色，效果
如下图所示。

第八步　复制第七步的形状，去掉描边色，吸
取相应的颜色进行填色，并调整大小，效果如下
图所示。

11.3.2　Dribbble 餐具风格——煎烤 02

紧接 11.3.1 的操作步骤，再配合【剪刀工具】【变换】【编组】等来完成整个的设计，具
体操作步骤如下。

第一步　选择【剪刀工具】 ✂ 选中要断点的路
径，将剪断的路径移除，在形状上右击，在弹出
的快捷菜单中选择【排列】→【置于顶层】选项，
将笔触类型修改为"圆"、粗细修改为"0.25pt"，
调整大小并移至合适位置，效果如下图所示。

第三步　打开【变换】面板，设置圆角半径
为"1px"，如下图所示。

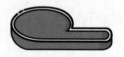

第二步　重复第一步的操作，再次剪去端点处，
然后选择【圆角矩形工具】 ▢ 绘制形状，设置描
边色为"无"、填充色为"白色"，效果如下图所示。

第四步　按【Alt】键复制形状，将其调整到
合适的大小和角度，如下图所示。

第五步 选中所有形状，执行【对象】→【路径】→【轮廓化描边】命令，如下图所示。

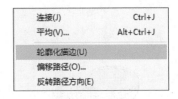

第六步 再执行【对象】→【形状】→【扩展形状】命令，如下图所示。

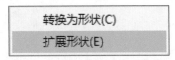

第七步 在形状上右击，在弹出的快捷菜单中选择【编组】选项，调整图形大小并移至合适位置，最终效果如下图所示。

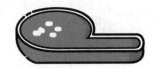

11.4 Dribbble 阅读风格——书籍

本节主要通过对 AI 软件中基本工具和断点辅助工具的使用，来制作 Dribbble 风格的书籍图标。

11.4.1 Dribbble 阅读风格——书籍 01

下面主要通过【直接选择工具】【路径查找器】【钢笔工具】等来制作书籍的大致轮廓，具体操作步骤如下。

第一步 按【Ctrl+N】组合键，打开【新建文档】对话框，将【宽度】和【高度】均设置为"1280像素"，单击【创建】按钮，如下图所示。

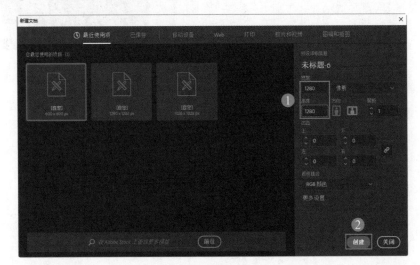

【第二步】　打开"素材 \ch11\Dribbble.jpg"文件，将素材拖曳至画布中，按【Ctrl+2】组合键固定素材图片，选择【矩形工具】■绘制形状，选择【椭圆工具】○并按住【Shift】键绘制一个圆形，效果如下图所示。

【第三步】　选中两个形状，打开【路径查找器】面板，单击【联集】按钮■，设置笔触类型为"圆"、粗细为"0.25pt"、填充色为"无"，效果如下图所示。

【第四步】　复制形状，去掉描边色，填充色选择渐变色，选择【吸管工具】■吸取相应的颜色，并拖曳到【色板】面板中，如下图所示。

【第五步】　打开【渐变】面板，单击【色标】按钮■填充【色板】中新建的颜色，如下图所示。

【第六步】　将填充好的形状移至合适位置，选择【剪刀工具】按钮✂，在左边的线条上进行断点，效果如下图所示。

【第七步】　选择【钢笔工具】✎画书籍中的波浪线，设置笔触类型为"圆"、粗细为"0.25"，按【Alt+Shift】组合键复制并拖曳弧线，再按【Ctrl+D】组合键粘贴，效果如下图所示。

【第八步】　选择【直线工具】／，单击第一条弧线左端点，并拖曳至最后一个弧线左端点，效果如下图所示。

第九步　按【Alt】键复制直线，选择【直接选择工具】➤选中两个线段相邻的端点并右击，在弹出的快捷菜单中选择【连接】选项，效果如下图所示。

第十步　复制第九步形状的外框，取消描边色，填充"白色"，在外框上右击，在弹出的快捷菜单中选择【排列】→【置于底层】选项，如下图所示。

置于顶层(F)	Shift+Ctrl+]
前移一层(O)	Ctrl+]
后移一层(B)	Ctrl+[
置于底层(A)	Shift+Ctrl+[
发送至当前图层(L)	

第十一步　选中所有形状，选择【镜像工具】▷◁，在形状上双击，弹出【镜像】对话框，选中【垂直】单选按钮，将角度设置为"90 度"，

单击【复制】按钮，如下图所示。

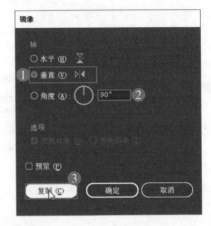

第十二步　按【Alt】键调整形状大小并移至合适位置，效果如下图所示。

11.4.2　Dribbble 阅读风格——书籍 02

紧接 11.4.1 的操作步骤，再配合【吸管工具】【剪刀工具】【编组】等来完成整个图标的设计，具体操作步骤如下。

第一步　为了制作投影效果，先把内页的白底形状拖曳出来，选择【吸管工具】✐吸取相应的颜色作为填充色，效果如下图所示。

第二步　选中内页形状并右击，在弹出的快捷菜单中选择【排列】→【置于顶层】选项，调整形状并移至合适位置，如下图所示。

置于顶层(F)	Shift+Ctrl+]
前移一层(O)	Ctrl+]
后移一层(B)	Ctrl+[
置于底层(A)	Shift+Ctrl+[
发送至当前图层(L)	

第三步　选择【直接选择工具】▶，选中多

出来的端点，按住鼠标左键向内拖曳，效果
如下图所示。

第四步　选择【矩形工具】■绘制形状，设
置描边色为"无"、填充色为"黑色"，效
果如下图所示。

第五步　选择【圆角矩形工具】■绘制形状，
按【Alt】键复制，调整其大小并移至合适位置，
如下图所示。

第六步　选中多余的线段，按【Delete】键
删除，选择【矩形工具】■绘制形状，效果
如下图所示。

第七步　选择【直接选择工具】■，选中右
上角的端点，并将其拖曳至外框上，设置填
充色为"无"、描边色为"黑色"、笔触类
型为"圆"、粗细为"0.25pt"，效果如下图
所示。

第八步　选择【钢笔工具】✐选中路径，按
住【Ctrl】键的同时选中线的中点往上拖曳，
效果如下图所示。

第九步　按【Alt】键复制图层，取消描边色，
选择【吸管工具】✐吸取相应的颜色填充，
效果如下图所示。

第十步　选中外框并右击，在弹出的快捷菜
单中选择【排列】→【置于顶层】选项，调

整填充形状的大小和位置，效果如下图所示。

第十一步 选择【剪刀工具】 将需要断点的部分剪断，选择【选择工具】 将剪断的线段移出，选择【钢笔工具】 或【直接选择工具】 进行调整，调整好后移至合适位置，效果如下图所示。

第十二步 选中所有的形状并右击，在弹出的快捷菜单中选择【编组】选项，如下图所示。

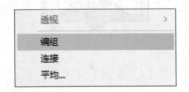

第十三步 再次在选中的形状上右击，在弹出的快捷菜单选择【排列】→【置于顶层】选项，

调整图像大小并移至合适位置，如下图所示。

第十四步 选中所有的形状，选择【对象】→【形状】→【扩展形状】选项，如下图所示。

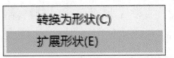

第十五步 再选择【对象】→【路径】→【轮廓化描边】选项，如下图所示。

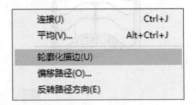

第十六步 再次在选中的形状上右击，对形状进行编组，调整图形大小，并移至画布中央位置，最终效果如下图所示。

11.5 Dribbble 美食风格——披萨

本节主要通过 AI 软件中的基本操作工具，来制作一个具有 Dribbble 风格的披萨图标。

11.5.1 Dribbble 美食风格——披萨 01

下面主要通过【椭圆工具】【路径查找器】【钢笔工具】等来制作披萨的基础部分，具体操作步骤如下。

第一步　按【Ctrl+N】组合键打开【新建文档】对话框，将【宽度】和【高度】均设置为"1280px"，单击【确定】按钮，打开"素材 /ch11/Dribbble.jpg"文件，将素材拖曳至画布中，按【Ctrl+2】组合键锁定素材图片，如下图所示。

第二步　按住【Shift】键，选择【椭圆工具】◯绘制一个圆形，设置填充色为"无"、描边色为"黑色"、笔触类型为"圆"、粗细为"0.25pt"，效果如下图所示。

第三步　按【Alt】键复制两个圆形，将一个复制图形取消描边色，选择【吸管工具】✐吸取填充色，效果如下图所示。

第四步　选择【椭圆工具】◯和【钢笔工具】✐，将素材外框中出现的不规则部分画出来，如下图所示。

第五步　选中所有路径，打开【路径查找器】面板，单击【减去顶层】按钮▣，将图形移至合适位置，如下图所示。

第六步　复制形状，将第五步的形状填充相应的颜色，再把第三步复制的另一个形状移至合适位置，效果如下图所示。

第七步　在形状上右击，在弹出的快捷菜单中选择【排列】→【置于顶层】选项，按【Alt】键复制深色形状，利用【吸管工具】✐填充相应颜色，效果如下图所示。

第八步　先把第五步绘制的不规则形状拖拽出来进行修改。选择【剪刀工具】✂️，将形状最外侧的部分线段剪切掉，选中剩下的部分并右击，在弹出的快捷菜单中选择【编组】选项，效果如下图所示。

第九步　选中第二步绘制的最外框的圆形，选择【剪刀工具】✂️将需要断点的部分剪断，选择【选择工具】▶️将剪断的线段移出，选择【钢笔工具】✏️或【直接选择工具】▷进行调整，断点做好之后，选中该圆形的同时

选中第八步的形状，右击，在弹出的快捷菜单中选择【编组】选项，并调整这两个形状的位置，效果如下图所示。

第十步　选中上步编组的形状，调整其与其他形状的位置，效果如下图所示。

11.5.2　Dribbble 美食风格——披萨 02

紧接 11.5.1 的操作步骤，再配合【吸管工具】【符号】【建立剪切蒙版】等来完成整个的设计，具体操作步骤如下。

第一步　按住【Shift】键，选择【椭圆工具】◯绘制一个圆形，设置填充色为"无"、描边色为"黑色"、笔触类型为"圆"、粗细为"0.25pt"，效果如下图所示。

第二步　按【Alt】键复制两个圆形，将复制图形取消描边色，选择【吸管工具】✏️吸取填充色，将图形移至合适位置，效果如下图所示。

第三步　选中第一步的圆形并右击，在弹出的快捷菜单中选择【排列】→【置于顶层】选项，如下图所示。

置于顶层(F)	Shift+Ctrl+]
前移一层(O)	Ctrl+]
后移一层(B)	Ctrl+[
置于底层(A)	Shift+Ctrl+[
发送至当前图层(L)	

第四步　选择【矩形工具】■绘制形状，利用【吸管工具】✐吸取相应的颜色进行填充，效果如下图所示。

第五步　选择【窗口】→【符号】选项，打开【符号】面板，选中形状并将其拖曳至【符号】面板中，弹出【符号选项】对话框，选中【动态符号】复选框，单击【确定】按钮，如下图所示。

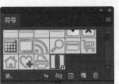

第六步　在【符号】面板中选中新建的图形符号，选择【符号喷枪工具】☷进行操作，效果如下图所示。

　提示

使用【符号喷枪工具】☷时要一点一松地操作，不要按住鼠标左键不松一直拖曳。选择【符号缩放器工具】◷可以调整符号的大小，按住【Alt】键是缩小符号；选择【符号紧缩器工具】☷可以调整符号的间距，按住【Alt】键是放大间距。

第七步　选择【钢笔工具】✐在喷射的效果上绘制一个闭合路径，在路径上右击，在弹出的快捷菜单中选择【建立剪切蒙版】选项，如下图所示。

　提示

也可以选择【椭圆工具】◯绘制一个外边框大小的圆形，将其放在喷射的效果上并右击，在弹出的快捷菜单中选择【建立剪切蒙版】选项。

第八步　将形状移至合适位置并调整大小，打开【图层】面板，把"剪切组"图层移至第三个图层的上方，如下图所示。

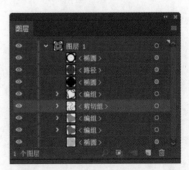

第九步 选中所有的形状，选择【对象】→【路径】→【轮廓化描边】选项，如下图所示。

平均(V)...	Alt+Ctrl+J
轮廓化描边(U)	
偏移路径(O)...	
反转路径方向(E)	
简化(M)...	
添加锚点(A)	

第十步 再选择【对象】→【形状】→【扩展形状】选项，如下图所示。

| 转换为形状(C) |
| 扩展形状(E) |

第十一步 在形状上右击，在弹出的快捷菜单中选择【编组】选项，如下图所示。

透视	>
编组	
建立剪切蒙版	
变换	>
排列	>
选择	>

第十二步 选中素材图片，选择【对象】→【解锁】选项，将素材图片删除，调整图形大小，并将其移至画布中央位置，最终效果如下图所示。

第❹篇

Sketch 界面设计

本篇主要讲解 Sketch 软件的使用方法，并通过几个 UI 设计中常用的设计案例让读者领会 Sketch 软件的优势，最后将网易云音乐项目作为实战，帮助读者找到 UI 设计的捷径。

第 12 章
Sketch 系统知识介绍

Sketch 是为 Mac 系统打造的一款界面优美、功能强大且兼具矢量图形的绘制软件。相比 Photoshop 和 AI 来说，Sketch 在 UI 设计方面更加方便、更易理解，本章主要讲解 Sketch 的基本功能。

12.1 Sketch 界面初识

Sketch 的起始界面看上去是很直观的，可以用来做 Android 及 iOS 系统的界面设计、框架设计、物理设计、网页设计等。Sketch 的界面设计非常简洁，如下图所示。其中，最顶端的工具箱包含了最重要的操作，右侧的检查器用来调整被选中图层的内容，左侧是页面列表，中间是正在创作的画布。

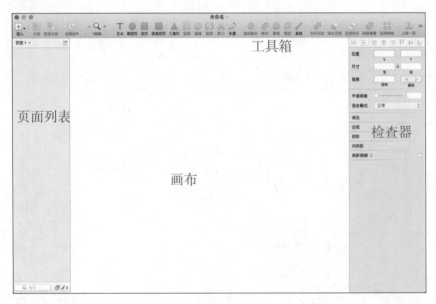

Sketch 界面中没有浮动面板，检查器将根据选中的工具来显示所需控件，保证用户可以始终不受打扰地在画布上创作。下面来认识一下 Sketch 界面的各个组成部分。

1. 自定义工具栏

在工具箱上右击，在弹出的快捷菜单中选择【自定义工具栏】选项，如下图所示，在弹出的工具列表中将常用的工具图标拖曳到工具箱中即可。

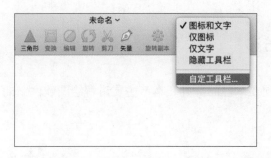

单击界面左上角的【插入】按钮 ，也有一些常用的工具，可以选择这些工具或直接使用快捷键，如直线（L）、矩形（R）、椭圆形（O）、圆角矩形（U）等。

2. 页面列表

单击【插入】按钮 ，选择【画板】选项，在绘图区绘制一个画板，在画板中绘制对象，即页面列表中包含画板，画板中包含对象，如下图所示。

3. 基本操作

（1）创建网格。单击工具箱中的【创建网格】按钮 ，在弹出的对话框中可以设置画板参数，如下图所示。

（2）缩放和移动。按【Command】键的同时滚动鼠标滚轮可以调整大小，按【Space】键并拖曳鼠标可以进行移动。

（3）删除画板。在左侧页面列表中选择相应画板，按【Delete】键即可删除，或者在绘图区选中画板，按【Delete】键将其删除。

4. 插入 iOS 设备尺寸

单击【插入】按钮，选择【画板】选项，右侧会出现很多对应的设备尺寸，如 iPhone 6/6s/7、iPhone 7 Plus 等，如下图所示。选择所需要的设备，直接在其上单击即可创建，然后通过【创建网格】功能就可以很方便地进行设计了。

12.2 布尔运算、编组、对齐与分布

在绘图软件中，布尔运算是非常重要也是必须要掌握的部分。本节主要讲解绘图软件中的布尔运算、编组、对齐与分布功能。

1. 布尔运算

（1）合并形状 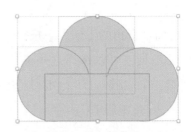。

第一步 单击工具箱中的【椭圆工具】按钮 ●，或者按【O】键调用椭圆命令，绘制 3 个圆形，其位置如下图所示。

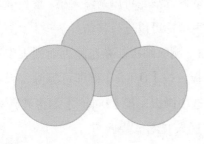

第二步 单击工具箱中的【矩形工具】，在下图所示的位置绘制一个矩形。

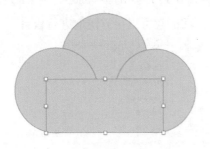

第三步 同时选中这几个对象，单击工具箱中的【合并形状】按钮，将其合并为一个整体，在右侧检查器面板中可以设置颜色、描边等，效果如下图所示。

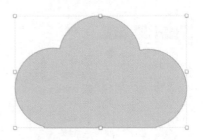

（2）减去顶层 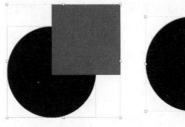。

绘制一个圆形和一个矩形，执行【减去顶层】命令，效果如下图所示。

（3）区域相交。

按【Command+Z】组合键后退一步，然后执行【区域相交】命令，效果如下图所示。

（4）减去共同。

按【Command+Z】组合键后退一步，然后执行【减去共同】命令，效果如下图所示。

2. 编组

绘制两个图形并选中，单击工具箱中的【图层成组】按钮 ，即可将两个图形编组，编组之后可以继续进行编辑，如下图所示。

3. 对齐与分布

绘制两个不同的图形并选中，在右侧检查器面板中有【左对齐】按钮 、【垂直居中对齐】按钮 、【右对齐】按钮 、【上对齐】按钮 、【水平居中对齐】按钮 、【下对齐】按钮 等，单击按钮后的效果如下图所示。

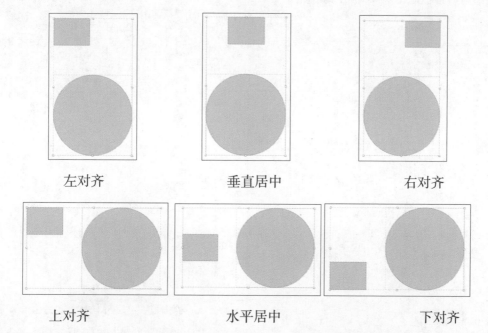

绘制一个图形并复制两个，选中这 3 个图形，在右侧检查器面板中有【垂直分布】按钮

和【水平分布】按钮▯，单击按钮后的效果如下图所示。

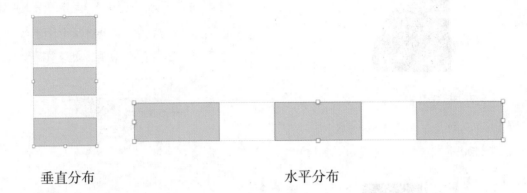

垂直分布　　　　　　　　　　　　水平分布

12.3　变换、混合模式、投影、内阴影、输出

变换功能和检查器面板是 Sketch 设计中经常使用的功能，下面简单介绍这些功能的使用方法。

1. 变换

第一步　绘制一个矩形，单击【编辑】按钮▯，按住鼠标左键并拖曳四个角的角点可以调整图形的形状，效果如下图所示。

第二步　单击【变换】按钮▯可以调整矩形的透视关系，如下图所示。

2. 检查器面板

不同图形的检查器面板也不相同，下图

为矩形的检查器面板（下左图）和圆形的检查器面板（下右图），可以看出圆形的检查器面板中没有【圆角半径】选项，如下图所示。

【位置】：选择【显示】→【画布】→【显

示标尺】选项，即可显示标尺，位置指的就是左上角点的坐标，如下图所示。

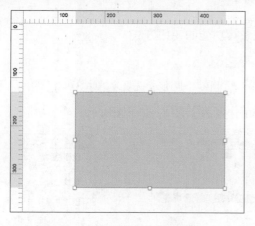

【尺寸】：指矩形的宽度和高度。

【变换】：左侧为旋转角度，右侧分别为水平翻转和垂直翻转。

【圆角半径】：指圆弧的半径。

【不透明度】：指对象透明的程度，不透明度越低，对象越透明。

【混合模式】：将对象颜色与底层对象的颜色混合，其中包括很多方法，如下图所示。用户可以绘制两个矩形，设置不同的颜色，更改不同的混合模式。

【填充】：为图形对象填充颜色，可以设置颜色、模式、不透明度。

【边框】：在图形对象边缘加上边框，可以设置颜色、位置、厚度。

【阴影】：给对象设置投影，可以调整投影的位置、颜色、模糊值、扩散值，如下图所示。

【内阴影】：给对象设置向内的投影，可以调整投影的位置、颜色、模糊值、扩散值，如下图所示。

【高斯模糊】【运动模糊】【放大模糊】【背景模糊】：可以选择这 4 种模糊方式，当其左侧显示"√"符号时，即表示设置完成，如下图所示。

【创建图层导出】：可以设置尺寸后缀及格式，然后单击【导出 Rectangle】按钮，即可保存。也可以在页面列表中直接拖曳到保存位置完成保存，如下图所示。

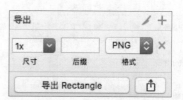

12.4 像素对齐、蒙版、创建轮廓、历史记录

下面介绍像素对齐、蒙版、创建轮廓、历史记录等功能的使用方法。

1. 像素对齐

任意绘制一个圆形，在工具箱中单击【显示】按钮，选择【显示网格】选项，将图形放大到最大，可以看到图形与网格并没有对齐，而在右侧检查器面板的【位置】中也可以看出其值不是整数，这就是半像素问题，如下图所示。

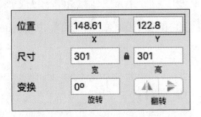

单击菜单栏中的【Sketch 4】按钮，在弹出的菜单中选择【偏好设置】选项，在弹出的窗口中选中【全像素对齐】区域的所有复选框，如下图所示。以后再绘制图形时，就不会出现半像素的问题了。

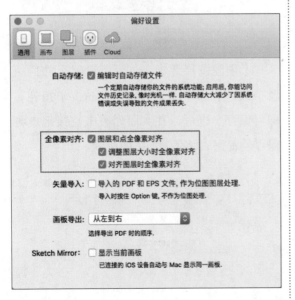

2. 蒙版

绘制一个圆形，选择菜单栏中的【图层】→【用作蒙版】选项，如下图所示。

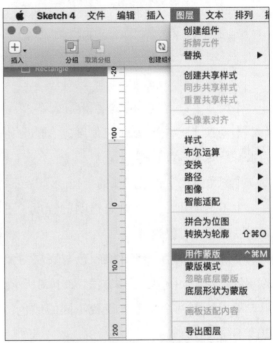

以后绘制的任何图形都会显示在这个圆形中，不会超出蒙版的范围，如下图所示。

如果希望在蒙版范围外绘制图形，可以

先将之前的对象编组，然后再绘制的图形就不会限制在蒙版范围内了，如下图所示。

3. 创建轮廓

单击工具箱中的【文本】按钮 T，在绘图区内单击，即可创建文本框并输入文字，效果如下图所示。

Type something

此时，在检查器面板中即可改变字体、字号，在菜单栏中选择【图层】→【转换为轮廓】选项，字体即可变为一个个可以独立编辑的形状，如下图所示，之后编辑时不能再改变字体、字号。

4. 历史记录

Sketch 软件在操作过程中只要进行保存操作，所有的文本都会被保留下来，选择菜单栏中的【文件】→【复原到】→【浏览所有版本】选项，即可显示所有保存过的版本，如下图所示。

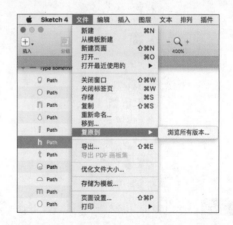

12.5 旋转复制的技巧

本节通过一个案例来讲解旋转复制功能，在 Sketch 中允许直接输入复制的数量，以便同时复制多个图形，这是一个非常方便的操作，具体操作步骤如下。

第一步　将"素材 \ch12\12.5 旋转复制的技巧 .png"文件拖曳至 Sketch 中，如果图太大，可以按【Command+K】组合键，在弹出的对话框中调整缩放比例为"25%"，单击【确定】按钮，如下图所示。

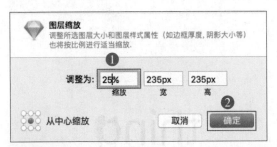

第二步　在图片上右击，在弹出的快捷菜单中选择【锁定图层】选项，如下图所示。这个图层仅作为参考图，不需要编辑。

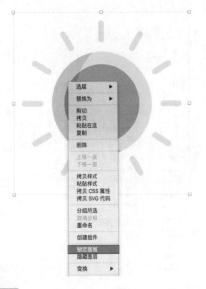

第三步　按【U】键绘制一个圆角矩形，将其调整到合适的大小，这里在右侧检查器面板中将圆角半径调整至最大，然后按【Control+C】组合键吸取参考图的颜色，填充颜色后效果如下图所示。

第四步　单击工具箱中的【复制旋转】按钮，在弹出的【旋转拷贝数量】对话框中输入拷贝数量，这里输入"12"，单击【确定】按钮，如下图所示。

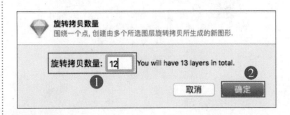

第五步　单击并拖曳阵列中心的圆点，可以调整阵列的距离，如下图所示。

第六步　按【O】键的同时按住【Shift】键绘制一个圆形，然后按【Control+C】组合键键吸取参考图的颜色并填充，效果如下图所示。

第七步 选中这两个对象，在右侧检查器面板中单击【垂直居中对齐】按钮⊥和【水平居中对齐】按钮⊢，效果如下图所示。

第八步 按【Command+D】组合键复制一个圆形并将其缩小，然后按【Control+C】组合键吸取参考图的颜色并填充，重复第七步的操作将其对齐，效果如下图所示。

第九步 选择第 1 个圆形，按【Command+D】组合键复制一个圆形并右击，在弹出的快捷菜单中选择【上移一层】选项，然后将其移动到空白位置，再次复制一个图形，将这两个圆形按下图所示的形状叠放。

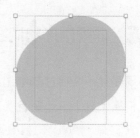

第十步 将第二次复制的圆形填充为"白色"并降低其【不透明度】，效果如下图所示。

第十一步 选择第一次复制的圆形并右击，在弹出的快捷菜单中选择【蒙版】选项，如下图所示。

第十二步 按【F】键，删除填充色，此时仅剩下高光，然后选中这两个图形并移动到太阳图形中对应的位置，最终效果如下图所示。

12.6　非规则形状调整

一些不规则且不能通过基本形状实现的形状，可以通过【钢笔工具】进行绘制。本节主要讲解通过【钢笔工具】来绘制舌头形状的过程，具体操作步骤如下。

第一步　打开"素材 \ch12\12.6 非规则形状调整 .jpg"文件，绘制一个矩形并右击，在弹出的快捷菜单中选择【下移一层】选项；再次在矩形上右击，并选择【蒙版】选项，将图片移动到蒙版中间，选中这两个图层进行编组，然后在其上右击，选择【锁定图层】选项，将其作为参考图，如下图所示。

第二步　按【U】键绘制一个圆角矩形，按【F】键取消填充色，在检查器面板中调整描边色的粗细和颜色，按【Control+C】组合键吸取参考图的颜色，如下图所示。

第三步　在工具箱中单击【剪刀工具】按钮 ，在左边圆弧处单击，剪掉多余部分，效果如下图所示。

第四步　在对应位置绘制一个矩形，并填充参考图的颜色，效果如下图所示。

💡　**提示**

如果有半像素不能对齐，可以将第二步绘制的形状描边厚度改为偶数，如下图所示。

第五步　绘制一个矩形框，将其填充为"黑色"并右击，在弹出的快捷菜单中选择两次【下移一层】选项，将其置于最底层，然后在矩形框上右击，选择【锁定图层】选项，将其

作为背景图，效果如下图所示。

第六步　选择第三步的图形，选择菜单栏中的【图层】→【转换为轮廓】选项，将描边改为轮廓，并选中该图形和第四步绘制的图形，单击工具箱中的【合并形状】按钮 ，将这两个图形组合成一个形状，效果如下图所示。

第七步　按【U】键绘制一个圆角矩形，取消描边色将填充色设置为"白色"，按【Alt】键拖曳鼠标复制一个圆角矩形，将这两个图形移动到合适的位置，并将"P"字置于顶层，绘制两个圆角矩形并填充为白色，将两个图形移至下一层，效果如下图所示。

第八步　使用【钢笔工具】 绘制一个舌头

的形状，取消描边色，将其填充为"红色"，效果如下图所示。

 提示

在调整锚点时，可以在右侧检查器面板中选择模式，包括直线模式、对称模式、不连续模式、不对称模式，通过切换这些模式将舌头形状调整好，如下图所示。

第九步　右击"P"形状，在弹出的快捷菜单中选择【蒙版】选项，这时舌头形状暂时看不见了，在下图所示的位置绘制投影的形状，将其颜色填充为"黑色"，并降低其不透明度。

第十步　选中除了舌头外的所有图形并进行

编组，即可显示出舌头，将其移动到合适的位置，如下图所示。

第十一步 在下图所示的位置添加两个点，移动右侧的点，将其向舌头里面移动，效果如下图所示。

第十二步 调整锚点使其变得圆滑，效果如下图所示。

第十三步 使用【钢笔工具】绘制一个形状，能遮住下图所示的部分即可。

第十四步 在绘制的形状上右击，在弹出的快捷菜单中选择【后移一层】选项，最终效果如下图所示。

12.7 快速制作手机 App 的神奇秘密——Craft

本章讲解 Sketch 中的一个插件——Craft。该插件中有一些 Sketch 中不具备的功能，通过插件中的功能可以更加方便地进行一些操作。下面首先下载并安装 Craft 插件，具体操作步骤如下。

第一步 进入 Craft 官网，根据需要填写邮箱地址后，单击【GET CRAFT NOW】按钮，进入页面后即可看到左下角正在下载插件的提示，如下图所示。

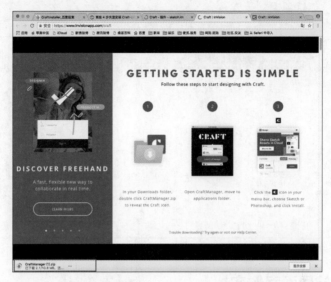

第二步　下载完成后解压文件，如下图所示。

第三步　双击安装"CraftManager"文件，打开 Sketch 软件，单击右上角菜单中的  按钮，在弹出的界面中可以看到这个插件可以安装到 Photoshop 和 Sketch 中，如下图所示。

第四步 选择【Sketch】选项，单击 Sketch 后的【Install】按钮，安装完成后重新打开软件，即可看到检查器左侧出现了几个新的选项，如下图所示。

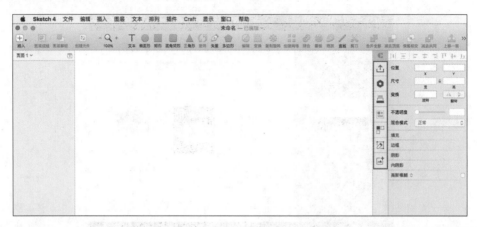

12.8 B 站界面案例实战

本节通过制作 B 站界面来深入了解 Craft 插件的功能，具体操作步骤如下。

第一步 选择【插入】→【画板】选项，在右侧选择【iPhone 6/6s/7】选项，效果如下图所示。

 提示

双击后弹出【文档需要的字体不存在】提示框，单击【打开】按钮即可，如下图所示。

第二步 选择【文件】→【从模板新建】选项，在弹出的界面中双击【iOS UI Design】图标，如下图所示。

第三步 在弹出的页面中选择【Background Status Bars】组中的第一个选项，按【Command+C】组合键复制图形，并粘贴在画板最上方，如下图所示。

第四步 返回【iOS UI Design】页面，选择【Status Bars(White)】组中的第一个选项，将图形粘贴到画板最上方，如下图所示。

第五步 双击红色的图形进行编辑，将颜色更改为粉色，可直接选取参考图的颜色，删

除白色的字体部分，如下图所示。

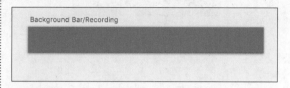

第六步 单击【返回到实例】按钮，调整粉色矩形框的高度，如下图所示。

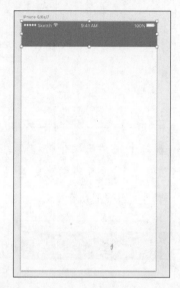

第七步 单击工具箱中的【矩形工具】按钮▨，在底部绘制一个矩形框，将填充色更改为"白色"，取消描边色并添加阴影，设置阴影色为"黑色"，并降低不透明度，更改【Y】值为"2"、【模糊】值为"4"，如下图所示。

第八步 单击【文字工具】按钮T，输入文字"直播"，选择合适的字体，更改字体颜色为"白色"，如下图所示。

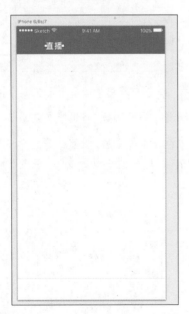

第九步 复制两个文本框并向右移动，注意间距要相同，分别将文字更改为"推荐"和"追番"，如下图所示。

第十步 在"推荐"下方绘制圆角矩形，填充颜色为"白色"，取消描边色，如下图所示。

第十一步 单击【文字工具】按钮T，输入文字"综合"，设置合适的字体、字号、字体颜色，效果如下图所示。

第十二步　在下图所示的位置绘制圆角矩形，单击右侧的 按钮，选择任意选项，先暂时填充一张图片。

第十三步　在下图所示的位置再次绘制一个圆角矩形，重复第十二步的操作填充图片。

第十四步　单击右侧的 按钮，进行下图所示的设置。

第十五步　在【页面 1】列表中调整【Rectangle】图层至最上方，最终效果如下图所示。

12.9 超级方便的标注插件——Sketch Measure

绘制完成后要交给程序开发人员制作，但开发人员从 Sketch 软件中查看尺寸比较麻烦，本节介绍一个非常好用的插件——Sketch Measure。可以直接通过谷歌浏览器查看尺寸，将鼠标指针放在对应的位置上即可显示尺寸，具体操作步骤如下。

第一步 选择【插件】→【Sketch Measure】→【导出规范】选项，如下图所示。

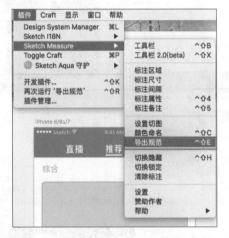

第二步 在弹出的窗口中选择【iOS】中的【高清视网膜 @3x】选项，单击【保存】按钮，如下图所示。

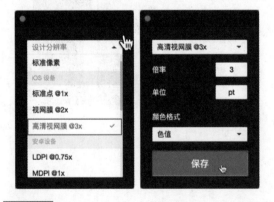

第三步 在弹出的窗口中选择【iPhone 6/6s/ 7】选项，单击【导出】按钮，如下图所示。

第四步 选择导出的位置，单击【导出】按钮，如下图所示。

第五步 这时可以发现生成了 3 个文件，分别是 "index.html" "links" 和 "preview" 文件，如下图所示。

第六步 使用谷歌浏览器打开"index.html"文件即可显示尺寸，如下图所示。

 提示

不能仅把"index.html"文件发给程序开发人员，而是需要把3个文件打包后一起发送。

12.10 更加高效的设计——复用样式

什么是复用样式呢？例如，选择【文件】→【从模板新建】选项，选择 iOS 模板，可以看到下图所示的左侧页面列表中有 按钮，这个按钮就代表复用样式。

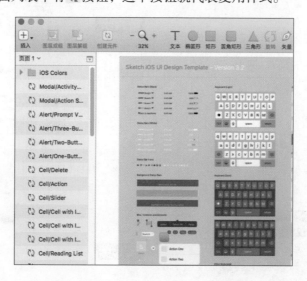

1. 图形的复用样式

第一步　新建一个空白页，绘制一个圆形并右击，在弹出的快捷菜单中选择【蒙版】选项。再绘制一个矩形，更改为其他颜色，效果如下图所示。

第二步　选中这两个图形，单击【组合形状】按钮 ▣，效果如下图所示。

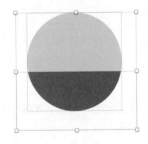

第三步　单击右侧的 ▤ 按钮，在弹出的对话框中将参数设置为 5 行 2 列，间距为"10"，如下图所示。

第四步　此时如果要更改矩形的颜色，只能

一个个修改，比较麻烦，如下图所示。

第五步　返回第一步，选中这两个图层，单击工具箱中的【创建元件】按钮 ▣，在弹出的对话框中输入名称，单击【确定】按钮。

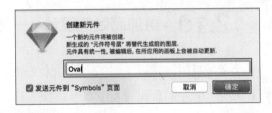

第六步　页面列表中即可显示【Page 1】和【元件库】两个选项，如下图所示。重复第三步的操作，复制几个图形。

第七步　选择【页面】列表中的【元件库】选项，

在绘图区更改矩形颜色，效果如下图所示。

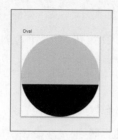

第八步 选择【Page 1】选项，即可看到所有的图形都更改了颜色，如下图所示。

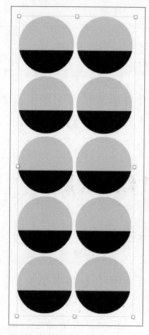

2. 文字的复用样式

第一步 单击工具箱中的【文字工具】按钮 T，在绘图区输入文字"1 级标题"，并更改字号，将字号先设置得大一些，如下图所示。

第二步 单击右侧的 ▤ 按钮，设置参数为"5"行，间距为"20"，复制 5 个文字，如下图所示。

💡 提示

在页面列表中可以看到这几个文字有蒙版，这是插件造成的。右击最后一个图层取消蒙版即可，如下图所示。

第三步 更改这几个文字的字号，使字号按大小递减，并分别更改为"2 级标题""3 级标题""4 级标题""正文"，如下图所示。

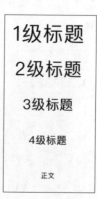

第四步 选择【1级标题】选项，选择右侧检查器面板中的【无文本样式】选项，选择【创建新文本样式】选项，即可创建样式，其他以此类推。

第五步 再次单击工具箱中的【文字工具】按钮 T，输入文字后即可在右侧检查器面板中选择相应文本样式。

第六步 如果要更改样式的颜色，可在绘图区选择【一级标题】选项，如将其更改为"红色"，其他所有应用这个样式的文本都将更改为红色，如下图所示。

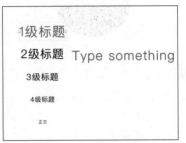

💡 **提示**

如果没有更改，那么单击检查器面板中文本样式右侧的【刷新】按钮 即可，如下图所示。

12.11 快速修改设计风格——更改复用样式

有些设计师喜欢用编组来设计，这样在设计完成后，一个案例会有很多个组，如果要再次修改，就变得非常麻烦。但是如果有复用样式，就会变得简单很多。

第一步 打开"素材\ch12\更改复用样式.sketch"文件，选择页面列表中的【Symbols】选项，如下图所示。

第二步 在绘图区更改【Status Bar-Black】对象颜色，将底色更改为"红色"、字体颜色更改为"白色"，如下图所示。

第三步 单击页面列表中的【Main】选项，返回整个页面，可以看到所有应用这个样式的页面均变为红色底色和白色文字。

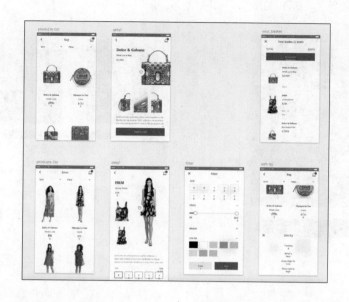

12.12 嫌编组太麻烦怎么办——创建并编辑复用样式

打开"素材 \ch12\12.12 创建并编辑复用样式 .sketch"文件，可以看到里面有大量的编组，如果要改背景颜色，就需要一个个修改，工作量很大。如果把背景改为复用样式，就会方便很多。

第一步 选择背景图层并复制一个，如果图层太多不好选择，可以在页面列表中选中相应图层并右击，在弹出的快捷菜单中选择【复制】选项，将复制的图层放在最上边，如下图所示。

效果如下图所示。

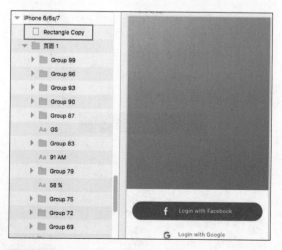

第三步 更改完成后将图层移动到原来的位置，将原来的背景图层删除，效果如下图所示。

第二步 在右侧检查器面板中更改渐变颜色，

第六步 这时所有的背景图层都应用了复用样式，在页面列表中选择【元件库】选项，进入元件库后更改颜色，即可看到所有的背景颜色都更改了，如下图所示。如果以后再修改颜色，在元件库中直接更改即可。

第四步 选择更改后的背景图层，单击工具箱中的【创建元件】按钮 ，可以看到页面列表中背景图层前显示了 按钮，如下图所示。

第五步 复制这个背景图层，分别替换其他页面的背景，如下图所示。

12.13 灵活修改 tab bar

继续 12.12 的操作，将底部导航栏创建为元件，具体操作步骤如下。

第一步 按住【Alt】键进行拖曳，复制一个底部导航栏，如下图所示。

第二步 选中底部导航栏左侧的粉红色图标，复制并粘贴到原位置，然后删除底部导航栏，如下图所示。

第三步 在复制出来的导航栏上选择灰色部分并右击，在弹出的快捷键菜单中选择【拷贝样式】选项。在页面列表中选择彩色部分的图形并右击，在弹出的快捷菜单中选择【粘贴样式】选项，如下图所示。

第四步 选择底部导航栏，单击工具箱中的【创建元件】按钮，然后将底部导航栏放到原来的位置，如下图所示。

第五步 在图形上右击，在弹出的快捷菜单中选择【下移一层】选项，复制底部导航栏，对其他页面进行相同的操作，如下图所示。

第六步 进入元件库，选择 12.12 节制作的背景并右击，在弹出的快捷菜单中选择【拷贝样式】选项，选择底部导航栏上的圆形按钮并右击，在弹出的快捷菜单中选择【粘贴样式】选项，如下图所示。

第七步 返回页面，可以看到所有的底部导航栏颜色都已改变，如下图所示。

第八步 可以在小标签上直接右击，在弹出的快捷菜单中选择【粘贴样式】选项，如下图所示。

12.14 物理分辨率与逻辑分辨率

俗话说，物理分辨率是硬件所支持的，逻辑分辨率是软件可以达到的。例如，iPhone 3GS 和 iPhone 4/4s 的物理分辨率分别是 320×480px 和 640×960px，它们的逻辑分辨率都是 320×480px，只需在导出时分别导出一个 @1x 和 @2x 即可。本节通过一个案例来理解什么是逻辑分辨率与物理分辨率。

第一步 新建一个 iPhone 7 的画板，在画板底部绘制一个尺寸为 50x50px 的圆形，这是逻辑分辨率，如下图所示。

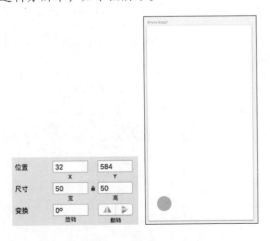

第二步 选择圆形，在检查器底部的【导出】区域设置导出的两个分辨率，如下图所示。

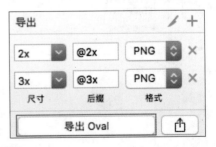

第三步 单击【导出 Oval】按钮，导出完成后会出现两个尺寸的图形，按【Command+I】组合键可查看尺寸，可以看到两个图形的尺寸分别为 100x100px 和 150x150px，如下图

所示。

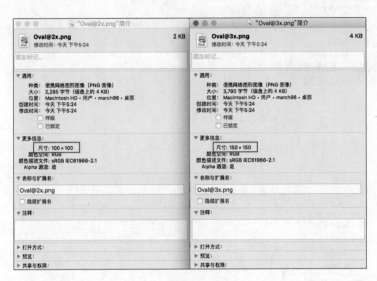

3 倍率的可以用到 iPhone 7 Plus 中，2 倍率的可以用到 iPhone 7 中，这就是物理分辨率，在设计时只要设计一个逻辑分辨率即可。

12.15 一起打包——多对象的命名与输出

本节讲解多个对象的命名和输出方法，具体操作步骤如下。

第一步 新建空白页面，选择【文件】→【从模板中新建】选项，选择【iOS UI Design】选项，如下图所示。

第二步 选中【Activity View】对象，按【Command+C】组合键复制，返回空白页面，新建一个 iPhone 7 的画板，按【Command+V】

组合键粘贴，如下图所示。

第三步 选中 Message 文件夹中的两个图形，然后进行编组，如下图所示。

【第四步】在页面列表中选择组，按【Command+R】组合键，然后输入名称"icon/message"，如下图所示。

【第五步】用同样的方法将另外两个图标编组，并分别命名为"icon/mail"和"icon/twitter"，如下图所示。

【第六步】按住【Command】键的同时选中这3个组，单击右侧检查器面板下方的【创建图层导出】右侧的按钮，单击3次，然后删除单倍率的选项，单击【导出 Layers】按钮，如下图所示。

【第七步】选择导出位置，即可看到有一个"icon"文件夹，打开文件夹即可看到3个图标，每个图标分别有 120x120px 和 180x180px 两种分辨率的图片，如下图所示。

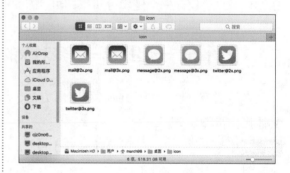

12.16 千万不要犯迷糊——路径详解

选择【图层】→【路径】选项，即可看到路径菜单，本节将分别讲解这些功能。

1.打开路径

【第一步】绘制一个矩形，取消填充色，随意设置描边色，然后双击图形，即可移动、添加锚点，如下左图所示。

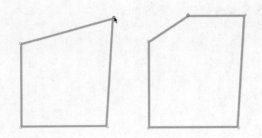

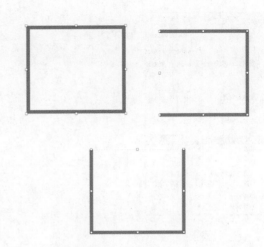

第二步 选择【图层】→【路径】→【打开路径】选项,也可在右侧检查器面板中单击【打开路径】按钮,即可打开路径,如下图所示。

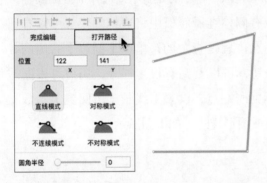

4. 旋转拷贝

【旋转拷贝】功能与【复制旋转】功能相似,旋转拷贝后的效果如下图所示。

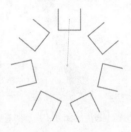

2. 剪刀

选择【剪刀工具】✂,在路径上单击即可减去这条路径,如下图所示。

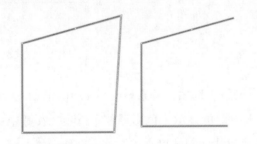

5. 连接

第一步 用【钢笔工具】✐任意绘制两个不闭合路径,如下图所示。

3. 改变方向

单击【关闭路径】按钮,然后选择【改变方向】选项,即可看到消失的路径变为了与刚才相邻的路径。再次单击【关闭路径】按钮,然后选择【改变方向】选项,即可看到不同的效果,如下图所示。

第二步 同时选中这两个路径,选择【图层】→【路径】→【连接】选项,即可将这两个路径相连,如下图所示。

将路径分离，如下图所示。

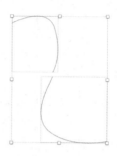

6. 分离

第一步　将路径放大，在连接处旁边的位置添加一个点，如下图所示。

第二步　选择【剪刀工具】✂在这个点的位置进行剪切，然后选择【分离】选项，即可

7. 其他操作

删除一个上方的路径，选择下方的路径，在右侧检查器面板中将边框加粗。可以看到端点位置是直角的，单击【描边】右侧的 ✿按钮，可以看到有很多样式，用户可根据需要更改端点，设置【线长】【间隙】参数，改变图形样式，如下图所示。

12.17 位图的相关编辑技巧

没有图片时，右侧检查器面板中不显示【色彩调整】选项，将素材"12.17 位图的相关编辑技巧"文件拖曳到 Sketch 软件中，在检查器面板中即可显示【色彩调整】选项。在其中可以设置图片的调整选项，如【色调】【饱和度】【亮度】【对比度】等，如下图所示。

【色调】：指图像的相对明暗程度，如下图所示。

【饱和度】：指色彩的鲜艳程度，如下图所示。

【亮度】：指光的强度，如下图所示。

【对比度】：指区域最亮的白和最暗的黑之间的差异程度，如下图所示。

除了色彩调整外，位图还可以调整模糊，如【高斯模糊】【运动模糊】【放大模糊】等，其效果分别如下图所示。

其他效果同矢量图是一样的，如【阴影】【内阴影】等效果在 12.3 节已经进行过介绍，在此不再赘述。

12.18　文字的编辑技巧

选择【文本工具】 T ，在绘图区单击时，即可出现默认的文字，此时右侧的检查器面板如下左图所示。本节将介绍文字工具的检查器面板。

【字样式】下方包含一个【选项】按钮 ✿ ，单击时会出现画线的样式，包含下画线、双线下画线、删除线等，如下图所示。

【字体】：可以更改文字的字体。

【字样式】：包含粗体、细体等样式，如下图所示。

【列表类型】中可以选择【数字序号】和【点符号】选项，效果分别如下图所示。

1. Type something
2. Type something
3. Type something
4. Type something
5. Type something

- Type something
- Type something
- Type something
- Type something
- Type something

【文本转换】中可以选择【全部大写】和【全部小写】选项，效果分别如下图所示。

TYPE SOMETHING
TYPE SOMETHING
TYPE SOMETHING
TYPE SOMETHING
TYPE SOMETHING

type something
type something
type something
type something
type something

【对齐方式】：包含左对齐、居中对齐、右对齐、分散对齐等选项，效果分别如下图所示。

type something
type something
type something
type something
type something

type something
type something
type something
type something
type something

左对齐

居中对齐

type something
type something
type something
type something
type something

type somethingtype
something
type something
type something
type something
type something

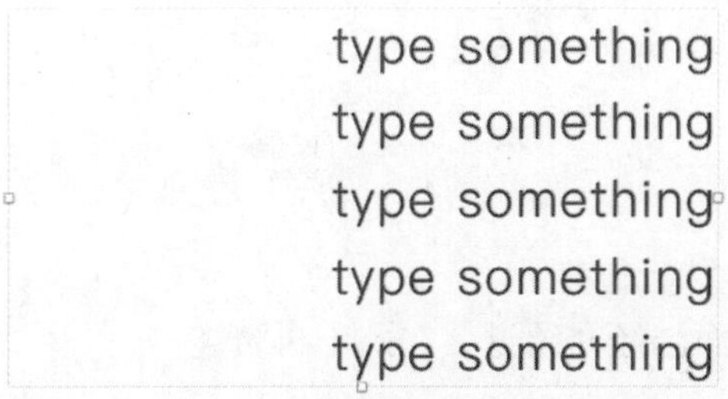

右对齐

分散对齐

【字体框宽】：单击【自动】按钮，字体框紧贴字体内容，如果向外拖曳字体框，就会变为【固定】模式，效果分别如下图所示。

type something   type something
type something   type something
type something   type something
type something   type something
type something   type something

固定   自动模式

【间距】：包含【字符】【基线】【段落】等选项，调整【字符】可以增大或缩小字体的间距；调整【基线】可以更改字体的偏移距离；调整【段落】可以更改字体的行间距，效果分别如下图所示。

type something
type something
type something
type something
type something   type something

调整字符   调整基线

type something

type something

type something

type something

type something

调整段落

 提示

基线的最小值为 1，基线值越小，重叠的越紧密。
【位置】【尺寸】【变换】等选项在前面已经介绍过，在此不再赘述。

第 13 章
简单的时钟案例

本章通过完整案例的制作流程，介绍使用 Sketch 软件制作简单时钟的方法，通过对本章的学习，读者可以系统地掌握 Sketch 软件的操作。

13.1 基础规范

本节介绍制作时钟大致轮廓的过程，具体操作步骤如下。

第一步 打开"素材 /ch13/ 代练 .PNG"文件，按【Command+K】组合键打开【图层缩放】对话框，调整【缩放】为"50%"，单击【确定】按钮，如下图所示。

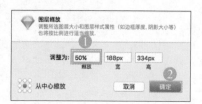

第二步 按【A】键调用 iPhone 尺寸，选择【文件】→【从模板新建】选项，在弹出的对话框中选择【iOS 用户界面设计】模板，单击【选择】按钮，如下图所示。

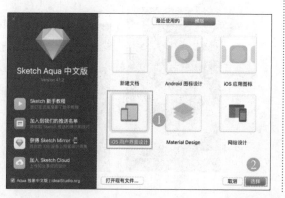

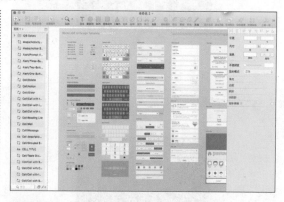

第三步 按【R】键绘制一个矩形框，按【B】键取消描边色，将填充色更改为"纯黑"，在矩形框上右击，在弹出的快捷菜单中选择【下移一层】选项，如下图所示。

第四步　调整大小后，再次在矩形框上右击，选择【锁定图层】选项，如下图所示。

第五步　然后打开【模板】对话框，将"rectangie"对象复制粘贴到"iPhone6/6s/7"画板中，并移至合适的位置，效果如下图所示。

第六步　打开模板，选中需要复制的导航条模板，按【Command+V】组合键粘贴，然后移至合适位置，选中图层对象后将其移至第五步的图层之上，如下图所示。

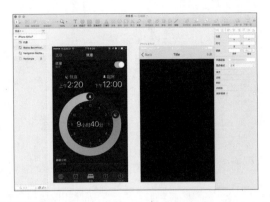

第七步　单击【页面1】的下拉按钮，在弹出的下拉列表中选择【组件】选项，选中模板后将不需要的样式删除，然后对照素材图片修改文字，如下图所示。

第八步　返回【页面】页面，按【Ctrl+C】组合键查看"选项"二字的颜色值，如下图所示。

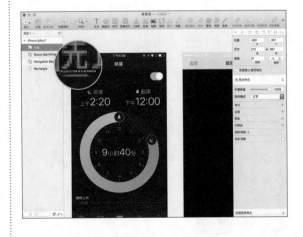

第九步　返回【组件】页面，选中"选项"二字，单击【颜色】按钮，设置对应的颜色值，按【Enter】键确认即可，如下图所示。

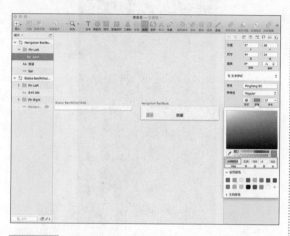

第十步　将字号更改为"18"后返回页面，重复第九步的操作调整模板的背景颜色，效果如下图所示。

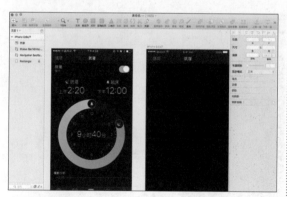

第十一步　选择【矩形工具】■，在左侧图形中选择"选项"下方的"就寝"区域，将大小调整合适后，将其移至右侧图形中合适的位置，按【Ctrl+C】组合键吸取颜色并填充，按【B】键取消描边色，如下图所示。

第十二步　返回【组件】页面，将上面的"就寝"文字复制到页面中并移至合适位置，按【Alt】键复制，将其更改为"每天"，设置字号为"12"、字体样式为"bold"，如下图所示。

第十三步　选中两个文字框，单击【分组】按钮，再单击【水平分布】按钮，如下图所示。

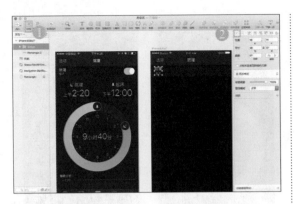

取对应颜色并填充，效果如下图所示。

第十四步 按【U】键绘制一个圆角矩形，按【B】键取消描边，设置圆角半径为"27"、尺寸为"51×31"，按【Ctrl+C】组合键吸

第十五步 按【Alt】键复制，将图形尺寸更改为"29×29"、填充色更改为"白色"、圆角半径更改为"27"，然后移至合适位置即可，如下图所示。

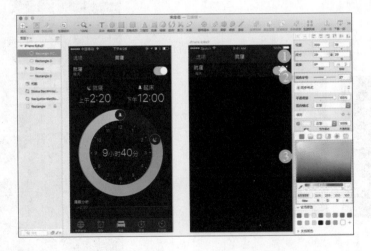

💡 **提示**

按方向键可以对图形进行微调。

13.2 布尔运算

本节制作"就寝"和"起床"两部分，具体操作步骤如下。

第一步　按【O】键的同时按【shift】键绘制一个圆形,取消描边,设置尺寸为"15×15",按【Ctrl+C】组合键吸取对应颜色并填充,按【Alt】键复制并填充为任意颜色,将其移至合适位置。选中两个形状,单击布尔运算中的【减去顶层】按钮 ,按【Shift】键调整大小,效果如下图所示。

第二步　按【T】键转换为文字工具并输入文本"Z",将字体样式更改为".SF NS Text"、字号更改为"10",选中该文本对象,利用吸管工具吸取相应颜色,效果如下图所示。

第三步　按【Alt】键复制两次"Z",按【Command+K】组合键分别将复制的"Z"缩小为原来的"55%"和"70%",如下图所示。

第四步　选中3个文本对象"Z",按【Command+G】组合键将其进行组合,并移至合适位置,再选中文本对象和"月亮"形状进行组合,如下图所示。

第五步　选择【矩形工具】 绘制形状,按【B】键取消描边,将尺寸设置为"8×12",按【Ctrl+C】组合键吸取对应颜色并填充,选中矩形上方的一个顶点,将圆角半径更改为"100",如下图所示。

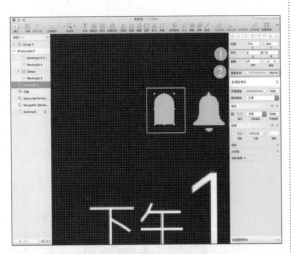

第六步 按【V】键调用【钢笔工具】，在第五步的形状中添加锚点，选中锚点并拖曳，如下图所示。

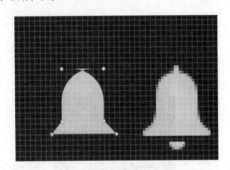

第七步 选中拖曳出的端点，设置圆角半径为"1"，配合【位置】面板中的几个按钮进行调整，调整完成后按【Esc】键退出，效果如下图所示。

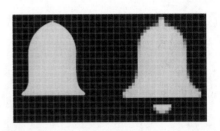

第八步 按【O】键的同时按【Shift】键绘制一个圆形，取消描边色，吸取填充色，将尺寸设置为"4×4"，效果如下图所示。

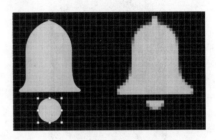

第九步 选择【矩形工具】，在圆形下方绘制矩形，并移至合适的位置。选中圆形与矩形，单击布尔运算中的【区域相交】按钮，按【Command+K】组合键将其缩小为原来的"60%"，效果如下图所示。

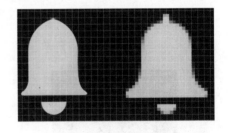

13.3 细节修饰

紧接 13.2 节内容操作，处理铃铛图标的细节并进行后面的设计，具体操作步骤如下。

第一步 选中两个形状，单击【居中对齐】按钮，配合【矩形工具】绘制一个尺寸为"1×2"的形状，按【Ctrl+C】组合键吸取对应颜色并填充。选中 3 个形状，按【Command+G】组合键将其进行组合，效果如下图所示。

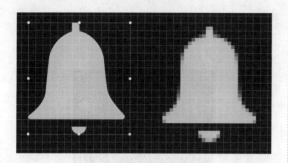

 提示

双击鼠标左键，通过添加锚点和调整锚点的位置，对铃铛图标进行细微的调整。

第二步　选中两个图标并移至制作的模板中，选中"就寝"文本框并复制，然后粘贴到模板中，选中"就寝"文本并吸取填充颜色，将其移至合适位置，效果如下图所示。

第三步　重复第二步的操作，设置"起床"文本，如下图所示。

第四步　复制两个文本框，分别输入"上午"和"2:20"，将字号分别设置为"18"和"36"，字体颜色更改为"白色"，如下图所示。

第五步　选中两个文本框，单击【底端对齐】按钮 ⬓，然后移至合适位置，如下图所示。

 提示

　　选中文本框，按键盘上的方向键可以微调位置。

第六步　按【Alt】键复制第五步中的两个文本框，将其中的文字分别更改为"上午"和"12:00"，如下图所示。

13.4　路径与复用样式

　　紧接 13.3 节的步骤操作，来完成素材图片的中间时钟部分，具体操作步骤如下。

第一步　按【O】键的同时按【Shift】键，绘制一个尺寸为"288×288"的圆形，按【F】键将填充色取消，按【Ctrl+C】组合键吸取填充色，设置厚度为"40"，吸取圆环中较深的颜色，并移至合适位置，如下图所示。

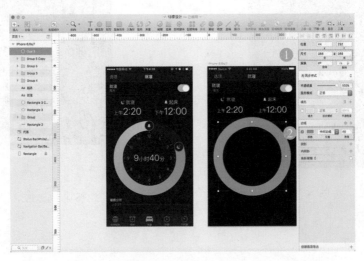

第二步 选中形状,在其上双击添加一个锚点,选择【剪刀工具】 将选中的线段剪掉,单击【边框】右侧的设置按钮 ,选择圆角样式,如下图所示。

第三步 选择【图层】→【转换为轮廓】选项,让其变为形状,如下图所示。

第四步 按【O】键的同时按【Shift】键绘制一个圆形,按【B】键取消描边,将填充色更改为"黑色",将尺寸设置为"36×36",调整该形状图层至大圆图层的上方,如下图所示。

第五步 选中"就寝"图标,单击【创建组建】按钮 ,在弹出的【创建新元件】对话框中输入名称"sleep",如下图所示。

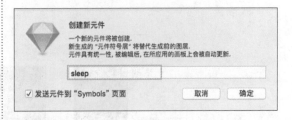

第六步 选中"铃铛"图标,并按【Alt】键复制,并将其粘贴至第四步绘制的图形上方。调整图层,选中两个形状,单击【水平居中】按钮 ,效果如下图所示。

第七步　重复第六步的操作完成"就寝"图标的制作，效果如下图所示。

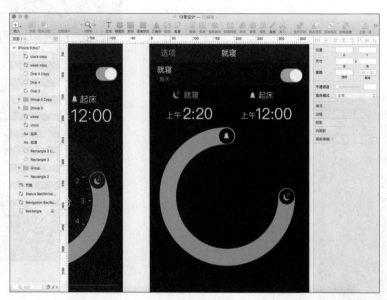

第八步　接下来补充大圆的缺口部分。选中大圆形状，按【Command+D】组合键复制一个，按【Ctrl+C】组合键吸取黑灰色并进行填充，按【Command】键旋转灰黑色的大圆，将其填充至大圆的缺口部分，并将图层调整至黄色大圆图层下方，效果如下图所示。

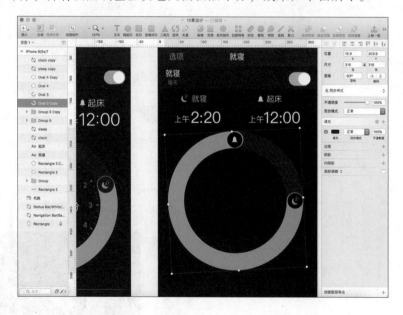

13.5　制作表盘刻度

紧接 13.4 节的步骤操作，完成表盘中刻度线的绘制，具体操作步骤如下。

第一步　选中表盘的所有形状并右击，在弹出的快捷菜单中选择【锁定图层】选项，如下图所示。

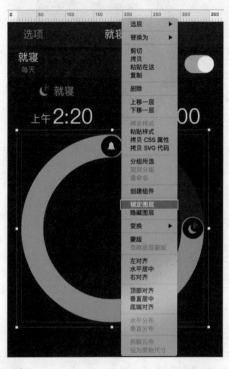

第二步　选择【矩形工具】■绘制形状，按【B】键取消描边，将尺寸设置为"2×6"，按【Ctrl+C】组合键吸取填充颜色，效果如下图所示。

第三步　将第一步中锁定的图层全部解锁，单击对应图层后面的"锁"图标🔒即可，如下图所示。

第四步　选中刻度和表盘形状，单击【水平居中】按钮，效果如下图所示。

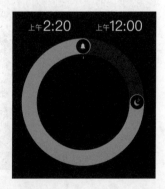

第五步　选择【显示】→【画布】→【显示标尺】选项，将表盘的中心点标出来，如下图所示。

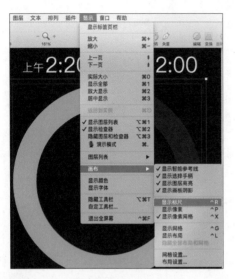

第六步 单击【旋转副本】按钮 ，在弹出的【旋转拷贝数量】对话框中输入需要旋转拷贝的数量，单击【确定】按钮，如下图所示。

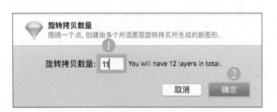

第七步 选中中心点，按住鼠标左键向下拖曳，使中心点和表盘中心点重合，效果如下图所示。

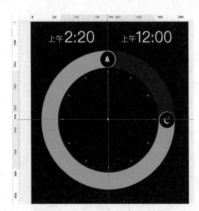

第八步 选择【矩形工具】 绘制形状，按【B】键取消描边，将尺寸设置为"1×6"，按【Ctrl+C】组合键吸取填充颜色，效果如下图所示。

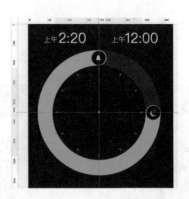

💡 **提示**

若发现"时针"和"分针"形状无法居中，可以选择【Sketch4】→【偏好设置】选项，在弹出的【偏好设置】对话框中取消选中【图层和点全像素对齐】复选框，就可以将"时针"和"分针"形状居中显示，如下图所示。

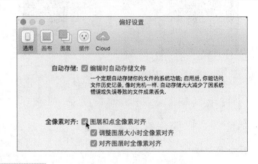

第九步 重复第四至六步的操作，调整图层顺序，设置"分"的刻度效果如下图所示。

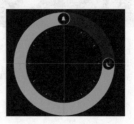

第十步　选择【显示】→【画布】→【显示标尺】选项，取消标尺线，复制上面的数字和文本框，输入"9 小时 40 分"，将字号更改为"24"，并移至合适位置，效果如下图所示。

第十一步　选中所有文本框，单击【分组】按钮进行编组，然后单击【中心对齐】按钮，效果如下图所示。

13.6　对齐与分布的相关技巧

紧接 13.5 节的步骤操作，使用对齐和分布命令完成素材图片中"睡眠分析"部分的设计，具体操作步骤如下。

第一步　按【Alt】键复制文本框，输入"睡眠分析"，设置其字号为"13 点"，再复制"上午 2:20"文本框，按【Command+G】组合键进行编组，再按【Command+K】组合键将其等比例缩小为原来的"40%"，并移至合适位置，效果如下图所示。

第二步　按【L】键的同时按住【Shift】键绘制一条直线，按【Ctrl+C】组合键吸取填充颜色，效果如下图所示。

提示

　　左右两端要留 20 像素的宽度，且不可以出现小数，可以按【Option】键调出标尺作为参考。

第三步　按【Alt】键复制直线，按【Command+D】组合键多复制几条。选中所复制的线条，单击【颜色】按钮，将 Hex 数值更改为"333333"，如下图所示。

第四步　选中所有直线，单击【垂直分布】按钮 三，在弹出的对话框中单击【整数分布】按钮，如下图所示。

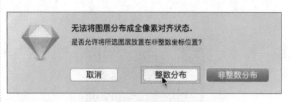

第五步　最终效果如下图所示。

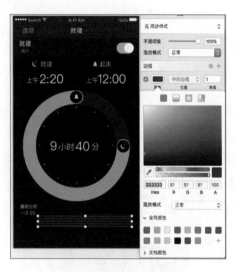

13.7　套用 iOS 10 UI kit

　　紧接 13.6 节的步骤操作，套用 iOS 10 UI kit 完成素材图片中最后部分的设计，具体操作步骤如下。

第一步　登录"sketchchina.com"网站，单击【素材下载】按钮，然后在搜索框中输入"iOS10"，选择"iOS 10UI 界面套组"，单击【本地下载】按钮进行下载，如下左图所示。

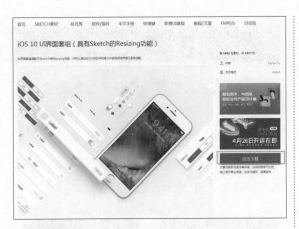

第二步　打开下载的 iOS10 Adaptive UI Kit.
sketch，选中需要的图标，然后按【Command+C】
组合键进行复制，并粘贴到空白处，如下图
所示。

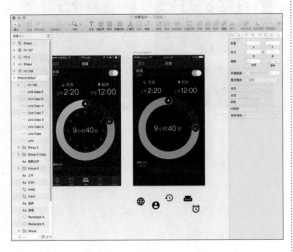

 提示

　　素材图片中没有相同图标的，可以用
其他图标代替。

第三步　选择【文件】→【从模板新建】选项，
在弹出的对话框中选择 "bottom bars" 类型
中的第 1 个模板，单击【选择】按钮即可使用，
效果如下图所示。

第四步　按【Ctrl+C】组合键查看颜色值，
在【组件】中打开【填充】面板，输入相应
的颜色值，按【Enter】键确定，如下图所示。

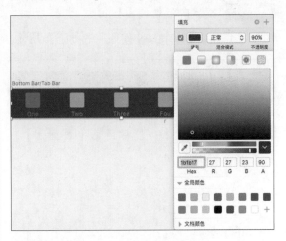

第五步　返回【页面 1】，将第二步复制的
图标再次复制，并粘贴到【组件】库，选中
所有图标，按【Command+K】组合键将其缩小
为原来的 "50%"，效果如下左图所示。

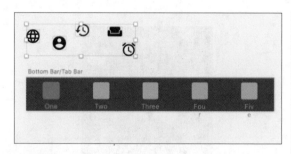

第六步 将图标依次移至合适位置，如下图所示。

第九步 选中所有图标，将填充色改为"白色"，返回【组件】中，选中闹钟图标和文本框并复制粘贴到【页面 1】中，将其移动至合适位置，按【Ctrl+C】组合键吸取填充颜色，最终效果如下图所示。

提示

当图标无法移动时，单击【解组】按钮，将多余的框架移除后再次移动图标即可。

第七步 按方向键微调图标位置，调整好后，选中底色框按【Delete】键删除，如下图所示。

第八步 给图标名，然后返回【页面 1】，效果如下图所示。

提示

关于圆环渐变色的设置比较简单，这里就不过多介绍了，有兴趣的读者可自行尝试设置。

第 14 章
漂亮的 MBE 风格

什么是 MBE 风格呢？ MBE 风格其实是一名国外设计师的署名，该设计师的系列作品都是线稿卡特画风，并逐渐形成了一套具有传播力的风格特点。

14.1 风格介绍与应用

MBE 风格是法国设计师 MBE 于 2015 年年底在 Dribbble 网站上发布的一款设计的署名，红遍国内外网站，世界各地的设计师根据其风格特点做出了很多的作品，其风格特点主要有以下四个方面。

1. 线条

（1）有断点。

黑色线条的优点是可以突出内容；缺点是会产生压抑感削弱内容主题，并使物体失去生动的特性。MBE 很好地利用断线的方法解决了这个难题，这些断线的个数并不是根据图形去限定的，而是和位置有直接关系，如下图所示。

（2）无断点。

"扁平化图形＋黑色粗线＋断线处理"是 MBE 风格的固定搭配，但是断线的处理并不适用于所有的图形，如下图所示。如果既要保持这种新风格，又要完成想表达的设计，那么在线条的颜色和粗线的处理上就要有些不同的方法。

2. 溢出

MBE 风格除断线以外的特点就是色块的溢出，其含义应该是想表达物体通过光照折射出来的阴影，因为通常溢出的方向都是高光的对侧，如下图所示。MBE 早期使用色块溢出的作品较多，但后期已经很难见到，这是因为其早期作品图形大多是简单色块，溢出的处理可以给画面营造质感，增加对风格的印象。而后期作品的复杂度提升，使溢出部分无论在颜色上还是整体上都很难融合，让图形本身显得突兀，破坏了本来想传递的设计思想。

3. 色彩

（1）单色系。

分析物体包含内容是否属于同一材质或数量或介质等，当上述属性唯一时，即可使用单色系搭配方法找出物体的深浅关系营造质感，画面表达会更为完整明确，如下图所示。

（2）邻近色＋补色。

在色系上，作者（MBE）有时也会用不同色系渲染图形的氛围，颜色的基本范围会控制在3 种以下，采用邻近色加补色形成，称为补色色相配色。

当要表达的物体在一个数量以上，或者物体本身某一处的材质与其他地方不同时，使用颜色区分能更好地传递画面所要表现的内容，如下图所示。

（3）邻近色＋类似色。

邻近色是指在色环上相近的两个颜色，在色彩学中还有类似色相配色、对照色相配色。在模仿和研究 MBE 风格时不用墨守陈规地遵循作者的设计元素，在找到规则之后可以灵活使用，这才是设计之道。

下图所示的设计中使用了一组邻近色加上类似色（红、粉、橘、黄），更好地表达了一种新年的气氛。

4. 写实派

在色相的使用上，设计师会遵循色彩基础原理进行配色，但是在不同环境下为了能更明确地表达物体本身之间的关系，在艺术形态上会更加具象，如下图所示。

5. 图形

MBE 风格的背景图刚开始只有圆形、小花瓣和加号这 3 种常用的图形，它们随着 MBE 这种风格的兴起一直被沿用到今天。

设计师们不会仅仅停留在这 3 种元素的组成上，不同的设计师会改变图形的颜色、位置、大小，由此衍生了一些与扁平风格结合的设计，这些改变都是根据图形本身特有的属性而进行的，如下图所示。

MBE 风格之所以有如此多优秀的作品，正是由于设计师们不断总结自身的实践经验，并将其转换为实用的设计理论，有了这些设计理论，在设计时对最终达成的效果会有很大的提升。

14.2 虚线条的制作方法

本节主要讲解 MBE 风格中的虚线条制作，主要使用【矩形工具】【编辑工具】【剪刀工具】等，具体操作步骤如下。

第一步 启动 Sketch 软件，选择【新建文档】选项，新建一个 Sketch 文件，如下图所示。

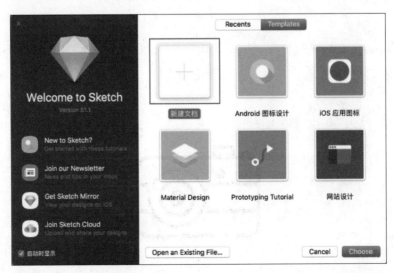

第二步 按【A】键，在检查器中选择合适的画板尺寸，如下图所示。

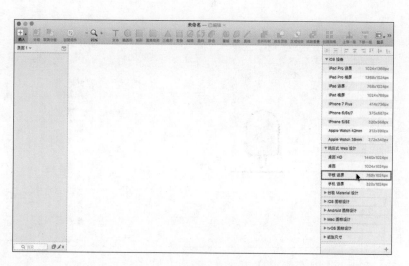

第三步　单击工具栏中的【网格工具】按钮，弹出【网格工具】对话框，在【行】【列】
文本框中分别输入数字"1""2"，单击【创建网格】按钮，如下图所示。

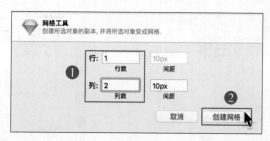

第四步　单击工作界面左上角的【插入】按钮，选择【图片】选项，插入"素材 \ch14\MBE01.
sketch"文件，在文件上右击，在弹出的快捷菜单中选择【锁定图层】选项，如下图所示。

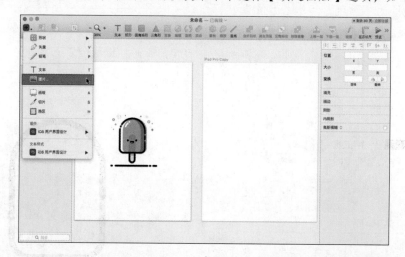

第五步　单击工具栏中的【圆角矩形工具】按钮，在画板中拖曳鼠标绘制图形，并按【F】
键取消填充，如下图所示。

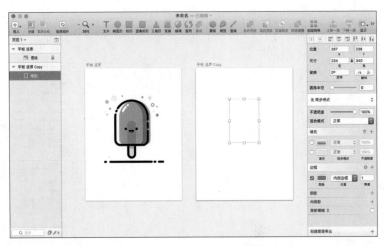

第六步 在检查器中的【圆角半径】文本框内输入 "120/120/50/50"，按【Enter】键确认，如下图所示。

第七步 在【边框】栏中单击【颜色】色块，将【颜色】设置为"黑色"，单击【位置】下拉按钮，在弹出的下拉列表中选择【中间边框】选项，在【厚度】文本框中输入 "16"，如下图所示。

第八步 单击【边框】设置按钮，将【末端样式】和【连接样式】都设置为"圆角端点"，

如下图所示。

第九步 在工具栏中单击【编辑工具】按钮，在图形右侧需要剪掉的位置添加节点，效果如下图所示。

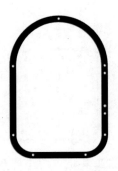

第十步 在工具栏中单击【剪刀工具】按钮 ✂️，剪去图形中多余的线段，效果如下图所示。

第十一步 单击【编辑工具】按钮 ⬤，在图形左侧需要剪掉的位置添加节点，如下图所示。

第十二步 在工具栏中单击【剪刀工具】按钮 ✂️，剪去图形中多余的线段，效果如下图所示。

14.3 蒙版多层嵌套关系

本节主要讲解蒙版多层嵌套关系，具体操作步骤如下。

1. 绘制雪糕

第一步 选择【圆角矩形工具】按钮 ⬜，拖曳鼠标绘制图形，按【B】键取消描边，效果如下图所示。

第二步 在检查器面板【尺寸】的【宽】【高】文本框内分别输入"234""340"，按【Enter】

键确认，如下图所示。

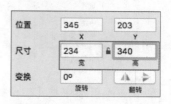

第三步 在【圆角半径】文本框内输入"120/120/50/50"按【Enter】键确认，如下图所示。

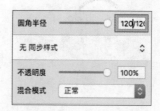

第四步　按【Ctrl+C】组合键吸取颜色，如下图所示。

第五步　按住【Alt】键的同时拖曳鼠标复制两个图形，效果如下图所示。

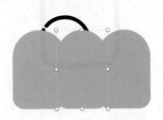

第六步　在图层面板中将 3 个图层分别命名为"顶层""中层""地层"，如下图所示。

第七步　在相应的图形中按【Ctrl+C】组合键吸取颜色，效果如下图所示。

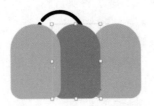

第八步　将 3 个图形按顺序排列，单击工具栏中的【蒙版】按钮，效果如下图所示。

第九步　将图形移动至合适位置，效果如下图所示。

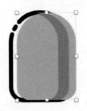

第十步　在工具栏中单击【下移一层】按钮，效果如下图所示。

2. 绘制表情

第一步　单击工具栏中的【椭圆形工具】按钮，按住【Shift】键的同时拖曳鼠标绘制圆形，按【B】键取消描边，效果如下图所示。

第二步　在检查器面板中将填充色设置为"黑色"，并按【Alt】键拖曳鼠标复制图形，效果如下图所示。

第三步　单击工具栏中的【椭圆形工具】按钮，按住【Shift】键的同时拖曳鼠标绘制圆形，按【B】键取消描边，效果如下图所示。

第四步　单击工具栏中的【矩形工具】按钮，拖曳鼠标绘制矩形，按【B】键取消描边，效果如下图所示。

第五步　选择圆形和矩形两个形状，单击工具栏中的【减去顶层】按钮，效果如下图所示。

第六步　单击工具栏中的【矩形工具】按钮，拖曳鼠标绘制一个矩形，按【B】键取消描边，效果如下图所示。

第七步　在检查器面板中的【圆角半径】文本框内输入"6"，如下图所示。

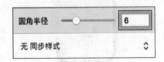

第八步　选中两个图层，单击工具栏中的【合并形状】按钮，效果如下图所示。

第九步　在检查器面板中将【填充】设置为"黑色"，效果如下图所示。

第十步 单击工具栏中的【椭圆形工具】按钮 ，拖曳鼠标绘制椭圆，按【B】键取消描边，效果如下图所示。

第十一步 按【Ctrl+C】组合键在相应的位置吸取颜色，效果如下图所示。

第十二步 选择绘制的标签，按【Command+G】组合键进行编组，效果如下图所示。

3. 绘制雪糕棒

第一步 单击工具栏中的【矩形工具】按钮 ，拖曳鼠标绘制矩形，按【B】键取消描边，效果如下图所示。

第二步 在检查器面板中的【圆角半径】文本框内输入"80/80/0/0"按【Enter】键确定，如下图所示。

第三步 单击工具栏中的【下移一层】按钮 ，效果如下图所示。

第四步 按【Ctrl+C】组合键在相应的位置吸取颜色，效果如下图所示。

第五步 按住【Alt】键的同时拖曳鼠标复制图形，在复制的图形上右击，在弹出的快捷菜单中选择【变换】【垂直翻转】选项，效果如下图所示。

第六步 将鼠标指针定位于底部节点，向上拖曳鼠标缩小图形，按【Ctrl+C】组合键在相应的位置吸取颜色，效果如下图所示。

第七步 按住【Alt】键的同时拖曳鼠标复制图形，如下图所示。

第八步 在检查器面板中，将【边框】设置为"黑色"、【位置】设置为"内侧边框"、

【厚度】设置为"16"，如下图所示。

第九步 单击工具栏中的【矩形工具】按钮▨，拖曳鼠标绘制矩形，按【B】键取消描边，效果如下图所示。

第十步 按【Ctrl+C】组合键在相应的位置吸取颜色，效果如下图所示。

4. 绘制高光

第一步 单击工具栏中的【钢笔工具】按钮✍绘制弧线，如下图所示。

第二步 在检查器面板中将填充色设置为"白

色"（RGB 颜色值均为 255），将【厚度】设置为"14"，如下图所示。

第三步 单击【边框】设置按钮 ⚙，将【末端样式】设置为"圆角端点"，将【连接样式】设置为"圆角端点"，如下图所示。

第四步 按【O】键，按住【Shift】的同时拖曳鼠标绘制圆形，按【B】键取消描边，效果如下图所示。

第五步 在检查器面板中将填充色设置为"白色"（RGB 颜色值均为 255），效果如下图所示。

14.4 通过常用工具快速修饰细节

本节主要讲解如何通过常用工具快速修饰细节，具体操作步骤如下。

1. 绘制部件

第一步 按【U】键，拖曳鼠标绘制圆角矩形，按【B】键取消描边，效果如下图所示。

第二步 在检查器面板中的【圆角半径】文本框内输入"7"，按【Enter】键确定，如下图所示。

第三步 按【Ctrl+C】组合键在相应的位置吸取颜色，效果如下图所示。

第四步　在工具栏中单击【旋转副本】按钮，弹出【旋转拷贝数量】对话框，在【旋转拷贝数量】文本框中输入"7"，单击【确定】按钮，如下图所示。

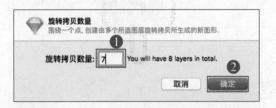

第五步　向上拖曳鼠标，调整旋转距离，效果如下图所示。

第六步　按【O】键，按住【Shift】的同时拖曳鼠标绘制圆形，按【B】键取消描边，效果如下图所示。

第七步　按【Ctrl+C】组合键在相应的位置吸取颜色，效果如下图所示。

第八步　按【O】键，按住【Shift】的同时拖曳鼠标绘制圆形，按【B】键取消描边，效果如下图所示。

第九步　选中两个圆形，单击检查器面板中的【水平居中】按钮和【垂直居中】按钮，如下图所示。

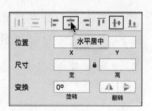

第十步　单击工具栏中的【减去顶层】按钮，效果如下图所示。

第十一步　按【O】键，按住【Shift】的同

时拖曳鼠标绘制圆形，按【B】键取消描边，
效果如下图所示。

第十二步　按【Ctrl+C】组合键在相应的位置吸取颜色，效果如下图所示。

第十三步　选中第十二步绘制的图形，按住【Alt】键并向右下角拖曳鼠标复制图形，然后拖曳复制图形的对角线扩大图形，效果如下图所示。

第十四步　按【Ctrl+C】组合键在相应的位置吸取颜色，效果如下图所示。

第十五步　按【U】键拖曳鼠标绘制圆角矩形，按【B】键取消描边，效果如下图所示。

第十六步　在检查器面板中的【圆角半径】文本框中输入"6"，按【Ctrl+C】组合键在相应的位置吸取颜色，效果如下图所示。

第十七步　按【Command+C】组合键复制第十六步绘制的图形，按【Command+V】组合键粘贴，按【Shift +Command+R】组合键将图形旋转90度，效果如下图所示。

第十八步　选中两个圆角矩形，单击工具栏中的【合并形状】按钮█，并将其移动至合适的位置，效果如下图所示。

第十九步　选中第十八步绘制的图形，按住【Alt】键向右拖曳鼠标复制 3 个图形，如下图所示。

第二十步　按【Command+K】组合键，弹出【图层缩放】对话框，在【缩放】文本框内输入"120%"，单击【确定】按钮，如下图所示。

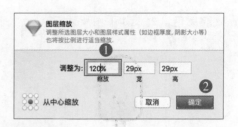

第二十一步　按【Ctrl+C】组合键在相应的位置吸取颜色，效果如下图所示。

第二十二步　分别选择另外两个复制的图形，重复第二十一步和第二十二步的操作，效果如下图所示。

第二十三步　选中椭圆和圆环图形，按住【Alt】键向右拖曳鼠标进行复制，效果如下图所示。

第二十四步　按【Ctrl+C】组合键在相应的

位置吸取颜色，效果如下图所示。

第二十五步　调整各个图形的位置，效果如下图所示。

2. 绘制断点底线

第一步　在工具栏中单击【钢笔工具】按钮，绘制线段，如下图所示。

第二步　在检查器面板中【边框】栏内将【颜色】设置为"黑色"（RGB 颜色值均为 0）、【厚度】设置为"16"，如下图所示。

第三步　单击【边框】设置按钮，将【末端样式】设置为"圆角端点"，将【连接样式】也设置为"圆角端点"，如下图所示。

第四步　单击工具栏中的【编辑工具】按钮，在需要剪掉的地方添加节点，效果如下图所示。

第五步　单击工具栏中的【剪刀工具】按钮，剪掉不需要的线段，效果如下图所示。

14.5 脸部细节描绘

本节主要介绍使用【椭圆形工具】【编辑工具】【剪刀工具】等绘制脸部的细节，具体操作步骤如下。

第一步　启动 Sketch 软件，选择【新建文档】选项，新建一个 Sketch 文件，如下图所示。

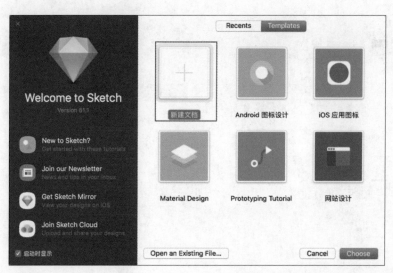

第二步 按【A】键，在检查器中选择合适的画板尺寸，如下图所示。

右击，在弹出的快捷菜单中选择【锁定图层】选项。

第三步 单击工具栏中的【创建网格】按钮 ，弹出【网格工具】对话框，在【行】【列】文本框中分别输入数字"1""2"，单击【创建网格】按钮，如下图所示。

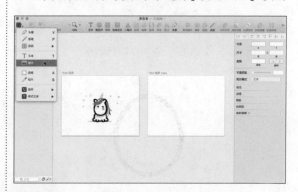

第五步 按【O】键，拖曳鼠标绘制椭圆，按【F】键取消填充色，如下图所示。

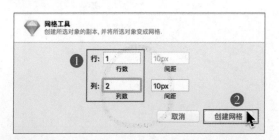

第四步 单击工作界面左上角的【插入】按钮 ，选择【图片】选项，插入"素材\ch14\MBE角色.sketch"文件，如下图所示。然后在文件上

第六步 在检查器面板中的【边框】栏中将【颜色】设置为"黑色"（RGB 颜色值均为 0）、【位置】设置为"中间边框"、【厚度】设置为"10"，如下左图所示。

第七步 单击【边框】设置按钮 ✿，将【末端样式】设置为"圆角端点"，将【连接样式】也设置为"圆角端点"，如下图所示。

第八步 单击工具栏中的【变换】按钮 ，向内拖曳顶部任意角点，如下图所示。

第九步 双击椭圆，在编辑状态下调整椭圆形状，效果如下图所示。

第十步 在图层面板中将图层命名为"脸"，如下图所示。

第十一步 按【O】键，拖曳鼠标绘制椭圆，按住【Alt】键的同时拖曳鼠标复制一个椭圆，按【F】键取消填充色，如下图所示。

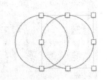

第十二步 选中两个椭圆，单击工具栏中的【区域相交】按钮 ，效果如下图所示。

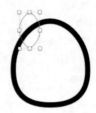

第十三步 按【Shift+Command+R】组合键，将图形旋转至合适的角度，效果如下图所示。

第十四步 单击工具栏中的【拼合】按钮 ，效果如下图所示。

第十五步 在检查器面板【边框】栏中,将【颜色】设置为"黑色"（RGB 颜色值均为 0）,将【位置】设置为"中间边框",将【厚度】设置为"10",如下图所示。

第十六步 双击图形进入编辑状态,选中左侧角点,在检查器面板中选择【直线模式】选项,在【圆角半径】文本框中输入"16",单击【完成编辑】按钮,如下图所示。

第十七步 执行【图层】→【路径】→【改变方向】命令,如下图所示。

第十八步 在检查器面板中单击【关闭路径】按钮,如下图所示。

第十九步 在图层面板中将图层命名为"耳朵",按住【Alt】键的同时向右拖曳鼠标复制图形,在复制的图形上右击,弹出快捷菜单,选择【变换】→【水平翻转】选项,如下图所示。

第二十步 选中两个"耳朵"图形,单击工具栏中的【合并形状】 按钮,效果如下图所示。

第二十一步 按住【Shift】键的同时选中"脸"和"耳朵"图形,在检查器面板中单击【水平居中】按钮,单击工具栏中的【合并形状】按钮,效果如下图所示。

第二十二步 单击工具栏中的【拼合】按钮,

双击图形进入编辑状态，添加需要剪掉的节点，效果如下图所示。

【第二十三步】 单击工具栏中的【剪刀工具】按钮 ✂，剪掉多余的部分，效果如下图所示。

【第二十四步】 在图层面板中，将图层命名为"脸部"，如下图所示。

14.6　绘制表情

本节主要介绍使用【椭圆形工具】【编辑工具】【剪刀工具】等绘制脸部表情，具体操作步骤如下。

【第一步】 选中"脸部"图形，按住【Alt】键拖曳鼠标进行复制，如下图所示。

【第二步】 在检查器面板中将填充色设置为"白色"（RGB 颜色值均为 255），如下图所示。

【第三步】 按住【O】键拖曳鼠标绘制圆形，按【B】键取消描边，如下图所示。

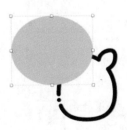

【第四步】 按【Ctrl+C】组合键，在相应的位置吸取颜色，如下图所示。

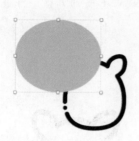

第五步 按住【Shift】键的同时选中"椭圆""脸部"图形,单击工具栏中的【蒙版】按钮⬜,如下图所示。

第六步 单击工具栏中的【下移一层】按钮⬇,效果如下图所示。

第七步 按住【O】键拖曳鼠标绘制圆形,按【B】键取消描边,效果如下图所示。

第八步 在检查器面板的【填充】栏中,将填充色设置为"黑色"(RGB 颜色值均为 0),如下图所示。

第九步 按住【Alt】键,向右拖曳鼠标进行复制,效果如下图所示。

第十步 按【O】键,按住【Shift】键的同时拖曳鼠标绘制椭圆,按【B】键取消描边,效果如下图所示。

第十一步 双击图形进入编辑状态，选中椭圆顶部节点并向上拖曳鼠标，在检查器面板中选择【直线模式】选项，单击【完成编辑】按钮，效果如下图所示。

第十二步 按【Ctrl+C】组合键，在相应的位置吸取颜色，如下图所示。

第十三步 按住【Alt】键，向右拖曳鼠标进行复制，按【Ctrl+C】组合键，在相应的位置吸取颜色，如下图所示。

第十四步 将复制的图形向右移动至合适位

置，按住【Shift】键的同时选中两个图形，单击工具栏中的【蒙版】按钮，效果如下图所示。

第十五步 按【O】键，拖曳鼠标绘制椭圆，按【B】键取消描边，效果如下图所示。

第十六步 在检查器面板【圆角半径】文本框内输入"4"，按【Ctrl+C】组合键，在相应的位置吸取颜色，如下图所示。

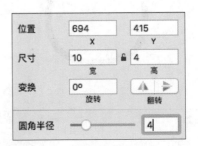

第十七步 按【Shift+Command+R】组合键旋转图形，并将图形移动至合适位置，效果

如下图所示。

第十八步 拖曳鼠标调整图形大小和角度，效果如下图所示。

第十九步 按住【O】键拖曳鼠标绘制圆形，按【B】键取消描边，如下图所示。

第二十步 按【Ctrl+C】组合键，在相应的位置吸取颜色，效果如下图所示。

第二十一步 按住【Alt】键，向右拖曳鼠标进行复制，如下图所示。

第二十二步 单击工具栏中的【下移一层】按钮，将椭圆放置在眼泪图层下面，效果如下图所示。

14.7　绘制身体

本节主要介绍使用【椭圆形工具】【编辑工具】【剪刀工具】等绘制身体，具体操作步骤如下。

第一步　按住【O】键拖曳鼠标绘制圆形，按【F】键取消填充，如下图所示。

第二步　在检查器面板中，将描边色设置为"黑色"（RGB 颜色值均为 0）、【厚度】设置为"10"，如下图所示。

第三步　在图层面板中将该图层置于底层，如下图所示。

第四步　按【R】键拖曳鼠标绘制矩形，并与圆形相交，按【F】键取消填充。单击工具栏中的【减去顶层】按钮，效果如下图所示。

第五步　在图层面板中将图层命名为"肚子"，如下图所示。

第六步　按【U】键绘制圆角矩形，按【F】键取消填充。在检查器面板中，将描边色设置为"黑色"（RGB 颜色值均为 0）、【厚度】设置为"10"，效果如下图所示。

第七步　在检查面板中的【圆角半径】文本框内输入"17"，如下图所示。

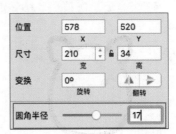

第八步　按住【Shift】键的同时选中【矩形】和【肚子】图层，单击检查器面板中的【垂直居中对齐】按钮，效果如下图所示。

第九步　单击工具栏中的【合并形状】按钮，效果如下图所示。

第十步　按【U】键绘制圆角矩形，在检查器面板中将填充色设置为"白色"（RGB 颜色值均为 255），将边框色设置为"黑色"（RGB 颜色值均为 0），如下图所示。

第十一步　将【圆角半径】设置为"30"，如下图所示。

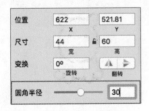

第十二步　双击图形进入编辑状态，然后添加点，效果如下图所示。

第十三步　单击工具栏中的【剪刀工具】按钮，将多余部分剪掉，效果如下图所示。

第十四步　在检查器面板中，单击【边框】设置按钮，将【末端样式】设置为"圆角端点"，将【连接样式】设置为"圆角端点"，如下图所示。

第十五步　按住【Alt】键，拖曳鼠标复制第十四步绘制的形状，在复制的图形上右击，弹出快捷菜单，选择【变换】→【水平翻转】选项，效果如下图所示。

第十六步　按住【Shift】键的同时选中两个图形，单击【水平居中对齐】按钮，再单击工具栏中的【分组】按钮，并将分组命名为"腿"，如下图所示。

第十七步 按住【Shift】键的同时选择"肚子"和"腿"图层，单击检查器中的【垂直居中对齐】按钮 ，效果如下图所示。

第十八步 按住【Alt】键，拖曳鼠标复制图形，按【O】键拖曳鼠标绘制图形，按【B】键取消描边，按【Ctrl+C】组合键在相应的位置吸取颜色，效果如下图所示。

第十九步 单击【垂直居中对齐】按钮 ，按住【Shift】键的同时选中两个图形，单击工具栏中的【蒙版】按钮 ，并将图形移动至合适位置，如下图所示。

第二十步 单击工具栏中的【旋转】按钮 ，将图像旋转 180 度，单击【缩放】按钮 ，弹出【图层缩放】对话框，在【缩放】文本框中输入"110%"，单击【确定】按钮，如下图所示。

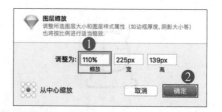

第二十一步 在图层面板中将图层命名为"阴影"，并移动至【身体】图层下方，如下图所示。

第二十二步 选择工具栏中的【插入】→【星形】选项，按住【Shift】键的同时拖曳鼠标绘制图形，按【Ctrl+C】组合键在相应的位置吸取颜色，效果如下图所示。

第二十三步 在检查器面板中将【圆角半径】设置为"46"，将边框颜色设置为"黄色"（R: 253;G:218;B:2）、【厚度】设置为"8"，如下图所示。

第二十四步　在检查器面板中，单击【边框】设置按钮 ⚙，将【末端样式】设置为"圆角端点"，将【连接样式】设置为"圆角端点"，如下图所示。

第二十五步　在图层面板中将图层移动至"身体"图层下方，并按【Shift+Command+R】组合键将图形旋转合适角度，效果如下图所示。

第二十六步　按住【Alt】键的同时拖曳鼠标复制图形，单击工具栏中的【缩放】按钮，弹出【图层缩放】对话框，在【缩放】文本框中输入"70%"，单击【确定】按钮，效果如下图所示。

14.8　绘制头发

本节主要介绍使用【椭圆形工具】、【编辑工具】、【剪刀工具】等绘制头发，具体操作步骤如下。

第一步　按【O】键拖曳鼠标绘制椭圆，按【B】键取消描边，按【Ctrl+C】组合键在相应的位置吸取颜色，效果如下图所示。

第三步　按【V】键绘制线段，按【F】取消填充，在检查器面板中将描边颜色设置为"白色"（RGB颜色值均为 255）、【厚度】设置为"10"，如下图所示。

第二步　双击图形进入编辑状态，在检查器面板中选择【不对称模式】选项调整图形弧度，效果如下图所示。

第四步　在检查器面板中，单击【边框】设置按钮✿，将【末端样式】设置为"圆角端点"，将【连接样式】设置为"圆角端点"，如下图所示。

第五步　双击图形进入编辑状态，然后添加点，单击【剪刀工具】按钮✂，将多余部分剪掉，效果如下图所示。

第六步　按住【Shift】键的同时选中两个图形，单击工具栏中的【分组】按钮，按【Shift+Command+R】组合键将图形旋转合适角度，效果如下图所示。

第七步　按【V】键绘制一个三角形，在检查器面板中将填充颜色设置为"黄色"（R：254；G：219；B：2）、边框颜色设置为"黄色"（R：254；G：219；B：2）、【厚度】设置为"8"，如下图所示。

第八步　单击【边框】设置按钮✿，将【末端样式】设置为"圆角端点"，将【连接样式】设置为"圆角端点"，如下图所示。

第九步　双击图形进入编辑状态，在检查器面板中选择【对称模式】选项，单击【完成编辑】按钮，如下图所示。

第十步　按【R】键，拖曳鼠标绘制矩形，按【B】键取消描边，并将图形旋转至合适的角度，效果如下图所示。

第十一步　按【Ctrl+C】组合键在相应的位置吸取颜色，按【Alt】键拖曳鼠标复制图形，效果如下图所示。

第十二步　按住【Shift】键的同时选中第十一步绘制的 3 个图形，单击【蒙版】按钮，将图形移动至合适位置，效果如下图所示。

第十三步　在图形上右击，弹出快捷菜单，选择【下移一层】选项，效果如下图所示。

第十四步　按【O】键，拖曳鼠标绘制椭圆，按【B】键取消描边，按【Ctrl+C】组合键在相应的位置吸取颜色，效果如下图所示。

第十五步　双击图形进入编辑状态，选中左侧节点，按【Delete】键删除，如下图所示。

第十六步　选中底部节点，向下移动至合适位置，在右侧添加节点，并调整弧度，如下图所示。

第十七步　按【V】键绘制一个三角形，按【B】键取消描边，按【F】键添加填充色，按【Ctrl+C】组合键在相应的位置吸取颜色，如下图所示。

第十八步　选择【脸部拷贝】图层，按住【Alt】键拖曳鼠标复制图层，按【B】键取消描边，按【Ctrl+C】组合键在相应的位置吸取颜色，如下图所示。

第十九步　选中这 3 个图形，单击工具栏中的【蒙版】按钮，并移动至合适位置。在图层面板中将图层命名为"红色"，并移动至"脸部拷贝"图层下方，如下图所示。

第二十步　按【V】键绘制一个三角形，双击图形进入编辑状态，添加节点并调整弧度，如下图所示。

第二十一步　按【B】键取消描边，按【F】键添加填充色，按【Ctrl+C】组合键在相应的位置吸取颜色，如下图所示。

第二十二步　按住【Alt】键，拖曳鼠标复制图形，按【Ctrl+C】组合键在相应的位置吸取颜色并旋转至合适角度，如下图所示。

第二十三步　单击【蒙版】按钮，将图形移动至合适位置。在图层面板中将图层命名为"黄色"，并移动至【红色】图层下面，如下图所示。

第二十四步　重复第二十一至第二十三步，分别将图层命名为"蓝色""紫色"，将图层移动至【黄色】图层下面依次排列，效果如下图所示。

第 15 章
网易云音乐项目实战

本章以网易云音乐的截图界面为例，介绍 iOS 系统中 App 界面的设计部分，如界面设计规范与颜色标注、标签栏、界面设计相关参数、常用功能入口、网易云音乐 LOGO 绘制、icon 快速制作等。

15.1 App 界面的设计规范与颜色标注

本节以网易云音乐的 App 截图为例，介绍 iOS 系统中 App 界面的设计规范与颜色标注。看到素材界面时，不要急着去模仿，因为这样很容易犯一些直接性的错误。在把控一些细节时，首先要掌握一些专用的术语，其次要掌握每一部分对应的尺寸、高度及字体的设置。

如下图所示，App 的组成部分包括状态栏、导航栏、顶部标题栏、内容、底部标签栏等。

本节主要讲解设计状态栏和导航栏时的参数和要求。

1. 状态栏

尺寸是 750×40 像素，相对比较简单，在 Sketch 中有相应的模板，如下图所示。

2. 导航栏

导航栏的设计比状态栏相对复杂一点，整体的尺寸是 750×88 像素，左右边距是 20 像素，中间搜索框的尺寸是 60 像素，搜索框中文字的字号是 36 点，左右两侧的图标尺寸是 44×44 像素，如下图所示。

上图的颜色为什么用 HSB 的方式表示，而不用 RGB 的方式来表示呢？因为 RGB 的方式没有共性，稍微移动一下光圈，3 个值就都变了。而 HSB 的方式是不一样的，它有一个主色调。

在 Photoshop 中打开"素材/ch15/IMG_1623.PNG"文件，吸取文字的颜色。打开【拾色器（前景色）】对话框，当颜色为黑白灰且光圈定位在左边的边栏时，不管"H"值怎么改变（不管怎样拉动右侧的颜色条），都不会改变其颜色，所以当颜色为黑白灰时，

"H"值是无效的，如下图所示。如果恰巧是黑白灰的颜色，那么只用一组数值表示即可。

3. 顶部标签栏

顶部标签栏的整个尺寸是 750×88 像素，左右两端所留的空白边距是 20 像素，"个性推荐"下方的线段高度是 6 像素，默认的字号是 28 点、字体颜色是 B20，触发时选中的字号是 28 点、字体颜色是 H0 S80 B80，详细的结构如下图所示。

4. 底部标签栏

底部标签栏的整个尺寸是 750×98 像素，默认的字号是 22 点、字体颜色是 B65，触发时选中的字号是 22 点、字体颜色是 B100，图标的尺寸是 50×50 像素，详细的结构如下图所示。

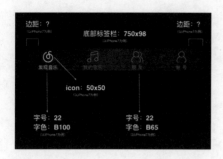

由上图可以看出，结构图中的边距并没有具体的数值，因为一般情况下底部的图标按钮不是固定的，通常有 3~5 个。因此图标按钮的个数不同，所留的边距也不尽相同。当图标为 4 个时，两边的边距为 55 像素，具体的算法在 15.3 节介绍。

下面还有一个设计的细节问题——缝隙，这里以网易云音乐的后台界面为例进行介绍。如下图所示，不同的层次和功能会用缝隙隔开，缝隙的宽度是 30 像素。

 提示

在实际的制作过程中参数均要减半，这是物理分辨率和逻辑分辨率的问题。因为在制作时是单倍率显示，既要针对 iPhone 7，又要针对 iPhone 7 Plus。可以打开 Sketch 软件中的 "iPhone 6/6s/7" 模板查看参数。

15.2　页面的制作过程

前面介绍了 App 的组成部分和制作细节问题，本节开始讲解 App 页面的制作过程，具体操作步骤如下。

第一步　打开 Sketch 软件新建一个文档，按【A】键创建一个画板，选择 "iPhone6/6s/7" 模板两次，将 "素材 /ch15/IMG_1623.PNG" 文件拖曳至模板中，如下图所示。

第二步　因为素材图片是 2 倍显示，所以在模板中无法完全显示。按【Command+K】组合键打开【图层缩放】对话框，调整缩放为"50%"并单击【OK】按钮，移至合适位置即可，如下图所示。

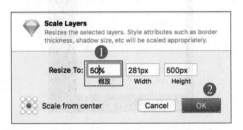

第三步　在图片上右击，在弹出的快捷菜单中选择【锁定图层】选项，如下图所示。

第四步　按【R】键绘制一个尺寸为"375×20"的矩形，并移至合适位置，按【B】键取消描边色，再按【Ctrl+C】组合键，利用吸管工具吸取填充色，如下图所示。

第五步　选择【文件】→【从模板新建】选项，在弹出的对话框中选择"iOS UI design"模板，单击【Choose】按钮，如下图所示。

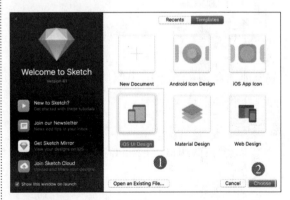

第六步　按【Command】的同时滚动滚轮，向后滑动放大模板，选择【Status Bars（Black）】栏中的第一个样式，如下图所示。

第七步 按【Command+C】组合键复制样式，返回新建的文档中，按【Command+V】组合键粘贴移至合适位置，如下图所示。

第八步 按【Alt】键复制第四步中的矩形，将矩形尺寸高度更改为"44像素"，并移至合适位置，如下图所示。

第九步 选择【圆角矩形工具】■绘制一个尺寸为"260×30"、【圆角半径】为"15像素"的形状，按【B】键取消描边色，再按【Ctrl+C】组合键，利用吸管工具吸取填充色，选中两个形状，单击【水平居中】按钮，如下图所示。

第十步 按【R】键绘制一个尺寸为"20×20"的形状，并移至合适位置，参照素材图标按【O】键绘制一个尺寸为"18×18"的形状，按【F】

键取消填充色，将描边色设置为"白色"、【厚度】为"1 像素"，选择【剪刀工具】✂️，剪掉圆的上半部分，如下图所示。

第十一步 选择【圆角矩形工具】▣绘制一个尺寸为"11×17"、【圆角半径】为"20 像素"的形状，按【F】键取消填充色，将描边色设置为"白色"、【位置】设置为"中间边框"，【厚度】设置为"1 像素"，单击边框右侧的【设置】按钮，将【末端样式】设置为"圆角端点"，如下图所示。

第十二步 选中两个形状，单击【水平居中对齐】按钮 ⇕，使用【剪刀工具】✂️选中需要剪去的部分即可，如下图所示。

第十三步 选择【矩形工具】▣绘制一个尺寸为"1×3"的形状，去掉描边色，将填充设置为"白色"，重复操作，再绘制一个尺寸为"9×1"的形状，选中形状，单击【居中对齐】按钮 ⇕，如下图所示。

💡 **提示**

如果形状无法对齐，则选择【Sketch 4】→【偏好设置】选项，在弹出的【偏好设置】对话框中，取消选中【全像素对齐】复选框即可。

15.3 导航栏与状态栏的制作

下面完成剩余图标按钮和导航栏部分的制作，具体操作步骤如下。

第一步 选择【圆角矩形工具】绘制一个尺寸为"4×3"的形状，将【圆角半径】设置为"3 像素"，去掉描边色，填充为"白色"，双击形状，选中右上角的端点，将它的【圆角半径】值更改为"0 像素"，效果如下左图所示。

第二步 选择【矩形工具】█绘制一个尺寸为 "1×8" 的形状，并移至合适位置，如下图所示。

第三步 选择【钢笔工具】✐绘制一个大致的形状，按【B】键取消描边色，将填充色设置为 "白色"，再配合锚点慢慢调整，并移至合适的位置，如下图所示。

第四步 选中所有的形状进行组合，将其变成一个整体并移至合适的位置，同时选中合并好的形状、灰色底纹形状及红色底纹形状，单击【水平居中对齐】按钮╪，效果如下图所示。

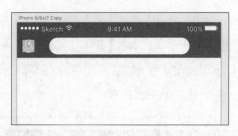

第五步 按【Alt】键复制一个尺寸为 "22×22" 的形状，并移至右边，留10像素的边距，如下图所示。

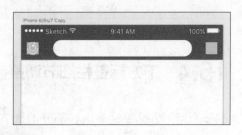

第六步 按【R】键绘制尺寸为 "1.5×11" 的形状，按住【Alt】键并拖曳鼠标复制一个图形，然后再按两次【Ctrl+D】组合键复制两个图形并调整高度，效果如下图所示。

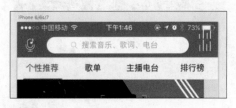

第七步 选中所有形状，单击【垂直居中对齐】按钮╫调整间距，再单击【合并】按钮，并将其拖曳至合适位置，删除底部的两个矩形，效果如下图所示。

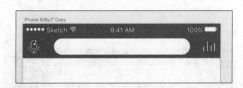

第八步 按【O】键绘制一个尺寸为 "10×10" 的形状，取消填充色，按【Ctrl+C】组合键吸

取描边颜色，选择【钢笔工具】✍绘制一条斜直线，选中两个形状，单击【轮廓】按钮▣，再单击【图层成组】按钮 🔲，然后将图形移至合适位置，效果如下图所示。

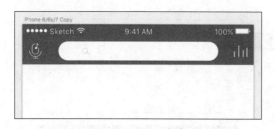

第九步　按【T】键输入"搜索音乐、歌词、电台"，设置字号为"14"，按【Ctrl+C】组合键吸取填充颜色，选中文本框和第八步绘制的形状，单击【居中对齐】按钮 ≑，再单击【图层成组】按钮 🔲，效果如下图所示。

15.4　下方标签栏细节调整

本节介绍下方标签栏和内容部分的细节调整，具体操作步骤如下。

第一步　选择【矩形工具】▨绘制一个尺寸为"375×44"的形状，去掉描边色，按【Ctrl+C】组合键吸取填充颜色，如下图所示。

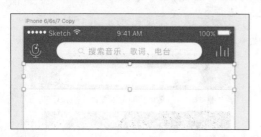

第二步　按【T】键输入"个性推荐"，按【Ctrl+C】组合键吸取填充颜色，选中第一步绘制的形状按【Alt】键复制一个，将复制图形的长设置为"/4"，任意填充一个颜色，如下图所示。

第三步　将第二步绘制的形状移至合适位置，

然后选中形状和文本框，单击【居中对齐】按钮 ≑，选中图形，按住【Alt】键并拖曳鼠标进行复制，然后按【Ctrl+D】组合键再次复制，如下图所示。

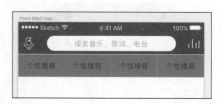

第四步　输入相应的文字，单击【居中对齐】按钮 ≑，选中后面的 3 个文本框，按【Ctrl+C】组合键吸取相应的填充颜色，删除辅助框，如下图所示。

第五步　选择【矩形工具】▨绘制一个尺寸为"74×3"的形状，去掉描边色，按【Ctrl+C】

组合键吸取相应的填充颜色,选中形状和底框,
单击【底部对齐】按钮▥,效果如下图所示。

15.5 顶部标签栏的设计

本节介绍轮播的、比较焦点的顶部标签栏的设计,具体操作步骤如下。

第一步 选择【矩形工具】▦ 绘制一个形状,
取消描边色,并移至合适位置,如下图所示。

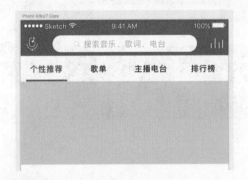

第四步 按【O】键绘制一个尺寸为"6×6"的
形状,取消描边色,按【Ctrl+C】组合键吸取相
应的填充色,选中图形,按住【Alt】键并拖曳
鼠标复制,然后按【Ctrl+D】组合键再次复制,
选中所有形状,按【Command+G】组合键进行编
组,并移至合适的位置,如下图所示。

第二步 选中形状,打开【填充】选项卡,
单击◉按钮,如下图所示。

第三步 在弹出的面板中单击【选择图像】
按钮,选择要插入的图片,单击【打开】按钮,
如下图所示。

第五步 选中所有形状，单击【居中对齐】按钮，选择【圆角矩形工具】绘制一个尺寸为"73×21"的形状，将【圆角半径】设置为"37像素"，去掉描边色，按【Ctrl+C】组合键吸取填充色并移至合适位置，效果如下图所示。

第六步 选中一个文本框，按住【Alt】键进行复制，移动图层将文字显示出来并更改为"商城"，如下图所示。

第七步 将字体颜色更改为"白色"、【字号】更改为"12"，选中"商城"文本框和底纹框，单击【居中对齐】按钮，如下图所示。

15.6 制作"私人FM""每日歌曲推荐""云音乐热歌榜"等部分

本节制作素材图片中的"私人FM""每日歌曲推荐""云音乐热歌榜""常用功能入口"部分，相当于简单的导航分类栏，具体操作步骤如下。

第一步 选择【矩形工具】绘制一个形状，取消描边色，并移至合适位置，如下图所示。

第二步 按【O】键绘制一个尺寸为"55×55"的形状，取消填充色，按【Ctrl+C】组合键吸取描边颜色，效果如下图所示。

第三步 选择【圆角矩形工具】绘制一个尺寸为"26×21"、【圆角半径】为"2像素"的形状，按【F】键取消填充色，再按【Ctrl+C】组合键，利用吸管工具吸取描边色，效果如

下图所示。

第四步　选择【钢笔工具】 ，在外框上绘制一条斜线，按【Esc】键退出，按【Ctrl+C】组合键吸取描边颜色，将描边的【末端样式】设置为"圆角端点"，如下图所示。

第五步　选择【多变形状工具】 绘制一个三角形，将三角形旋转 180 度，按【Ctrl+C】组合键吸取描边色，在三角形上双击，选中上面线的中点向上拖曳，再选中交点慢慢做调整，选择【不连续模式】选项，如下图所示。

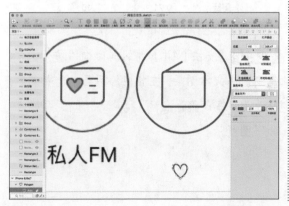

> 💡 **提示**
>
> 　按【Command+K】组合键打开【图层缩放】对话框，可以对形状进行缩放。

第六步　按住【Alt】键复制形状，按【Ctrl+C】组合键吸取填充颜色并移至合适位置，如下图所示。

第七步　选择【矩形工具】 绘制一个高度为"1 像素"的形状，取消描边色，按【Ctrl+C】组合键吸取填充色，按住【Alt】键复制两个形状，调整长度后移至合适位置，然后选中这 3 个形状，单击【水平居中对齐】按钮 ，效果如下图所示。

第八步　选中所有形状，单击【轮廓】按钮 ，先将其形状轮廓化，再按【Command+G】组合键进行编组，如下图所示。

第九步 选中大圆和编组后的形状，单击【水平居中】按钮 ⊹ 和【垂直居中】按钮 ⊹，并移至合适位置，效果如下图所示。

第十步 选中第一步的形状，按住【Alt】键复制一个，将复制图形的长设置为 "/3"，任意填充一个颜色，如下图所示。

第十一步 选中第九步和第十步绘制的形状，单击【垂直居中对齐】按钮 ⊬，按住【Alt】键复制两个并移至合适位置，删除底纹形状框，将第一步绘制的形状框高度更改为 "1 像素"，效果如下图所示。

接下来介绍如何制作常用功能入口，具体操作步骤如下。

第一步 单击【文本】按钮，绘制文本框，输入文字 "私人 FM"，选中文字，在检查器面板中将【字体】设置为 "PingFang SC"、【字样式】设置为 "Semibold"、【字号】设置为 "12"、【颜色】设置为 "深灰色"（RGB 颜色值均为 50），如下图所示。

第二步 按住【Alt】键的同时向右拖曳鼠标复制两个文本图层，在相应的图层中选中文字，修改为 "每日歌曲推荐" 和 "云音乐热搜榜"，如下图所示。

第三步　按【U】键拖曳鼠标绘制矩形，按【F】键取消填充色，在检查面板的【宽】和【高】文本框内分别输入"26"和"25"，在【圆角半径】文本框中输入"4"，按【C】键在相应位置吸取颜色，如下图所示。

每日歌曲推荐

第四步　按【V】键在圆角矩形中绘制直线，按【C】键在相应位置吸取颜色，如下图所示。

每日歌曲推荐

第五步　选择【圆角矩形工具】，按住【Alt】键拖曳鼠标复制图形，然后双击复制的图形进入编辑状态，在【圆角半径】文本框内输入"4/4/0/0"，选择底部节点，并向上移动至合适位置，如下图所示。

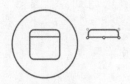

每日歌曲推荐

第六步　按【F】键添加填充色，按【C】键在相应位置吸取颜色，按【B】键取消描边色，并移动至合适位置，如下图所示。

每日歌曲推荐

第七步　在图形上右击，弹出快捷菜单，选择【下移一层】选项，如下图所示。

第八步　双击圆角矩形进入编辑状态，添加节点，选择【剪刀工具】将多余部分剪掉，如下图所示。

每日歌曲推荐

第九步　按【V】键在圆角矩形中绘制直线，按【C】键在相应位置吸取颜色，按住【Alt】键的同时向右拖曳鼠标复制图形，并移动至合适位置，如下图所示。

每日歌曲推荐

第十步　单击【文本】按钮，输入数字"11"，选中数字，按【C】键在相应位置吸取颜色，在检查器面板中将【字体】设置为"PingFang SC"、【字样式】设置为"Regular"、【字号】设置为"12"、【颜色】设置为"深灰色"（RGB 颜色值均为 50），如下图所示。

第十一步　选择绘制的图形并右击，在弹出的快捷菜单中选择【所选图层成组】选项，如下图所示。

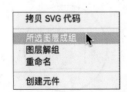

第十二步　按【R】键拖曳鼠标绘制矩形，按【F】键取消填充色，按【C】键在相应位置吸取颜色，如下图所示。

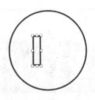

云音乐热搜榜

第十三步　在【圆角半径】文本框内输入"4/4/0/0"，按住【Alt】键的同时拖曳鼠标复制两个图形，如下图所示。

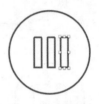

云音乐热搜榜

第十四步　选中两个复制的图形，在检查器面板中的【高度】文本框内分别输入"26"和"16"，效果如下图所示。

云音乐热搜榜

第十五步　单击工具栏中的【矢量】按钮，按住【Shift】键绘制直线，按【C】键在相应位置吸取颜色，效果如下图所示。

云音乐热搜榜

第十六步　按【V】键绘制矩形，按【B】键取消描边色，按【C】键在相应位置吸取颜色并移动至合适位置，如下图所示。

云音乐热搜榜

第十七步　在矩形上右击，弹出快捷菜单，选择【下移一层】选项，效果如下图所示。

云音乐热搜榜

第十八步　重复第十六步和第十七步的操作，

效果如下图所示。

云音乐热搜榜

第十九步　按住【Shift】键的同时选中图形并右击，在弹出的快捷菜单中选择【所选图层成组】选项，如下图所示。

第二十步　按住【Shift】键的同时选中椭圆图形，单击【水平居中对齐】按钮和【垂直居中对齐】按钮，按【Command+G】组合键将所选图层成组，效果如下图所示。

云音乐热搜榜

15.7　设置封面图片

本节介绍如何设置封面图片，具体操作步骤如下。

第一步　按【R】键拖曳鼠标绘制矩形，在检查器面板的【宽】和【高】文本框中分别输入"375"和"50"，按【B】键取消描边色，将【填充】设置为"白色"（RGB 颜色值均为 255），如下图所示。

第二步　单击【文本】按钮，输入文字"推荐歌单"，选中文字，将【字体】设置为"PingFang SC"、【字样式】设置为"Semibold"、【字号】设置为"18"，按【C】键在相应位置吸取颜色，如下图所示。

第三步　按住【Shift】键选择矩形和文字，单击【垂直居中对齐】按钮，效果如下图所示。

第四步　按【R】键拖曳鼠标绘制矩形，在检查器面板的【宽】和【高】文本框内分别输入"18"和"3"，按【B】键取消描边色，效果如下图所示。

第五步　按【C】键在相应位置吸取颜色，并移动至合适位置，如下图所示。

第六步　选择【三角形工具】，拖曳鼠标绘制图形，按【F】键取消填充色，效果如下图所示。

第七步　单击【边框】设置按钮，将【末端样式】设置为"圆角端点"，将【连接样式】设置为"圆角端点"，如下图所示，然后在【厚度】文本框中输入"1.5"。

第八步　单击【旋转】按钮，将图形旋转 90 度，选择【剪刀工具】，剪掉多余的线段，如下图所示。

第九步　分别调整文字和箭头位置，如下图所示。

第十步　按【R】键拖曳鼠标绘制矩形，在检查器面板的【宽】和【高】文本框内分别"123"和"123"，按【B】键取消描边色，按住【Alt】键拖曳鼠标复制两个矩形，如下图所示。

第十一步　单击检查器面板中的【填充】按钮，在弹出的对话框中单击【Pattern Fill】按钮，如下图所示，然后单击【选择图像】按钮，选择"素材 \ch15\270378.jbg"文件。

第十二步　填充效果如下图所示。

15.8　Craft 该用就用

第十三步　分别选择另外两个矩形，重复第十一步的操作，分别选择"408627.jbg""124088.jbg"图片文件，如下图所示。

前面已经介绍了 Craft 插件的使用方法，本节介绍该插件在实际项目中的应用。

第一步　单击 Craft 插件，弹出插件列表，选择【Names】→【Both】选项，如下图所示。

第二步　创建文本框，输入文字"纯音乐"，

选中文字，将【字体】设置为"PingFang SC"、【字样式】设置为"Semibold"、【字号】设置为"14"，按【C】键在相应位置吸取颜色，如下图所示。

第三步　按【Alt】键复制文字，分别将复制的文字修改为"电音""民谣"，然后按住【Shift】键选择文字图层，单击【垂直居中】按钮，如下图所示。

第四步　按【O】键拖曳鼠标绘制椭圆，按【F】键取消填充，将边框颜色设置为"白色"（RGB颜色值均为 255），选择【剪刀工具】将多余的线段剪掉，如下图所示。

第五步　按【U】键拖曳鼠标绘制圆角矩形，按【B】键取消描边色，将填充颜色设置为"白色"（RGB颜色值均为 255）并移动至合适位置，如下图所示。

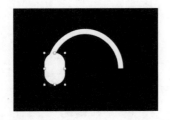

第六步　按住【Alt】键拖曳鼠标复制圆角矩形，并移动至合适位置，按住【Shift】键选

中这 3 个图形，按【Command+G】组合键将所选图形成组，如下图所示。

第七步　单击【文本】按钮，输入"122 万"，将【字体】设置为"PingFang SC"、【字样式】设置为"Regular"、【字号】设置为"14"、【颜色】设置为"白色"（RGB 颜色值均为 255），如下图所示。

第八步　按住【Shift】键选中耳机和文字，按【Command+G】组合键将所选图形成组，按住【Alt】键拖曳鼠标复制两个图层，如下图所示。

第九步　将复制图层中的数字修改为任意数值，如下图所示。

第十步　拖曳鼠标创建选区，选中图层，如下图所示。

第十一步　按住【Alt】键的同时向下拖曳鼠标复制选中的图层，如下图所示。

第十二步　选择复制的矩形，单击检查器面板中的【填充】按钮，在弹出的对话框中单击【Pattern Fill】按钮，选择【选择图像】选项，分别选择"素材\ch15"文件夹中的图片，效果如下图所示。

第十三步　将复制图层中的数字修改为任意值，效果如下图所示。

15.9　网易云音乐 LOGO 绘制

本节介绍如何制作网易云音乐 LOGO，具体操作步骤如下。

第一步　按【O】键拖曳鼠标绘制椭圆，按【F】键取消填充色，在检查器面板中将描边颜色设置为"白色"（RGB 颜色值均为 151），【厚度】设置为"1.5"，效果如下左图所示。

第二步 双击图形进入编辑状态，添加节点，选择【剪刀工具】✂剪掉多余部分，如下图所示。

第三步 单击【边框】设置按钮⚙，将【末端样式】设置为"圆角端点"，【连接样式】设置为"圆角端点"，如下图所示。

第四步 按住【Alt】键拖曳鼠标复制图形，按【Shift+Command+R】组合键将复制图形旋转至合适角度，如下图所示。

第五步 单击【缩放】按钮🔍，弹出【图层缩放】对话框，在【缩放】文本框中输入"70%"，单击【确定】按钮，如下图所示。

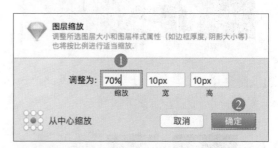

第六步 在【厚度】文本框中输入"1.5"，并将图形移动至合适位置，双击图形进入编辑状态，添加节点，选择【剪刀工具】✂剪掉多余部分，效果如下图所示。

第七步 双击图形进入编辑状态，添加节点，绘制线段并调节线段弧度，如下图所示。

第八步　单击【文本】按钮 T，输入文字"发现音乐"，将【字体】设置为"PingFang SC"、【字样式】设置为"Regular"、【字号】设置为"10"、【颜色】设置为"灰色"（RGB 颜色值均为 151），如下图所示。

第九步　按住【Shift】键的同时选择网易云音乐标志和文字，单击【水平居中】按钮，按【Command+G】组合键将所选图形成组，如下图所示。

第十步　按【R】键拖曳鼠标绘制矩形，按【B】键取消描边色，在检查器面板的【宽】和【高】文本框中分别输入"375""49"，如下图所示。

第十一步　单击【填充】按钮，选择【径向渐变】选项，如下图所示。

第十二步　拖曳鼠标调整渐变范围，如下图所示。

第十三步　选择中心点，单击【拾色器】按钮，在相应位置吸取颜色，如下图所示。

第十四步　选择左侧端点，单击【拾色器】按钮在相应位置吸取颜色，如下图所示。

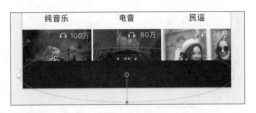

第十五步 将网易云音乐标志移动至合适位置，效果如下图所示。

15.10 快速制作 icon

icon 是一种经常使用的图标格式，常用于系统图标、软件图标等，图标扩展名是 *.icon、*.ico。下面介绍 icon 的制作方法。

第一步 按【O】键拖曳鼠标绘制椭圆，按【F】键取消填充色，如下图所示。

第二步 按【V】键的同时按住【Shift】键绘制图形，如下图所示。

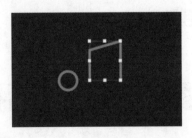

第四步 按【V】键绘制斜线，如下图所示。

第三步 双击图层进入编辑状态，按住【Shift】键的同时选择顶部的左右两个节点，在检查器面板的【圆角半径】文本框内分别输入"2"，单击【完成编辑】按钮，如下图所示。

第五步 将椭圆移动至合适位置，按住【Alt】键拖曳鼠标复制图形，并将其移动至合适位置，如下图所示。

第六步 拖曳鼠标创建选区，按【Command+G】组合键将所选图形成组，如下图所示。

第七步 单击【文本】按钮**T**，输入文字"我的音乐"，将【字体】设置为"PingFang SC"、【字样式】设置为"Regular"、【字号】设置为"10"、【颜色】设置为"灰色"（RGB 颜色值均为 151），如下图所示。

第八步 按住【Shift】键的同时选择网易云音乐的标志和文字，单击【水平居中】按钮，按【Command+G】组合键将所选图形成组，如下图所示。

第九步 将"我的音乐"标志移动至相应位置，如下图所示。

第十步 按【O】键的同时按【Shift】键拖曳鼠标绘制椭圆，按【F】键取消填充色，如下图所示。

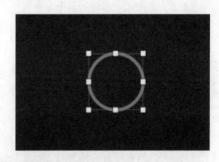

第十一步 按【O】键的同时按【Shift】键拖曳鼠标绘制椭圆，按【F】键取消填充色，如下图所示。

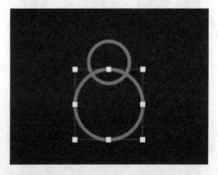

第十二步 双击图形进入编辑状态，添加节点，选择【剪刀工具】剪掉多余线段，如下图所示。

第十三步 单击【边框】设置按钮 ✿，将【末端样式】设置为"圆角端点"，【连接样式】设置为"圆角端点"，如下图所示。

第十四步 双击图形进入编辑状态，分别将左右的节点向内移动，并调整两侧弧度，如下图所示。

第十五步 按住【Shift】键的同时选中两个图形，按【Command+G】组合键将所选图形成组，如下图所示。

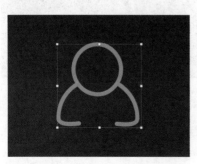

第十六步 单击【文本】按钮，输入文字"账号"，将【字体】设置为"PingFang SC"、【字样式】设置为"Regular"、【字号】设置为"10"、【颜色】设置为"灰色"（RGB 颜色值均为 151），如下图所示。

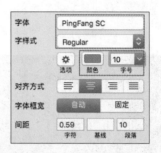

第十七步 按住【Shift】键的同时选中图形和文字，单击【水平居中】按钮 🔹，按【Command+G】组合键将所选图形成组，如下图所示。

第十八步 将"账号"标志移动至合适位置，如下图所示。

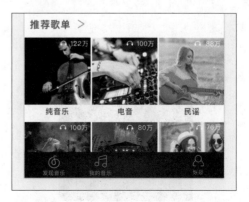

第十九步　选中"账号"图层，按住【Alt】键拖曳鼠标进行复制，如下图所示。

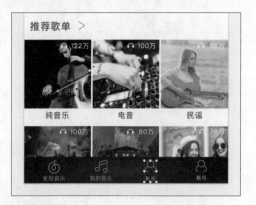

第二十步　双击图形进入编辑状态，选择图形部分，按住【Alt】键拖曳鼠标进行复制，如下图所示。

第二十一步　在编辑状态下选择【剪刀工具】✂，剪掉多余线段，并移动至合适位置，如下图所示。

第二十二步　双击文字部分进入编辑状态，将其修改为"朋友"，如下图所示。

第二十三步　按住【Shift】键的同时选择图形和文字，单击【水平居中】按钮，按【Command+G】组合键将所选图形成组，如下图所示。

第二十四步　调整各图标之间的位置，完成图标的制作，最终效果如下图所示。

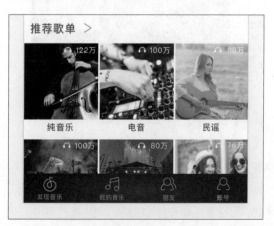

15.11　复用样式

对于常用的样式，可以将其创建为元件形式，便于在其他位置使用，复用样式的具体操作步骤如下。

第一步　单击工具栏中的【显示】按钮，选择【显示标尺】选项，使用参考线调整各图标位置，如下图所示。

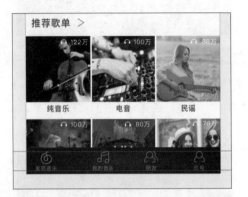

第二步　按住【Shift】键的同时选中底部标题栏图形，单击【创建元件】按钮，效果如下图所示。

第三步　弹出【创建新元件】对话框，在文本框中输入"nav_bottom"，单击【确定】按钮，如下图所示。

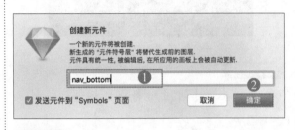

第四步　创建的元件在右侧图层面板中显示，如下图所示。

15.12　资源导出

一个案例做好后，哪些部分是需要导出的呢？案例中的图片是临时占位的，如下左图所示，只需把框架做好即可，所以不需要导出，需要导出的是固定的图标。本案例中图标的尺寸都是整数，没有半像素的问题，可以直接导出。如果尺寸不太规范，存在小数点的问题，就需要进行切片导出，下面分别介绍这两种方法。

1. 直接导出

第一步　选择"私人FM"组，将组命名为"ICON/FM"，"ICON"代表的是文件夹名，如下图所示。

第二步　使用相同的方法将"每日歌曲推荐"和"云音乐热搜榜"分别命名为"ICON/DAY"和"ICON/HOT"，如下图所示。

第三步　选择"ICON/FM"组，单击检查器面板底部的【导出】按钮，设置两个导出尺寸，

如下图所示。

第四步　使用同样的方法，为"ICON/DAY"和"ICON/HOT"组设置两个导出尺寸，设置完成后可以看到，页面列表中设置过导出的组前面会有一个　按钮，如下图所示。

第五步　选择这 3 个组，单击检查器面板最下方的【导出 Layers】按钮，然后选择导出的位置，这里选择桌面，导出后即可在桌面上看到"ICON"文件夹，将其打开即可看到图标，每个图标分别有两个倍率，如下图所示。

2. 印片导出

如果绘制的图形有小数点，就需要用到

切片。例如，创建一个 25.3×25.3 像素的圆，如果用方法 1 导出，就会变成 31×31 像素，像素会变成整数，出现像素不全的情况，效果如下图所示。那么，这种尺寸带小数点的图形要怎样导出呢？具体操作步骤如下。

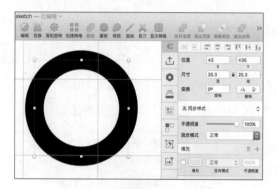

第一步 新建一个画布，绘制一个圆形，取消填充色，设置描边色为"黑色"，将尺寸更改为"25.3"，如下图所示。

第二步 选择【插入】→【切图】选项，按住【shift】键的同时绘制一个矩形框，将圆形放到矩形框的中央位置，如下图所示。

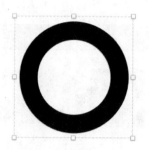

第三步 框选切片和圆形，按【Command+G】组合键进行编组，然后在页面列表中展开这个组，将切片命名为"qp"，如下图所示。

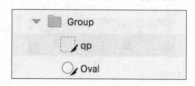

第四步 选择【qp】选项，在检查器面板中选中【仅导出成组中的内容】复选框，如下图所示。

第五步 重复"直接导出"中的操作，单击检查器面板底部的【导出】按钮，依旧导出两个尺寸的图形，分别为 2x 和 3x，将其导出到桌面，即可在桌面上看到导出的两张图片。

第**5**篇

AE 动效设计

本篇以 AE 动效设计的基础原则为起点，结合天气类 App、音乐播放器类 App、健身行车类 App、注册界面、设计类 App 及支付类 App 的动效设计实战，让读者成为 UI 设计高手。

第 16 章
AE 动效设计基本原则

本章开始学习如何使用 Adobe After Effects CC 2018 软件，下面首先介绍 AE 软件的基本界面、基本概念和用途，以及软件的基础操作等。

16.1 先混个脸熟——认识 AE 界面

下面介绍 Adobe After Effects CC 2018 软件的基本界面，首先需要新建一个文件。

第一步 打开 Adobe After Effects CC 2018 软件，选择【文件】→【新建】→【新建项目】选项，创建一个新的项目文件，如下图所示。

第二步 新建项目后的界面如下图所示。

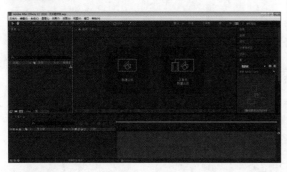

第三步 选择【文件】→【导入】→【文件】选项，如下图所示。

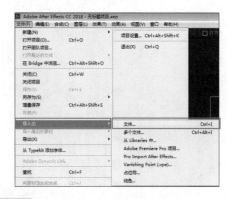

第四步 弹出【导入文件】对话框，选择"素材 /ch16/preview.mp4"文件，单击【导入】按钮导入素材，如下图所示。

第五步　导入后文件出现在【项目】面板中，用户可以在其上双击进行预览，如下图所示。

第六步　如果需要对文件进行合成，可以在【项目】面板中直接把素材拖到【新建合成】按钮上，这时会出现一个素材窗口和一个合成窗口，如下图所示。

提示

合成窗口的内容是可以进行最终渲染的，而素材窗口的内容是不能进行最终渲染的。

第七步　界面下方是时间轴，在时间轴中可以添加关键帧，如下图所示。

提示

时间轴类似于 Photoshop 中的图层，可以进行图像和视频的叠加操作。

第八步　单击合成窗口右上方的按钮，可以根据自己的需要选择不同类型的工作界面，如下图所示。

提示

一般主要使用 AE 制作动画，所以这里通常选择默认的动画界面。

16.2　旋转跳跃我不停歇——基本动画属性

本节介绍一些基本动画属性，如平移、旋转、缩放、定位点和不透明度。下面通过实例操作学习这些基本动画属性。

1. 平移

第一步　使用 16.1 节介绍的方法来创建一个新的项目，然后单击【新建合成】按钮新建一个合成。打开【合成设置】对话框，设置【预设】参数为 "HDV/HDTV 720 25"，设置【持续时间】

值为 10 秒，如下图所示。

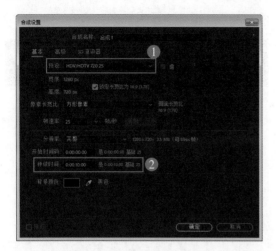

 提示

这里的【预设】参数"HDV/HDTV 720 25"是一种常用的视频渲染参数。

第二步 单击【确定】按钮新建一个合成。然后选择上方工具栏中的【矩形工具】，设置【填充】为"白色"、【描边】为"0"，然后按住【Shift】键绘制一个矩形，如下图所示。

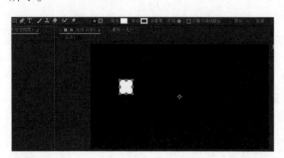

第三步 在【时间轴】面板中单击【变换】前面的小三角按钮 ▶ 变换 打开变换参数，其中可以看到【位置】参数，如下图所示。这个参数是以合成窗口的中心点 ✛ 为基准的。

第四步 选择【位置】参数，将【当前时间指示器】拖到 1 秒的位置，选择【选取工具】，然后按住【Shift】键移动绘制的矩形到右侧，如下图所示。

第五步 然后将【当前时间指示器】拖到 0 秒的位置，按住【Shift】键移动绘制的矩形到左侧，如下图所示。

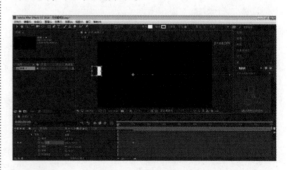

第六步 单击【预览】窗口中的【播放/停止】按钮 ▶，如下图所示，即可观看动画效果：白色矩形由左到右的直线运动。

第七步　如果动画播放速度比较快，可以将
【位置】参数的关键帧向后拖动，拖到第 5 秒
的位置，就可以调整动画的时间了，如下图所示。

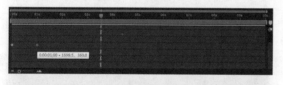

2. 旋转

第一步　使用上面的方法重新创建一个矩形。
在【时间轴】面板中单击【变换】前面的小三角
按钮 ▶ 变换 打开变换参数，其中可以看到【旋转】
参数，前面的"0"是旋转的圈数，后面的"0.0°"
是旋转的角度，如下图所示。

第二步　选择【旋转】参数。将【当前时间
指示器】拖到 1 秒的位置，然后设置旋转角度，
可以看到旋转不是以矩形为中心进行旋转的，

这是因为旋转是以合成窗口的中心点 为基
准的，如下图所示。

> 💡 **提示**
>
> 　　当【位置】参数被选择后，前面的 🕐
> 图标会变成 🕐 图标。

第三步　这时可以选择【向后平移工具】，
然后调整中心点的位置到矩形的中心，如下
图所示。

第四步　再次设置旋转角度，可以看到旋转
是以矩形为中心进行旋转的，如下图所示。

> 💡 **提示**
>
> 　　如果想让旋转比较慢，可以将时间设
> 置得长一些、圈数设置得少一些。

3.缩放

第一步 使用上面的方法重新创建一个矩形。在【时间轴】面板中单击【变换】前面的小三角按钮▶ 变换 打开变换参数，在其中可以看到【缩放】的参数。前面的"100"是缩放的宽度，后面的"100"是缩放的高度，长度和宽度是默认锁定的▣，如下图所示。

第二步 选择【缩放】参数。将【当前时间指示器】拖到 1 秒的位置，然后选择【向后平移工具】▣，调整中心点的位置到矩形的中心，如下图所示。

第三步 设置缩放的参数，可以看到是以矩形为中心进行缩放的，如下图所示

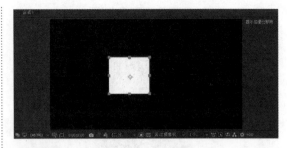

第四步 如果需要制作先变大后变小的动画效果，可以选中第 0 秒的关键帧，按【Ctrl+C】组合键进行复制，然后将【当前时间指示器】拖到 2 秒的位置，再在第 2 秒处按【Ctrl+V】组合键进行粘贴即可，如下图所示。

4.不透明度

第一步 使用上面的方法重新创建一个矩形。在【时间轴】面板中单击【变换】前面的小三角按钮▶ 变换 打开变换参数，可以看到【不透明度】的参数，其中的"100%"是指图形完全可见，如下图所示。如果设置为"0%"，图形就会透明不可见。

第二步 将【当前时间指示器】拖到 1 秒的位置，选择【不透明度】参数，将【不透明度】设置为"0"，如下图所示。

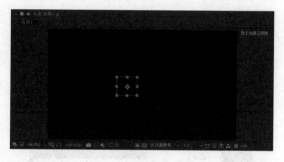

第三步 此时，可以看到矩形变透明了，如下图所示，播放后可以观看动画效果。

16.3 就是不走寻常路——缓动

本节介绍一种缓动动画效果，就是图形很快地进入画面中，到画面中后变慢，然后又快速地飞出画面的效果，具体操作步骤如下。

第一步 首先新建一个项目，将【宽度】设置为 750 像素、【高度】设置为 1334 像素，如下图所示。

第二步 使用前面介绍的方法创建一个矩形，并调整中心点到矩形中心，如下图所示。

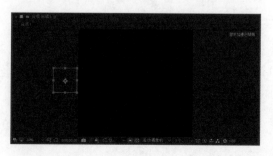

第三步 下面设置飞入的位置动画。选中【位置】参数，将时间轴设置在第 10 帧的位置，然后将矩形移动到画面中心位置，如下图所示。

> 💡 **提示**
>
> 为了操作的方便，可以使用【P】键打开【位置】参数；如果要关闭【位置】参数，按【Shift+P】组合键即可。

第四步 这时的动画效果是匀速的，不是先快后慢，下面设置缓动效果。选中创建的两个关键帧并右击，在弹出的快捷菜单中选择【关键帧辅助】→【缓动】选项，即可产生缓动效果，如下图所示。

 提示

为了便于观察时间轴，可以按【N】键只显示当前时间段。

第五步 这时的缓动效果不是很自然，可以进行调整。单击时间轴上的【图表编辑器】按钮，打开效果如下图所示。

第六步 单击时间轴下面的【单独尺寸】按钮，即可对图表上的单独曲线进行调整，将曲线调整为下图所示的样子，即可创建快速飞入缓慢停止的动画效果。

第七步 这时的时间有点短，可以将时间调整为 1 秒，设置如下图所示。

第八步 使用相同的方法在第 2 秒处将矩形移出画面，创建飞出的效果，设置如下图所示。

16.4 你怎样我就怎样——继承关系

本节介绍一种动画的继承关系，即图形在进行 A 变化时，同时也有 B 变化，如矩形在移动的同时还有缩放的动画效果，具体操作步骤如下。

第一步 首先新建一个项目，将【宽度】设置为 750 像素、【高度】设置为 1334 像素，然后绘制一个矩形，如下图所示。

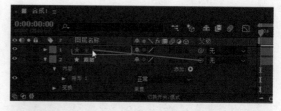

第二步　按【Ctrl+D】组合键复制一个矩形，选择图形名称，按【Enter】键后进行设置，然后调整位置，如下图所示。

第四步　选择"主"图形，按【P】键打开【位置】参数，按照前面的方法设置矩形移出画面的 1 秒动画效果，可以看到两个矩形出现了关联在一起的动画效果，如下图所示。

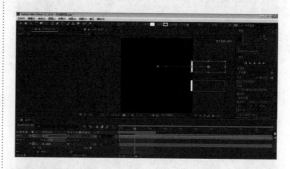

第五步　这时如果要对"跟随"的图形设置缩放动画效果，可以选择"跟随"图形，然后按【S】键打开【缩放】选项，设置关键帧的动画效果，如下图所示。

第三步　设置父子关系。将"跟随"图形的父级图标 ⊚ 拖到"主"图形上确定父子关系，如下图所示。

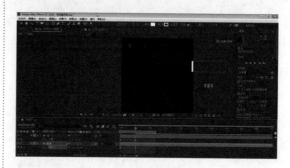

16.5　对象关系和层次结构——偏移与延迟

本节介绍一种动画的偏移与延迟效果，如 3 个矩形在移动的同时，最上面的矩形会产生慢半拍的动画效果，具体操作步骤如下。

第一步　首先新建一个项目，将【宽度】设置为 750 像素、【高度】设置为 1334 像素，然后绘制一个矩形，如下图所示。

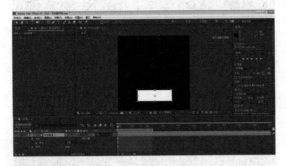

第二步　按【Ctrl+D】组合键复制两个矩形，选择图形名称，按【Enter】键进行设置，然后调整位置，如下图所示。

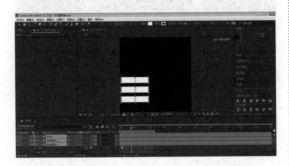

 提示

可以执行【窗口】→【对齐】命令，打开【对齐】面板，然后选择 3 个矩形进行居中对齐。

第三步　按【P】键打开【位置】参数，然后创建 1 秒钟的位置动画效果，如下图所示。

第四步　下面设置延迟动画效果。选择需要延迟的矩形，然后按住【Alt】键的同时单击【位置】参数前面的秒表图标 ，即可添加表达式设置，如下图所示。

第五步　单击【表达式语言菜单】按钮 ，执行【Property】→【valueAtTime(t)】命令，即可对该时间的数值变化参数进行设置，如下图所示。

第六步　设置参数为"valueAtTime(time-0.3)"，也就是将该矩形延迟 0.3 秒，播放即可观看延迟效果，如下图所示。

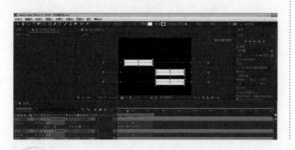

第七步　使用上面讲到的方法为 3 个矩形添加缓动效果，可以达到更加理想的动画表现。

16.6　用好路径是关键——变形

本节介绍一种动画的变形效果，如矩形变成圆形，然后再变成矩形的动画效果。具体操作步骤如下。

第一步　首先新建一个项目，将【宽度】设置为 750 像素，【高度】设置为 1334 像素，然后绘制一个矩形，如下图所示。

第二步　单击【时间轴面板】中【矩形 1】前面的小三角按钮▼打开矩形选项，然后单击【矩形路径 1】前面的小三角按钮▼打开矩形路径 1 选项，如下图所示。

第三步　这里设置变形动画主要使用【大小】和【圆度】两个参数。选中两个参数的关键

帧秒表图标⏱，然后将【当前时间指示器】拖到 1 秒的位置，再设置【大小】的参数为"170"、【度数】为"360"，如下图所示。

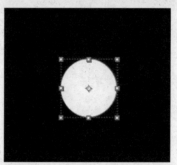

 提示

这里需要将大小的关联取消，单击【关联】按钮🔗即可。

第四步　观看动画效果，可以看到矩形变成了圆形。继续设置圆形变成矩形的动画，选中第 0 秒的两个关键帧，然后按【Ctrl+C】组合键进行复制，将【当前时间指示器】拖到 2 秒的位置，然后在第 2 秒处按【Ctrl+V】组合键进行粘贴即可，如下图所示。

第五步　这时整个变形动画就基本完成了，

但还不是很理想，变形的快慢没有控制好，可以按 16.5 节介绍的方法添加缓动效果，如下图所示。

💡 **提示**

这里添加缓动效果，只能添加到【大小】参数上。

16.7　遮遮掩掩的艺术——遮罩

本节介绍一种遮罩动画效果，就是类似于导入进度条的动态效果，具体操作步骤如下。

第一步　首先新建一个项目，将【预设】设置为"HDV 1080 25"、【持续时间】为 5 秒，如下图所示。

第三步　这条直线是没有粗细的，需要进行设置。在【时间轴面板】中选中【描边 1】参数，设置【描边宽度】为 30 像素，并设置【线段端点】为"圆头端点"，效果如下左图所示。

第二步　单击【钢笔工具】■按钮，按住【Shift】键绘制一条水平直线，如下图所示。

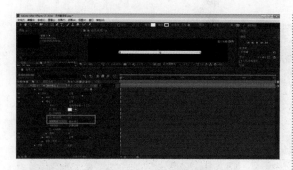

第四步　这是背景线条，下面复制一个要设置遮罩效果的线条。按【Ctrl+D】组合键即可进行复制，然后设置【描边 1】参数中的【颜色】为浅蓝色，如下图所示。

第五步　单击【内容】后的【添加】按钮 添加 ，在弹出的下拉菜单中选择【修剪路径】选项，即可设置修剪效果，如下图所示。

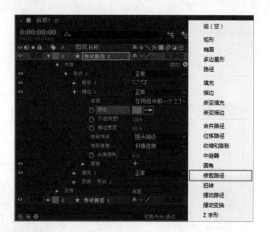

第六步　打开【修剪路径 1】参数，单击【结束】参数的关键帧秒表图标 ，然后将参数设置为 0%，这样直线即可被修剪得不再显示，如下图所示。

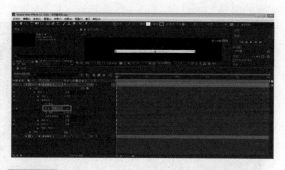

第七步　将【当前时间指示器】拖到 2 秒的位置，然后将参数设置为 100%，这样直线即可完全显示出来，从而产生加载的进度遮罩动画效果，如下图所示。

第八步　下面还需要制作一个同步的位置动画。创建一个圆形，设置颜色为深一点的蓝色，如下图所示。

第九步　选中圆形，按【P】键显示【位置】参数，然后选择加载动画的线条，按【U】键显示关键帧位置，选中圆形【位置】参数的关键帧秒表图标 ，然后将【当前时间指示器】拖到关键帧位置，并移动圆形到右端，这样播放动画时就可以产生同步的遮罩动画效果，如下图所示。

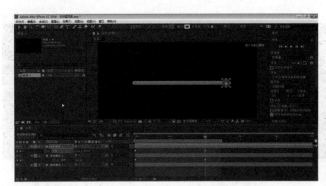

16.8 还有更多不错的选择——描边动画

本节介绍一种描边动画效果，就是类似于圆环形进度条的动态效果，具体操作步骤如下。

第一步 首先新建一个项目，将【宽度】设置为 600 像素、【高度】设置为 800 像素，如下图所示。

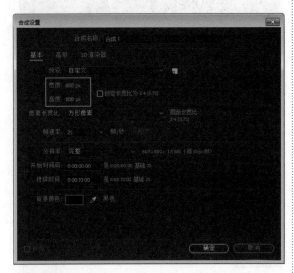

第二步 选择【文件】→【导入】→【文件】选项，如下图所示。

第三步 弹出【导入文件】对话框，选择"素材 /ch16/ Music Player Interface for iPhone. psd"文件，单击【导入】按钮导入素材，如下图所示。

第四步 设置导入的方式，如下图所示。

第五步 双击导入的合成文件，即可将其加载到时间轴上，如下图所示。

第六步 双击【椭圆工具】按钮加载一个圆形路径的遮罩，如下图所示。

💡 **提示**

加载的路径是椭圆形的，需要使用【选取工具】▶对图形进行调整，将形调整为圆形效果。

第七步 在【效果和预设】面板中选择【生成】→【描边】选项，为圆形添加一个【描边】效果，如下图所示。

第八步 在【描边】效果中设置【画笔大小】为 "12"，产生一个圆环形效果，如下图所示。

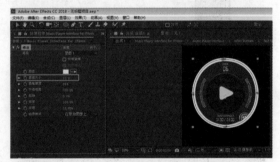

第九步 单击【起始】参数的关键帧秒表图标◎，然后将参数设置为 100%，这样圆形就被修剪得不再显示了。将【当前时间指示器】拖到 5 秒的位置，然后将参数设置为 0%，这样圆形就完全显示出来了，产生加载的进度描边动画效果，如下图所示。

16.9　既高清又容量小的秘密——渲染

本节介绍动画渲染的方法，在进行渲染之前需要安装 QuickTime 软件。下面通过实例操作来学习动画渲染的方法。

第一步　接 16.8 节的操作，执行【合成】→【添加到渲染队列】命令，如下图所示。

第二步　选择【最佳设置】选项，打开【渲染设置】对话框，通常情况下不需要设置其中的参数，如下图所示。

第三步　在第二步单击【无损】按钮，打开【输出模块设置】对话框，设置渲染格式为 "QuickTime" 格式，如下图所示。

第四步　在【输出模块设置】对话框中单击【格式选项】按钮，然后在弹出的【QuickTime 选项】对话框中选择 "H.264" 视频解码器，单击【确定】按钮，如下图所示。

提示

H.264 视频解码器是一种渲染效果比较好，且渲染出的大小也比较小的解码器。

第五步　单击【输出到: 尚未指定】按钮打开【将影片输出到: 】对话框, 设置输出的保存路径, 如下图所示。

第六步　单击【渲染】按钮开始渲染动画效果, 如下图所示。

16.10　那些不安分的参数——数值变化

本节介绍如何在描边动画的基础上加上数值变化的动画效果, 具体操作步骤如下。

第一步　首先新建一个项目, 将【宽度】设置为 750 像素、【高度】设置为 1334 像素,【持续时间】设置为 5 秒, 然后在【时间轴面板】中右击, 选择【新建】→【空对象】选项, 如下图所示。

 提示

需要新建一个空对象才能创建描边动画, 因为描边效果不能直接在图形上产生效果。

第二步　选择【时间轴面板】中的【空 1】

图层并右击, 在弹出的快捷菜单中选择【预合成】选项, 如下图所示。

第三步　在弹出的【预合成】对话框中选中【将所有属性移动到新合成】单选按钮, 单击【确定】按钮完成合成设置, 如下图所示。

第四步　单击【椭圆工具】 按钮，按住【Shift】键绘制一个圆形路径的遮罩，如下图所示。

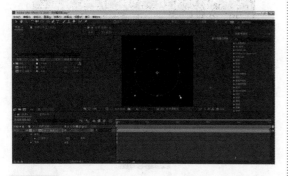

第五步　按照前面介绍的方法创建描边动画。不过结束时不是一个圆，而是 3/4 的圆环，设置参数如下图所示。

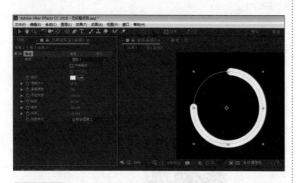

第六步　按【U】键打开关键帧显示，将第 0 帧的关键帧复制到后面，制作一个从 0 到 3/4，再从 3/4 到 0 的圆环的反复描边动画效果，如下图所示。

第七步　由于到圆环的 3/4 处停留了一段时间，因此在中间的位置再复制一个 3/4 处的关键帧作为停留时间，如下图所示。

第八步　下面输入数值制作动画。单击【横排文字工具】按钮，输入 "1"，然后设置其字号，如下图所示。

第九步　选择【时间轴面板】中的文字【T1】图层并右击，在弹出的快捷菜单中选择【预合成】选项，如下图所示。

第十步　在弹出的【预合成】对话框中选中【将所有属性移动到新合成】单选按钮，单击【确定】按钮完成合成设置，如下图所示。

第十一步　双击合成图层中的文字图层，进入文字合成图层，进行文字图层的复制。按【Ctrl+D】组合键复制文字图层，然后依次修改图层名称为 0~8，如下图所示。

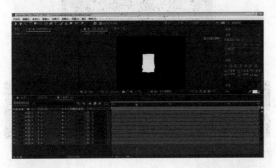

第十二步　下面将时间轴设置在第 2 帧的位置 ，然后将图层名称为 1~8 的文字向后移动到第 2 帧的位置，如下图所示。

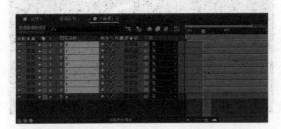

第十三步　下面将时间轴设置在第 4 帧的位置，然后将图层名称为 2~8 的文字向后移动到第 4 帧的位置，如下图所示。

第十四步　同理，每隔 2 帧少一个数字地向后移动距离，效果如下图所示。

第十五步　由于一个数值只出现 2 帧就出现下一个数值，因此要去掉多余的图层。选择数值 0 图层，将时间轴设置在第 2 帧的位置，按【Ctrl+Shift+D】组合键进行多余的剪切，然后删除多余的图层，效果如下图所示。

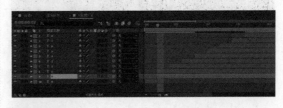

第十六步　使用相同的方法为其他数值进行剪切操作，效果如下图所示。

第十七步　将【工作区域结尾】调到时间的末尾位置并右击，在弹出的快捷菜单中选择【将合成修剪至工作区域】选项，如下图所示。

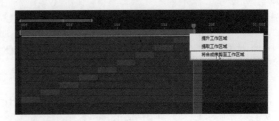

第十八步　返回【合成 1】图层，即可播放数值变化的动画效果，如下图所示。

第十九步 这里只是产生了 0~8 的数值变化，后面还需要 8~0 的数值变化，复制【1 合成 1】图层，如下图所示。

第二十步 单击【时间轴面板】下方的【展开或折叠"入点"/"出点"/"持续时间"/"伸缩"窗格】按钮██来设置时间参数，如下图所示。

第二十一步 单击【伸缩】按钮██打开【时间伸缩】对话框，将【拉伸因数】设置为"−100%"，

即可产生 8~0 的数值变化效果，如下图所示。

第二十二步 这样就设置好了数值动画效果，播放即可观看动画，如下图所示。

16.11 看看有什么藏着掖着的——覆盖

本节将介绍如何覆盖动画效果，类似于用一个矩形覆盖另一矩形的动画效果，具体操作步骤如下。

第一步 首先新建一个项目，将【宽度】设置为 750 像素、【高度】设置为 1334 像素，如下图所示。

第二步 选择【文件】→【导入】→【文件】

选项，如下图所示。

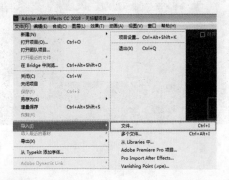

第三步　弹出【导入多个文件】对话框，选择"素材 /ch16/IMG_0890.PNG" 和 "IMG_0891.PNG"文件，单击【导入】按钮导入素材，如下图所示。

第四步　将导入的两个素材文件拖到【新建合成】按钮上，打开【基于所选项新建合成】对话框，设置参数如下图所示。

第五步　单击【确定】按钮，选择上面的图层，然后单击【矩形工具】按钮添加一个矩形蒙版，如下图所示。

第六步　按【P】键打开【位置】参数，单击【位置】参数的关键帧秒表图标添加关键帧，将【当前时间指示器】拖到后面一点的位置，然后使用【选取工具】将矩形向左移动，直到露出下面图层的图形，如下图所示。

第七步　将【当前时间指示器】再拖到后面一点的位置，然后复制第 0 帧的位置关键帧到这个位置，以产生矩形回来的效果，如下图所示。

第八步　根据动画需要按【F9】键为关键帧添加缓动效果，如下图所示。

16.12　简单的融合动画——克隆

本节介绍一种克隆的动画效果，如将两个圆形逐渐融合成一个圆形，然后又分开成单独的两个圆形。下面通过实例介绍具体操作步骤。

第一步　首先新建一个项目，将【宽度】设置为 750 像素、【高度】设置为 1334 像素，然后绘制一个圆形，如下图所示。

所示。

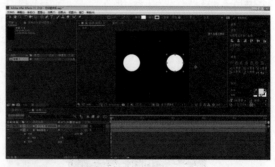

第二步　按【Ctrl+D】组合键复制一个圆形，然后使用【选取工具】调整位置，如下图

第三步　在【时间轴面板】的空白处右击，在弹出的快捷菜单中选择【新建】→【调整图层】选项，如下图所示。

第四步　添加调整图层后，在【效果和预设】面板中选择【简单阻塞工具】选项，为调整图层添加简单阻塞效果，如下图所示。

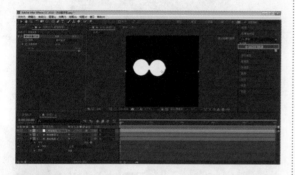

第五步　当移动一个圆形靠近另一个圆形时，圆形中间产生了融合效果，但是边缘处也有凸起的变形，这不是动画需要的，所以再次在【效果和预设】面板中选择【快速模糊】效果添加到调整图层上，如下图所示。

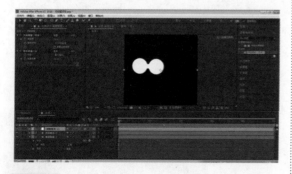

第六步　效果达到后，再制作运动过程的动画效果，将圆形调到下图所示的位置。

第七步　选中两个圆形图层，按【P】键添加【位置】参数，单击【位置】参数的关键帧秒表图标 ⏱ 添加关键帧，将【当前时间指示器】拖到 1 秒的位置，然后使用【选取工具】 ▶ 将圆形调到重合的位置即可，如下图所示。

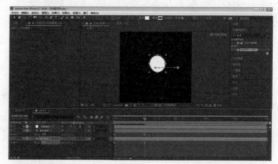

第八步　这样就产生了融合的动画效果，然后设置融合后分开的动画。将【当前时间指示器】拖到 2 秒的位置，然后复制第 0 帧的位置关键帧并在第 2 秒的位置进行粘贴，即可完成整个动画的制作，如下图所示。

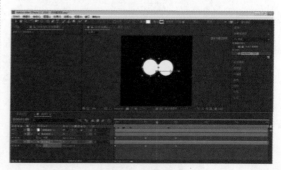

16.13 实实虚虚、主次分明——蒙层

本节将介绍一种蒙层动画效果，类似于将上面的图标放大后，后面的背景变模糊的动态效果。下面来通过实例介绍具体操作步骤。

第一步 首先新建一个项目，将【宽度】设置为 750 像素、【高度】设置为 1334 像素。选择【文件】→【导入】→【文件】选项，如下图所示。

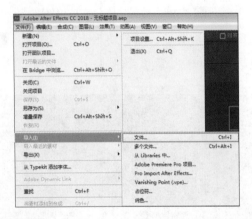

第二步 弹出【导入文件】对话框，选择"素材 /ch16/iOS8 处理好的 .ai"文件，单击【导入】按钮导入素材，如下图所示。

第三步 设置导入的方式，如下图所示。

第四步 双击导入的合成文件，即可将其加载到时间轴上，如下图所示。

第五步 选中【时间轴面板】中的 3 个图层并右击，在弹出的快捷菜单中选择【预合成】选项，如下图所示。

第六步 在弹出的【预合成】对话框中选中【将所有属性移动到新合成】单选按钮，单击【确定】按钮完成合成设置，如下图所示。

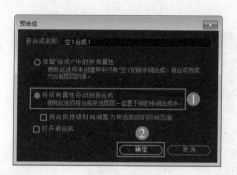

秒的位置，然后使用【选取工具】将图标调到中心位置即可，如下图所示。

第七步　在合成图层中使用【选取工具】选中图形，按住【Shift】键等比例放大图形，使界面完全显示，如下图所示。

第十步　单击【缩放】参数的关键帧秒表图标添加关键帧,将【当前时间指示器】拖到 0.5 秒的位置，然后调整缩放的参数使图标变大，效果如下图所示。这样就完成了图标的缩放效果。

第八步　双击合成图层进入合成图层的子级别，这里需要添加位置动画和缩放动画。选中 animation 图层，按【P】键添加【位置】参数，然后按【Shift+S】组合键添加【缩放】参数，如下图所示。

第九步　单击【位置】参数的关键帧秒表图标添加关键帧,将【当前时间指示器】拖到 0.5

第十一步　下面制作背景的模糊动画效果。在【效果和预设】面板中选择【快速模糊】效果，将其添加到 icon 图层上，单击【缩放】参数的关键帧秒表图标添加关键帧，在 0.5 秒的位置添加模糊，如下图所示。

第十二步 这样即可完成蒙层动画效果的制作。

16.14 操作中的反馈——视差

本节将介绍一种视差动画效果，类似于某个图标被单击后会放大并变得醒目，而其他的图标不变的动态效果。下面通过实例介绍具体的操作步骤。

第一步 首先新建一个项目，将【宽度】设置为 750 像素、【高度】设置为 1334 像素。选择【文件】→【导入】→【文件】选项，如下图所示。

第二步 弹出【导入文件】对话框，选择"素材 /ch16/15_ 视差 .aep"文件，单击【导入】按钮导入素材，如下图所示。

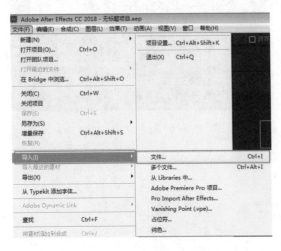

第三步　将导入的文件拖到时间轴上，即可将其加载到时间轴，如下图所示。

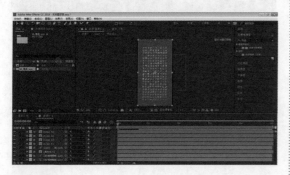

第四步　这里不需要使用这么多图形，选择【时间轴面板】中的【预合成 1】图层并右击，在弹出的快捷菜单中选择【预合成】选项，如下图所示。

第五步　在弹出的【预合成】对话框中选中【将所有属性移动到新合成】单选按钮，单击【确定】按钮完成合成设置，如下图所示。

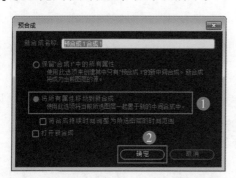

第六步　双击新合成的图层进入子级别，如下图所示。

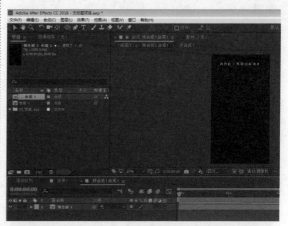

第七步　在【效果和预设】面板中选择【扭曲】→【凸起】选项，将其添加到合成图层上，并调整其参数和位置，如下图所示。

第八步　单击【凸出中心】参数的关键帧秒表图标添加关键帧，在 1 秒处调整位置，按【U】键显示关键帧位置，如下图所示。

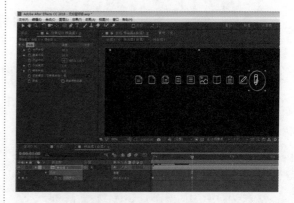

第九步 一个图标变化时，其他图标是不显示的，所以再添加一个遮罩动画效果。单击【矩形工具】按钮 ■，在最左侧绘制一个矩形产生蒙版效果，如下图所示。

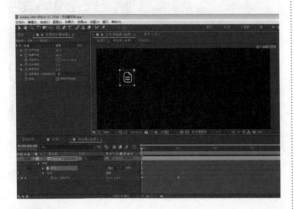

第十步 按【U】键显示关键帧，在 2 秒的位置双击矩形框，按住【Shift】键将其移动到右侧，如下图所示，即可得到动画效果。

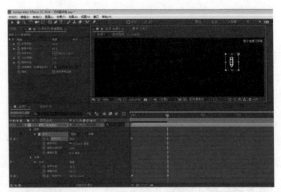

第十一步 图标的动画制作完成，接下来制作背景动画效果。按【Ctrl+D】组合键复制合成图层，将下面图层的效果删除，然后将【变换】中的【不透明度】设置为"30%"，选中蒙版中的【反转】复选框，播放完成的动画效果，如下图所示。

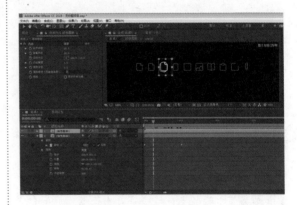

16.15 连续感和位置感——纬度

本节将介绍一种纬度动画效果，类似于将前面的图形移出画面后，后面的图形变大的效果。下面来通过实例介绍具体的操作步骤。

第一步 首先新建一个项目，尺寸任意。在【时间轴面板】空白区域右击，选择【新建】→【纯色】选项，新建一个纯色图层，然后填充为红色，如下左图所示。

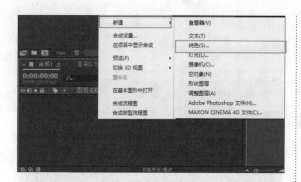

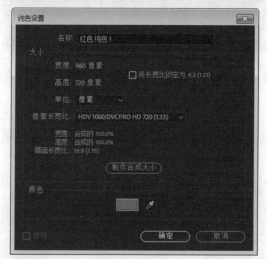

第二步　使用相同的方法再新建两个纯色图层，颜色分别设置为橙色和黄色，如下图所示。

第三步　由于这里的纯色图层是二维的，无法产生三维的变化。因此在图层后面选中【3D图层】复选框 ⬡，如下图所示。

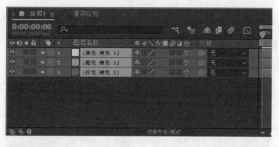

第四步　选中 3 个图层，使用【选取工具】▶调整图形大小，如下图所示。

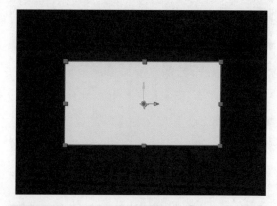

第五步　选择图层，按【P】键打开【位置】参数，分别调整橙色和红色图层的位置参数，使其有前后的变化关系，如下图所示。

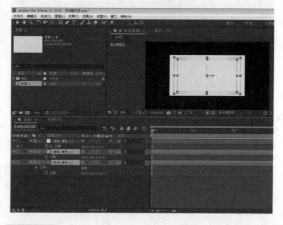

第六步　单击黄色图层【位置】参数的关键帧秒表图标 ⏱ 添加关键帧，将【当前时间指示器】拖到 0.5 秒的位置，调整位置参数将黄

色移出画面，如下图所示。

第七步 接下来制作后面橙色图形变大的效果。单击橙色图层【位置】参数的关键帧秒表图标◎添加关键帧，将【当前时间指示器】拖到 1 秒的位置，调整位置参数将橙色图像变大，如下图所示。

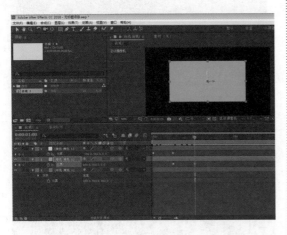

第八步 同理，再制作橙色图形在 0.5 秒的位置移出画面的效果，如下图所示。

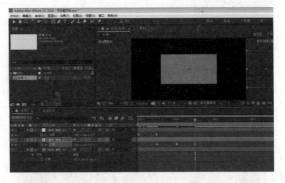

第九步 再制作红色图形在 0.5 秒的位置变大的效果，如下图所示。

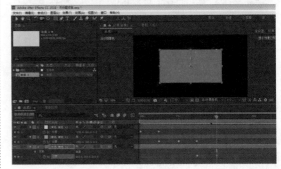

16.16 开机动画怎样看起来更酷——移动和缩放

本节将介绍一种移动和缩放的动画效果，类似于手机开机时，图标放大后消失的动态效果。下面来通过实例介绍具体操作步骤。

第一步 首先新建一个项目，将【宽度】设置为 750 像素、【高度】设置为 1334 像素。选择【文件】→【导入】→【文件】选项，如下左图所示。

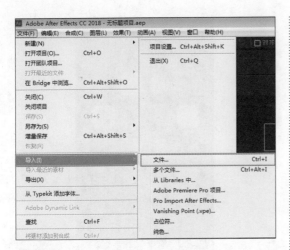

第二步　弹出【导入文件】对话框，选择"素材 /ch16/iOS8 处理好的 .ai"文件，单击【导入】按钮导入素材，如下图所示。

第三步　设置导入的方式，如下图所示。

第四步　双击导入的合成文件，即可将其加

载到时间轴上，如下图所示。

第五步　选中【时间轴面板】中图标的两个图层并右击，在弹出的快捷菜单中选择【预合成】选项，如下图所示。

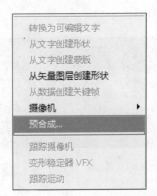

第六步　在弹出的【预合成】对话框中选中【将所有属性移动到新合成】单选按钮，单击【确定】按钮完成合成设置，如下图所示。

第七步　在合成图层中使用【选取工具】▶，按住【Shift】键等比例放大图形，使界面完全显示，如下图所示。

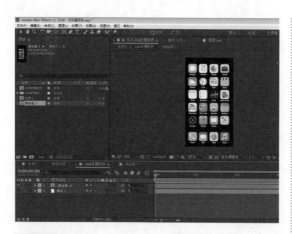

第八步 由于动画中的图标变化时有先后时间差，因此先把图标分层。按【Ctrl+D】组合键复制两个合成图层并重新命名，如下图所示。

第九步 单击【钢笔工具】按钮将外围的图标圈起来，形成一个蒙版层，效果如下图所示。

第十步 再建立中间的图标蒙版效果，如下图所示。

第十一步 再建立中心的图标蒙版效果，如下图所示。

第十二步 由于这里的图层是二维的，无法产生三维的变化，因此在图层后面选中【3D图层】复选框并右击，在弹出的菜单中选择【新建】→【摄像机】选项，如下图所示。

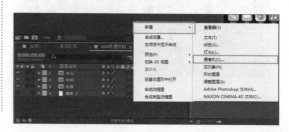

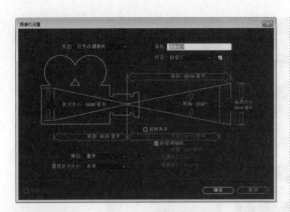

第十三步　新建一个【空对象】图层，然后将摄像机关联到该图层上，如下图所示。

第十四步　选中外围图层，按【P】键打开【位置】参数，单击【位置】参数的关键帧秒表图标添加关键帧，将【当前时间指示器】拖到第 6 帧的位置，调整图层的位置参数为"–1300"，使其有大小的变化关系，如下图所示。

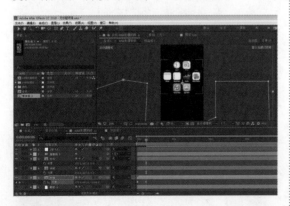

第十五步　选中中间图层，按【P】键打开【位置】参数，将【当前时间指示器】拖到第 2 帧

的位置，单击【位置】参数的关键帧秒表图标添加关键帧，将【当前时间指示器】拖到第 8 帧的位置，调整图层的位置参数为"–1750"，使其有大小的变化关系，如下图所示。

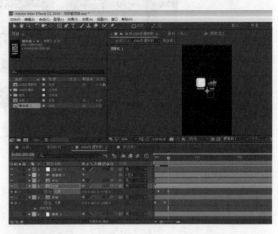

第十六步　选中中心图层，按【P】键打开【位置】参数，将【当前时间指示器】拖到第 4 帧的位置，单击【位置】参数的关键帧秒表图标添加关键帧，将【当前时间指示器】拖到第 10 帧的位置，调整图层的位置参数为"–1700"，使其有大小的变化关系，如下图所示。

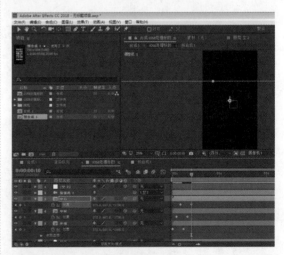

第十七步　最后将背景显示出来，然后调整图标大小，使其达到理想的动画效果，如下图所示。

本章学习如何使用 Adobe After Effects CC 2018 软件制作天气类 App 动效，将这类 App 进行分解可以发现，其都是由几个不同的动效合成的。因此在制作的过程中，也是将其分解后一个个制作，最后组合在一起的。此外，在制作的过程中还介绍了软件的一些实用技巧和方法。

17.1 AE 软件强大的绘制功能——界面绘制

本节首先介绍使用 Adobe After Effects CC 2018 软件绘制基本界面的方法。

第一步 打开 Adobe After Effects CC 2018 软件，选择【文件】→【新建】→【新建项目】选项，创建一个新的项目文件，将【宽度】设置为 750 像素、【高度】设置为 1334 像素，如下图所示。

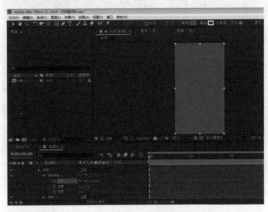

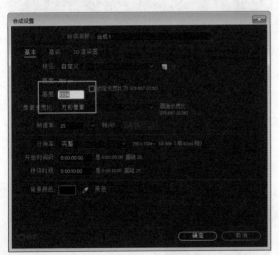

第二步 使用【矩形工具】 创建一个矩形，并调整中心点到矩形中心，设置矩形大小和项目大小一致，如下图所示。

第三步 下面创建其他的矩形图形，可以按【Ctrl+D】组合键复制矩形图层，然后调整其高度和颜色，颜色既可以根据案例来调整，也可以自定义，如下图所示。

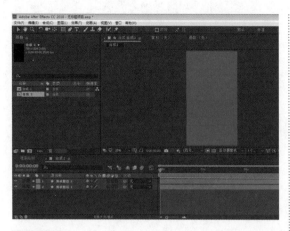

第四步 按照上面的方法创建下面的矩形图像，并调整大小、颜色和图层名称，效果如下图所示。

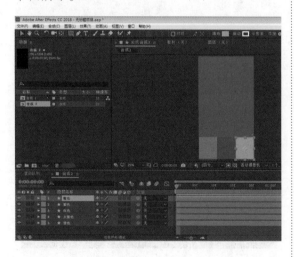

第五步 下面创建文字。使用【横排文字工具】T，输入"2°"，然后在【字符】面板中设置文字的大小，最后调整位置，如下图所示。

第六步 使用相同的方法创建其他文字内容，并将文字移动到颜色合适的图形的图层上方，效果如下图所示。

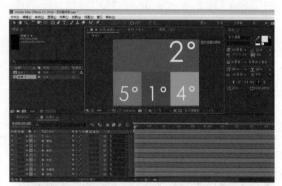

17.2 AE 软件中的图形组合技巧——布尔运算

本节将介绍如何使用 Adobe After Effects CC 2018 软件中图形的布尔运算绘制界面上复杂一些的图形，具体操作步骤如下。

第一步 接着上面的实例制作，创建一个新的合成，然后在【时间轴面板】中创建一个新的【形状图层】，如下图所示。

第二步 单击【形状图层 1】后的【添加】按钮创建一个椭圆，如下图所示。这里的椭圆只是路径，不能设置描边大小。

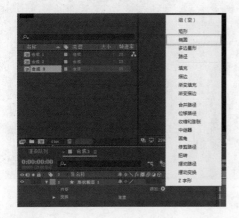

第三步 再次单击【形状图层 1】后的【添加】按钮添加【描边】效果，并设置描边大小，如下图所示。

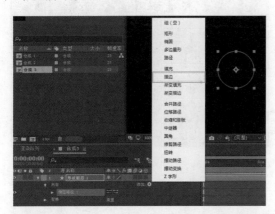

第四步 使用相同的方法再次创建一个椭圆，或者按【Ctrl+D】组合键复制一个椭圆，然后为复制的椭圆添加一个描边效果，最后调整椭圆的大小和位置，如下图所示。

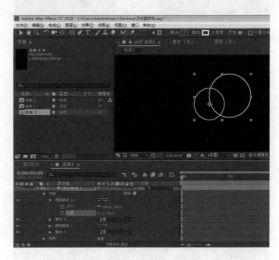

💡 **提示**

这里需要单独为复制的椭圆添加描边效果，否则第一个椭圆的描边效果会同时作用到第二个椭圆上，这样就不能单独调整第二个椭圆了。

第五步 使用相同的方法创建一个圆角矩形，如下图所示。

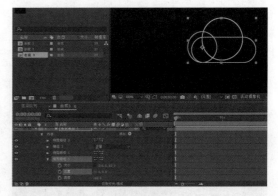

第六步 选中【形状图层 1】图层，然后单

击【形状图层 1】后的【添加】按钮添加【合并路径】选项，如下图所示。

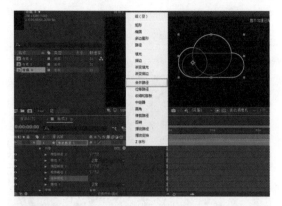

第七步　这样就创建好了云层的图形，修改图层名称，如下图所示。

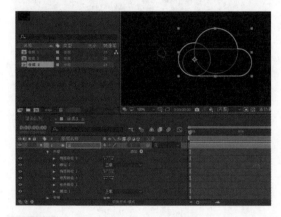

第八步　使用【椭圆工具】■单独创建一个圆形，如下图所示。

第九步　打开椭圆的【填充】属性，然后将删除，这样就只剩下描边效果了，如下图所示。

第十步　按【Ctrl+D】组合键复制圆形，然后调整圆形的大小和位置，如下图所示。

第十一步　下面创建晴天的图标。首先创建一个新的合成，复制制作好的云的图标，如下图所示。

第十二步　下面添加云图形的填充。单击【云】

后的【添加】按钮添加【填充】效果，设置填充颜色为橙色，如下图所示。

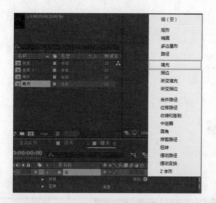

第十三步 然后按【Ctrl+D】组合键复制云图像，调整云形的大小和位置，如下图所示。

第十四步 使用【椭圆工具】单独创建一个圆形，放置在最下层，调整其大小和位置，如下图所示。

第十五步 使用相似的方法创建阳光图形，效果如下图所示。

 提示

也可以到 AI 软件中制作阳光图形，然后添加进来，这样更方便快捷。

17.3 使用表达式实现循环播放——loopout 表达式

本节将介绍如何使用 Adobe After Effects CC 2018 软件中的 loopout 表达式来制作云朵上下飘动的重复的动画效果，具体操作步骤如下。

第一步 接着上面的实例制作，选中【时间轴面板】中最上面的云图层，按【P】键打开【位置参数】，然后单击【位置】参数前面的秒表图标 添加关键帧，如下图所示。

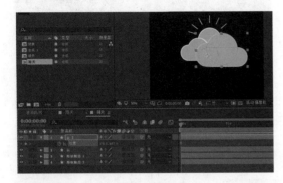

第二步 将时间轴设置到第 10 帧，然后将云图形的位置向下调整一些，如下图所示。

第三步 将时间轴设置到第 20 帧，然后将第 0 帧的关键帧复制粘贴到第 20 帧的位置，从而产生上下的运动效果，如下图所示。

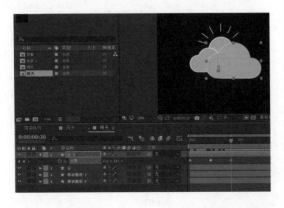

 提示

如果需要柔和的运动效果，可以添加【缓动】效果。

第四步 下面设置重复的动画效果。按住【Alt】键，单击【位置】参数前面的秒表图标 添加表达式设置，单击【添加】按钮添加 "loopOutDuration(type = 'cycle',duration =0)" 表达式，如下图所示。

 提示

loopOutDuration(type='cycle',duration=0) 表达式表示动画效果会一直重复到结束时间。

第五步 使用相同的方法创建下面一个云图层的重复动画效果，如下图所示。

17.4　有节奏地摇头晃脑——wiggle 表达式

本节将介绍如何使用 Adobe After Effects CC 2018 软件中的 wiggle 表达来制作太阳光芒上下抖动的重复的动画效果，具体操作步骤如下。

第一步　接着上面的实例制作，选中【时间轴面板】中的太阳光芒图层，按【S】键打开【缩放参数】，如下图所示。

第二步　下面设置重复的动画效果。按住【Alt】键，单击【缩放】参数前面的秒表图标 添加表达式设置，单击【添加】按钮添加 "x=wiggle (2,3);[x[0],x[0]]" 表达式，如下图所示。

第三步　下面制作雨天的动画效果。进入【雨滴合成】图层，然后选中【时间轴面板】中的云图层，按【P】键打开【位置参数】，然后单击【位置】参数前面的秒表图标 添加关键帧，如下图所示。

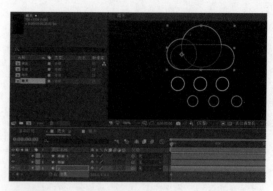

第四步　将时间轴设置到第 15 帧，然后将云图形的位置向下调整一些，如下图所示。

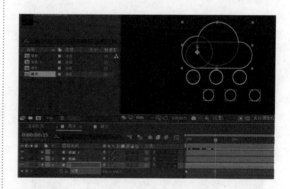

第五步　将时间轴设置到第 30 帧，然后将第 0 帧的关键帧复制粘贴到第 30 帧的位置，从而产生上下的运动效果，如下图所示。

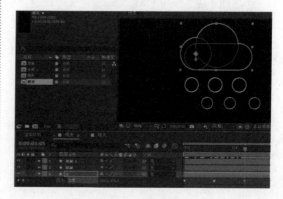

第六步 下面设置重复的动画效果。按住【Alt】键，单击【位置】参数前面的秒表图标添加表达式设置，单击【添加】按钮添加"loopOutDuration(type='cycle',duration = 0)"表达式，如下图所示。

第七步 下面设置雨滴重复的动画效果。选中上面的雨滴图形图层，按【P】键打开【位置】参数，然后按住【Alt】键并单击【位置】参数前面的秒表图标添加表达式设置，单击【添加】按钮添加"wiggle (1,6)"表达式，如下图所示。

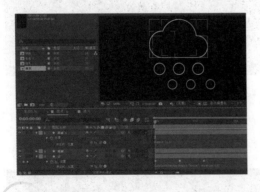

> **提示**
>
> 如果雨滴图形中的每一个图形都是单独的图层，可以新建一个【空对象】图层，然后将这些单独的图层关联到父级图层上。

第八步 选择下面的雨滴图形图层，按【P】键打开【位置】参数，然后按住【Alt】键并单击【位置】参数前面的秒表图标添加表达式设置，单击【添加】按钮添加"wiggle (1,6)"表达式，如下图所示。

第九步 最后调整一下雨滴的位置，使其和上面的云图形有一定的距离，以达到理想的动画效果，如下图所示。

17.5 设计动画的片头——出场动画

本节将介绍如何使用 Adobe After Effects CC 2018 软件制作出场图形的动画效果，具体操作步骤如下。

第一步 接着上面的实例制作，进入背景合成，选中上面创建的图形和文字后右击，在弹出的快捷菜单中选择【中合成】选项进行合成操作，如下左图所示。

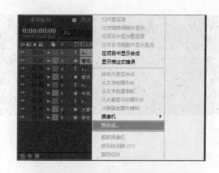

第二步 使用相同的方法将其他的文字和颜色图层进行合成，背景也单独合成一个图层，如下图所示。

第三步 双击进入合成的背景图层中制作背景动画效果。使用矩形工具绘制 3 个矩形，如下图所示。

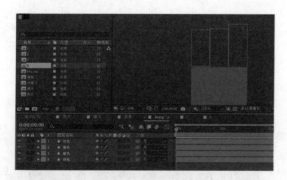

第四步 选中中间的矩形，按【P】键打开【位置】参数，然后单击【位置】参数前面的秒表图标 添加关键帧，如下图所示。

第五步 将时间轴设置到第 10 帧，然后将矩形图形的位置向下调整一些，制作向下运动的效果，再按【F9】键添加缓动效果，如下图所示。

第六步 使用相同的方法制作左侧和右侧的矩形进入动画效果，时间上有一些先后差异，参数设置如下图所示。

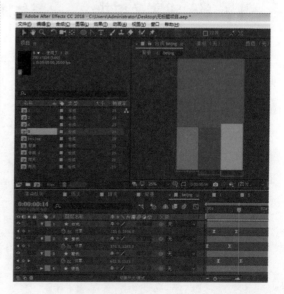

第七步 下面制作中间大紫色矩形的进入动画效果，其实就是添加位置和缩放的关键帧动画。在背景合成图层中创建一个紫色矩形，如下图所示。

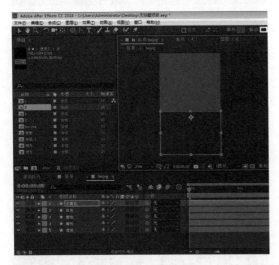

第八步 按【P】键和【Shift+S】组合键打开【位置】和【缩放】参数，然后单击【位置】和【缩放】参数前面的秒表图标 添加关键帧，如下图所示。

第九步 将时间轴设置到上面 3 个矩形动画的最后帧位置，然后将矩形图形的位置向上调整一些，制作向上运动的效果，再设置缩放大小来制作缩放动画效果，最后按【F9】键添加缓动效果，如下图所示。

17.6 设置柔和曲线——整体调整

本节将介绍如何使用 Adobe After Effects CC 2018 软件制作文字的出场动画效果，具体操作步骤如下。

第一步 继续上面的实例制作。返回背景合成，将文本"2°"复制出来，然后删除原来包含"2°"的图层，如下图所示。

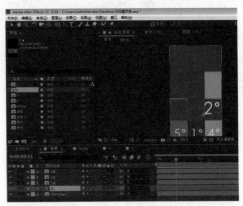

第二步　按【P】键打开【位置】参数，再分别按【Shift+S】和【Shift+T】组合键打开【缩放】和【不透明度】参数，拖到动画中间大紫色矩形进入的时间帧上，单击【位置】【缩放】和【不透明度】参数前面的秒表图标添加关键帧，设置【缩放】和【不透明度】参数为 0，如下图所示。

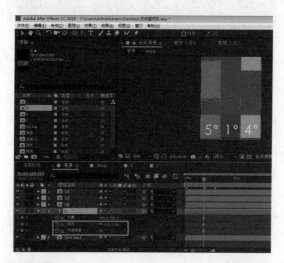

第三步　在时间帧上，单击【位置】【缩放】和【不透明度】参数前面的秒表图标添加关键帧，设置【缩放】和【不透明度】参数为 "100%"，如下图所示。

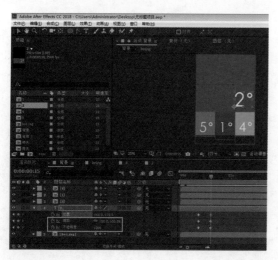

第四步　使用相同的方法创建其他 3 个数字的动画效果，最终效果如下图所示。

第五步　下面制作雨滴动画效果。将时间轴拖动到雨滴动画开始的位置，然后将上面制作的【雨滴合成】图层拖到时间轴上，并调整位置，如下图所示。

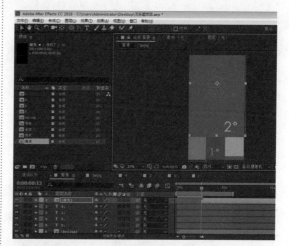

第六步　按【S】键打开【缩放】参数，再按【Shift+T】组合键打开【不透明度】参数，单击【缩放】和【不透明度】参数前面的秒表图标添加关键帧，设置【缩放】和【不透明度】参数为 "50%" 和 "0%"，如下图所示。

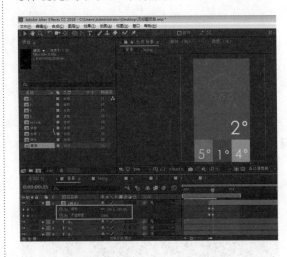

参数为"150%"和"100%"，如下图所示。这样就完成了动画的制作。

第七步 将【雨滴合成】图层拖到动画的结束时间帧上，设置【缩放】和【不透明度】

本章学习如何使用 Adobe After Effects CC 2018 软件制作音乐播放器 App 动效，效果类似多个封面的 3D 翻动效果。此外，在制作过程中还介绍了软件的一些实用技巧和方法。

18.1 结合外部素材图片——基本设置

本节首先介绍使用 Adobe After Effects CC 2018 软件绘制基本界面的方法。

第一步 打开 Adobe After Effects CC 2018 软件，选择【文件】→【新建】→【新建项目】选项，创建一个新的项目文件，将【宽度】设置为 750 像素、【高度】设置为 1334 像素，如下图所示。

第二步 新建项目后的界面如下图所示。

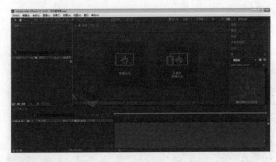

第三步 选择【文件】→【导入】→【文件】选项，如下图所示。

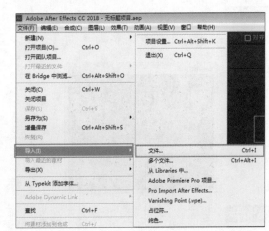

第四步　弹出【导入文件】对话框，选择"素材 /ch18/ "文件夹中的 01.jpg~05.jpg 文件，单击【导入】按钮导入素材，如下图所示。

第五步　导入后文件出现在【项目】面板中，用户可以单击进行预览，如下图所示。

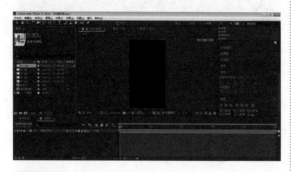

第六步　再次导入"素材 /ch18/ 音乐播放器 .psd"素材，如下图所示。

第七步　将素材文件 01.jpg~05.jpg 拖到时间轴上，然后调整位置和顺序，如下图所示。

第八步　在【效果和预设】面板中选择【基本 3D】选项，为素材添加【基本 3D】效果，如下图所示。

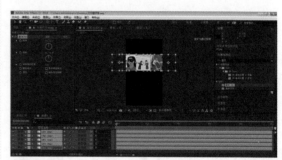

第九步　将【基本 3D】效果复制并粘贴到每个素材上，选中需要调整的"02.jpg"素材，调整【基本 3D】选项中的【旋转】为"-40"、【与图像的距离】为"20"，效果如下图所示。

第十步　继续调整 "01.jpg" 素材，调整【基本 3D】选项中的【旋转】为 "-70"、【与图像的距离】为 "40"，效果如下图所示。

第十一步　同理，调整 "04.jpg" 和 "05.jpg" 素材，调整【基本 3D】选项中的【旋转】为 "40" 和 "70"、【与图像的距离】为 "20" 和 "40"，效果如下图所示。

第十二步　下面整体调整素材的大小，由于这里的素材是单独的图层，不能一起调整，因此新建一个【空对象】图层，将 5 个素材图层链接到这个空对象的父级图层上，然后按【S】键打开【空对象】图层的【缩放】参数调整大小，如下图所示。

18.2　3D 切换动画——基本 3D

上面已经调好了 3D 的图片效果，下面介绍如何制作 3D 翻动的动画效果。

第一步　删除上面添加的【空对象】图层，然后将 02.jpg~04.jpg 素材图层链接到 "01.jpg" 素材父级图层上。下图所示的效果中，图片的角度与位置是以 "01.jpg" 素材为参考的。

第二步　选中 "03.jpg" 素材图层，再调整【基

本 3D】选项中的【旋转】为"30"、【与图像的距离】为"5"，效果如下图所示。

第三步　选中"01.jpg"素材图层，按【P】键打开【位置】参数，然后单击【位置】参数前面的秒表图标 ⏱ 添加关键帧，如下图所示。

第四步　将时间轴设置到第 13 帧，然后将素材向左移动一些，制作向左运动的效果，如下图所示。

第五步　下面分别调整每张素材的【基本 3D】选项。选中"02.jpg"素材图层，在第 0 帧的位置添加【基本 3D】选项的【旋转】和【与图像的距离】关键帧，然后在第 13 帧的位置设置【旋转】关键帧的数值为"-60"、【与图像的距离】关键帧的数值为"30"，从而产生动画效果，如下图所示。

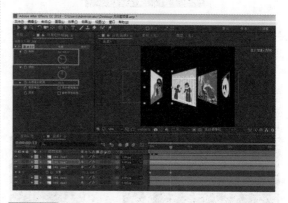

第六步　选中"03.jpg"素材图层，在第 0 帧的位置添加【基本 3D】选项的【旋转】和【与图像的距离】关键帧，然后在第 13 帧的位置，设置【旋转】关键帧的数值为"0"、【与图像的距离】关键帧的数值为"-15"，从而产生动画效果，如下图所示。

第七步　选中"04.jpg"素材图层，在第 0 帧的位置添加【基本 3D】选项的【旋转】和【与图像的距离】关键帧，然后在第 13 帧的

位置设置【旋转】关键帧的数值为"15"、【与图像的距离】关键帧的数值为"5"，从而产生动画效果，如下图所示。

位置设置【旋转】关键帧的数值为"45"、【与图像的距离】关键帧的数值为"20"，从而产生动画效果，如下图所示。

第八步 选中"05.jpg"素材图层，在第 0 帧的位置添加【基本 3D】选项的【旋转】和【与图像的距离】关键帧，然后在第 13 帧的

第九步 这样就完成了封面的 3D 翻动动画效果的制作，如果读者有兴趣可以继续制作后面的动画效果。

18.3 添加时间变化特效——编号

本节将介绍如何制作编号动画效果。本例是播放器上时间的播放动画效果，具体操作步骤如下。

第一步 导入"素材 /ch18/ 主界面 .psb"文件，如下图所示。

不显示前面的播放时间，如下图所示。

第二步 双击进入 List 合成子项目中，选择时间 `2:15 / 4:05`，然后用矩形绘制一个蒙版，

第三步 由于前面的播放时间是变化的，因此执行【图层】→【新建】→【文本】命令，添加一个文本层，如下图所示。

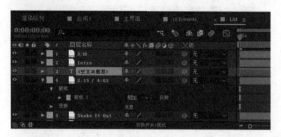

第四步 在【效果和预设】面板中选择【编号】选项，为文本图层添加一个【编号】效果，如下图所示。

第五步 设置【编号】效果参数，设置【类型】为"时间码[30]"、【大小】为"26"、【填充颜色】为"浅灰色"，如下图所示。

第六步 为了调整时间码的位置，按【Ctrl+Shift+C】组合键将文本图层变成合成图层，然后调整其位置，如下图所示。

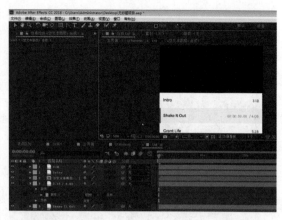

第七步 用矩形绘制一个蒙版，不显示前面的播放时间，如下图所示。

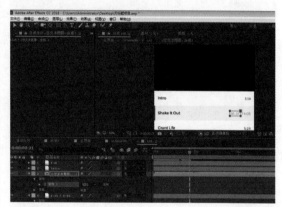

第八步 时间动画制作完成，下面制作进度条动画效果。选中【active form】图层，按【Ctrl+D】组合键复制一个图层，在【效果和预设】面板中选择【填充】选项，为图层添加一个【填充】效果，如下图所示。

第九步 设置【填充】的颜色为"青色"，

然后在第 0 帧的位置添加【位置】关键帧，并调整其位置，如下图所示。

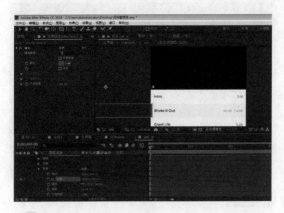

第十步 最后在第 5 秒的位置设置【位置】关键帧，如下图所示。这样就完成了进度条的动画效果。

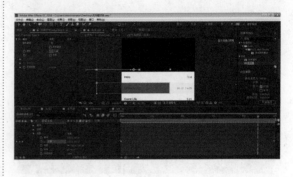

18.4 轨道蒙版遮罩组合技巧——效果整合

本节将介绍如何制作播放条上歌曲名称文本的蒙版遮罩动画效果，具体操作步骤如下。

第一步 继续上面的实例制作。在时间轴上选中"Shake It Out"图层，然后按【Ctrl+D】组合键复制该图层，如下图所示。

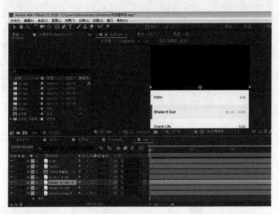

第二步 选中复制的图层，在【效果和预设】面板中选择【填充】选项，为图层添加一个【填充】效果，设置【填充】的颜色为"白色"，如下图所示。

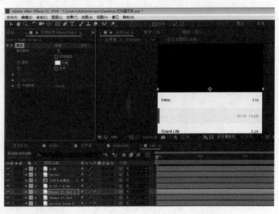

第三步 单击【矩形工具】按钮■创建一个蒙版，如下图所示。

第四步 下面制作蒙版动画效果。将时间轴指针拖动到加载进度条中紧挨文字的位置，

打开【蒙版 1】，单击【蒙版路径】前面的秒表图标 添加关键帧，然后使用【选取工具】双击蒙版矩形，调整矩形的长度，使黑色文本全部显示出来，如下图所示。

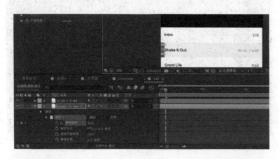

第五步 将时间轴指针拖动到加载进度条中紧挨文字的位置，使用【选取工具】双击蒙版矩形，调整矩形的长度，使白色文本全部显示出来，如下图所示。

第六步 进入 UI Eements 合成，可以观看进度条和时间的播放动画。接下来将上面制作的封面 3D 动画也合成进去，如下图所示。

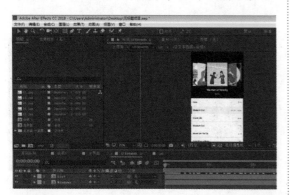

第七步 将上面创建的 3D 封面动画【合成 1】

拖动到时间轴上，如下图所示。

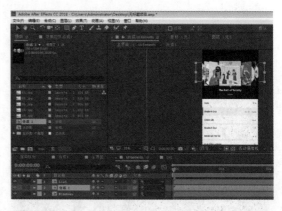

第八步 选中下面的 Windows 图层，单击【矩形工具】按钮绘制一个蒙版，只显示需要的文本，如下图所示。

第九步 对位置进行微调后即可创建好整体动画效果，播放就可以看到动画效果，如下图所示。

第 19 章
健身行车类 App 动效实战

本章学习如何使用 Adobe After Effects CC 2018 软件制作健身行车类 App 动效。此外，在制作的过程中还介绍了软件的一些实用技巧和方法。

19.1 命名是好的工作习惯——基础界面绘制

本节首先介绍使用 Adobe After Effects CC 2018 软件绘制基本界面的方法。

第一步 打开 Adobe After Effects CC 2018 软件，选择【文件】→【新建】→【新建项目】选项创建一个新的项目文件，将【宽度】设置为 1080 像素、【高度】设置为 1920 像素，如下图所示。

第二步 新建项目后的界面如下图所示。

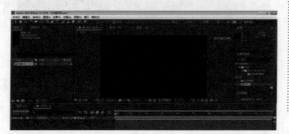

第三步 单击【矩形工具】按钮█创建一个矩形，然后打开该图层的【矩形路径 1】参数，设置【大小】为 "540" 和 "150"、【颜色】为 "2CD4C8"，如下图所示。

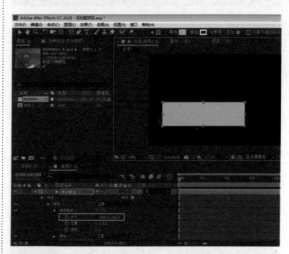

第四步 按【Ctrl+D】组合键复制该矩形图层，修改【颜色】为 "7D69FF"，然后在【对齐】面板中将两个矩形进行对齐，并放置在底端，如下图所示。

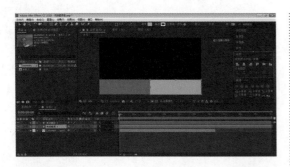

第五步 单击【横排文字工具】按钮 **T**，输入文字 "Police" 和 "Incident"，将文字的大小设置为 "60"、颜色设置为 "白色"，然后调整位置到矩形正中心，如下图所示。

第六步 单击【矩形工具】按钮 █ 创建一个矩形，其大小大概为整个界面的三分之一，然后设置颜色为 "白色"，如下图所示。

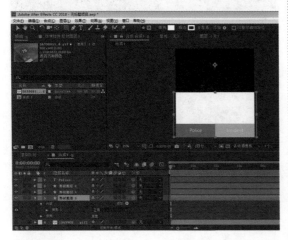

第七步 分别为图层命名，这里可以根据个人的习惯进行命名。选中刚才创建的白色矩

形，按【T】键打开【不透明度】参数，设置【不透明度】值为 "20%"，效果如下图所示。

第八步 按【Ctrl+D】组合键复制该半透明的矩形图层，然后使用【选取工具】 ▶ 调整大小和位置，按【T】键打开【不透明度】参数，设置【不透明度】值为 "10%"，效果如下图所示。

第九步 下面输入文本。选择【横排文字工具】 **T**，输入文字 "220m"，将其大小设置为 "128"、颜色设置为 "2CD4C8"，如下图所示。

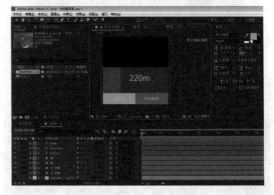

第十步 继续输入文字 "washington st"，

将其大小设置为"72"、颜色设置为"白色"，按【T】键打开【不透明度】参数，设置【不透明度】值为"30%"，如下图所示。

透明矩形上作为图标，按【T】键打开【不透明度】参数，设置【不透明度】值为"40%"，如下图所示。

第十一步　下面创建一个星星放在左侧的小

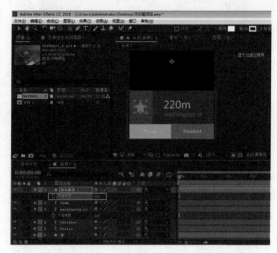

19.2　结合 AI 完成高难度设计——表盘绘制

本节介绍使用 Adobe Illustrator CC 2018 软件绘制表盘的方法。

第一步　打开 Adobe Jllustrator CC 2018 软件，选择【文件】→【新建】选项创建一个新的文件，将【宽度】设置为 1080 像素、【高度】设置为 1920 像素，如下图所示。

第三步　执行【视图】→【参考线】→【释放参考线】命令解锁参考线，这样就可以直接调整参考线到准确的位置，如下图所示。

第二步　按【Ctrl+R】组合键打开标尺，然后使用【选取工具】拖动标尺到中间位置，如下图所示。

第四步 选择参考线,在【属性】面板中设置【X 轴】参数为"540",然后执行【视图】→【参考线】→【建立参考线】命令锁定参考线,如下图所示。

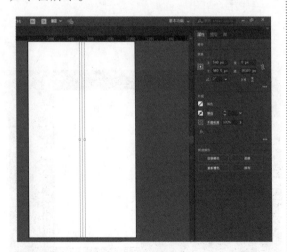

第五步 单击【圆角矩形工具】按钮□,在参考线上方绘制一个圆角矩形,然后填充黑色,如下图所示。

第六步 复制创建的圆角矩形。选择圆角矩形,单击【旋转工具】按钮⟳,在中心的位置按住【Alt】键并单击,弹出【旋转】对话框,设置参数后单击【复制】按钮,即可得到复制的对象,如下图所示。

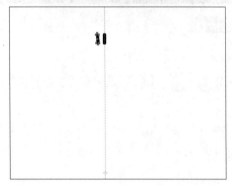

第七步 按【Ctrl+D】组合键对对象进行复制,效果如下图所示。

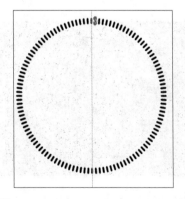

第八步 下面创建渐变色效果。单击【矩形工具】按钮■创建一个矩形,然后单击【网格工具】按钮▦在矩形中创建网格效果,如

下图所示。

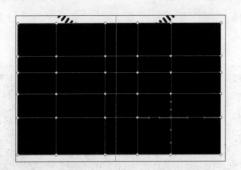

第九步 打开色板，然后填充颜色，根据需要调节网格上的节点，使其不规则显示，效果如下图所示。

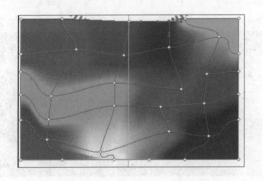

第十步 选择表盘下方的部分图形，然后删除，如下图所示。

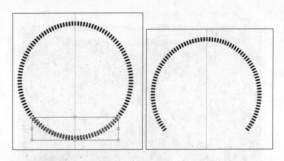

第十一步 将创建的表盘进行剪切，然后在颜色图层中新建一个图层，将光盘图像粘贴进来，如下图所示。

19.3　分析制作的思路——原理讲解

本节介绍如何使用 Adobe After Effects CC 2018 软件创建界面中间的数字播放效果，主要是使用前面介绍的编号效果。

第一步 继续上面的实例制作，返回 Adobe After Effects CC 2018 软件界面，然后导入 19.2 节创建的表盘，如下图所示。

第二步 单击【新建合成】按钮 创建一个新合成，如下图所示。

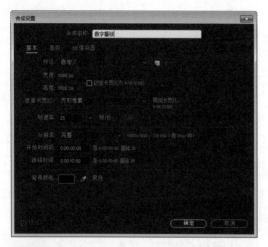

第三步 在时间轴上右击，在弹出的快捷菜单中执行【新建】→【纯色】命令，创建一个纯色图层，如下图所示。

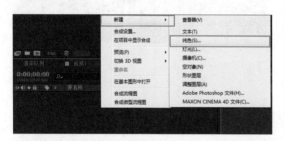

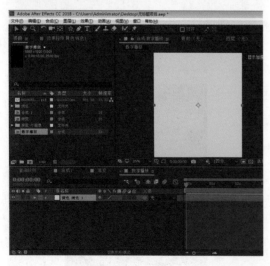

第四步 在【效果和预设】面板中选择【编号】选项，为文本图层添加一个【编号】效果，如下图所示。

第五步 【编号】效果的参数设置如下图所示。

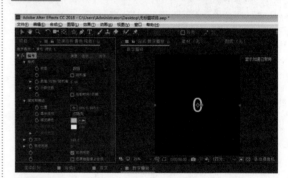

第六步 将时间轴定位在第 2 帧的位置，执行【编辑】→【拆分图层】命令对图层进行拆分，如下图所示。

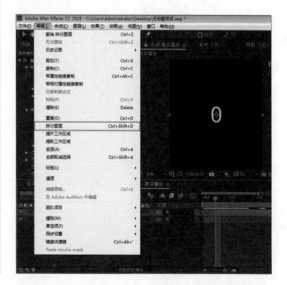

第七步　在【编号】效果中单击【数值／位移／随机最】前面的秒表图标 添加关键帧，设置数值为"10"，如下图所示。

第九步　这样就完成了数字动画效果的制作，返回【合成 1】级别，将创建的数字画拖动到时间轴上即可，如下图所示。

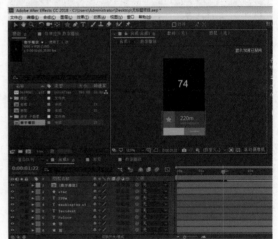

💡 **提示**

设置好数值后再对数值的位置进行微调。

第八步　将时间轴定位在第 2 秒的位置，设置【数值／位移／随机最】数值为"78"，如下图所示。

19.4　来点有弹性的感觉——基本形动画

本节介绍如何使用 Adobe After Effects CC 2018 软件创建界面中间基本形的位置动画效果。

第一步　继续上面的实例制作。首先将前面创建的矩形和文字进行预合成，如下图所示。这样既可以减少图层的数量，也方便后面的动画制作。

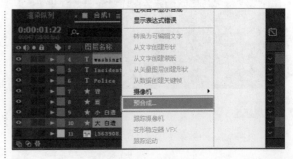

第二步　首先制作蓝色矩形条进入的动画效果。选中蓝色预合成图层，按【P】键打开【位置】参数，单击【位置】前面的秒表图标 添加关键帧，然后调整位置到底部，如下图所示。

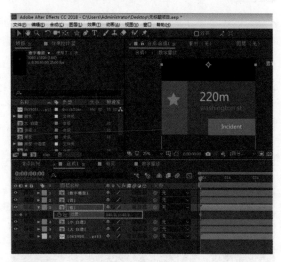

第三步　将时间轴定位到 12 帧的位置，并调整【位置】参数，如下图所示。

第四步　将时间轴定位到 15 帧的位置，并调整【位置】参数，如下图所示。

第五步　现在的动画有点慢，选中 3 个关键帧，按住【Alt】键现在的压缩时间，并为关键帧添加缓动效果，如下图所示。

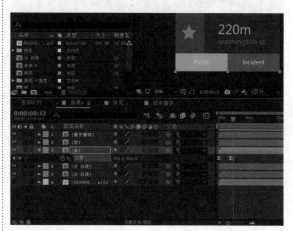

第六步　使用相同的方法创建青色矩形的进入动画效果，只是进入的时间要稍慢一点，如下图所示。

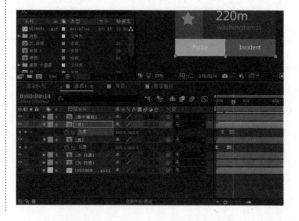

第七步　接着制作大透明矩形进入的动画效果，基本方法与上面类似，如下图所示。

第八步　接着制作小透明矩形进入的动画效果，基本方法与上面类似，如下图所示。

第九步　这里大透明矩形中的文字还有一个由透明逐渐显示的动画效果。将时间轴定位到大透明矩形进入的位置，然后进入大透明矩形合成子级别，如下图所示。

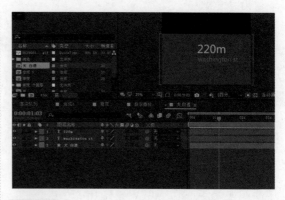

第十步　分别按【P】键和【Shift+T】组合键打开两个文字的【位置】和【不透明度】参数，单击【位置】和【不透明度】前面的秒表图标添加关键帧，然后调整参数，如下图所示。

第十一步　这样即可完成界面下方的图像动画效果。

19.5　就是要变变变——数值变化

本节介绍如何使用 Adobe After Effects CC 2018 软件创建界面中间的数值由小变大、由透明慢慢显示的动画效果，具体操作步骤如下。

第一步　继续 19.4 节的实例制作。首先将前面创建的数字播放动画向后拖动到界面下方的矩形基本出来时的位置，如下图所示。

第二步　将前面导入的表盘图形复制粘贴出来，并调整位置使其和数字播放同时开始，如下图所示。

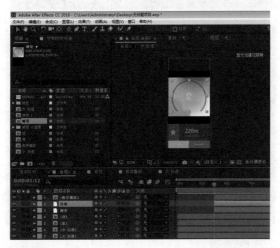

第三步　为【仪表】添加一个【填充】效果，将颜色设置为浅灰色，效果如下图所示。

第四步　将【数字播放】图层链接到【仪表】图层的父级对象上，这样可以让数字播放随着仪表产生动画效果，如下图所示。

第五步　分别按【S】键和【Shift+T】组合键打开两个文字的【缩放】和【不透明度】参数，单击【缩放】和【不透明度】前面的秒表图标 添加关键帧，然后调整参数，如下图所示。

第六步　将"当前时间指示器"![icon]向后拖动 6 帧，调整【透明度】为"100%"、【大小】为"100"，这样数字就全部显示出来了。再向前拖动 2 帧，设置【大小】为"110"，这样就产生了一个由小变大再变小的抖动动画效果，如下图所示。

第七步　这时在数字变大的过程中，数值开始变化，但不符合要求，因为需要在数字变大后再产生数值变化。因此，将时间轴定位在数字变大后的位置，进入数字播放的子级别，然后拖动时间轴到定位的位置即可，如下图所示。

第八步　播放动画即可观看动画效果。

19.6 双重嵌套的奥秘——轨道蒙版

本节介绍如何使用 Adobe After Effects CC 2018 软件创建界面中间表盘的彩条动画效果，具体操作步骤如下。

第一步　继续上面的实例制作。在不选择任何图层的情况下，单击【椭圆工具】按钮![icon]，按住【Shift】键创建一个和表盘大小一致的圆形，进入椭圆的【填充】属性，将【不透明度】设置为"0%"，进入【描边】属性设置描边参数，如下图所示。

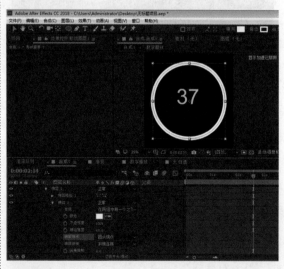

第二步　为圆形添加【修剪路径】参数，如下图所示。

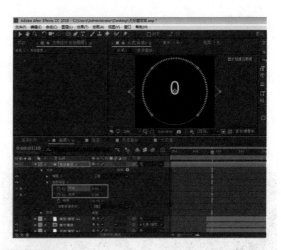

第五步　将时间轴设定到数字动画刚结束的 "78" 的位置，然后在【修剪路径 1】下调整【开始】参数为 "78.0"，如下图所示。

第三步　将【变换】参数打开，设置【旋转】值为 "135"，这样在后面设置动画时，起始位置才会与表盘相符合，如下图所示。

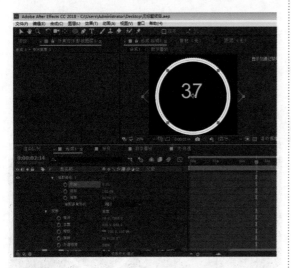

第六步　显示渐变图层，如下图所示。

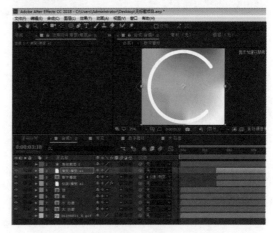

第四步　将时间轴设定到数字动画刚开始的位置，单击【修剪路径 1】下的【开始】和【结束】参数前面的秒表图标 添加关键帧，然后调整参数均为 "0"，如下图所示。

第七步　单击时间轴下方的【展开或折叠"转换控制"窗格】按钮 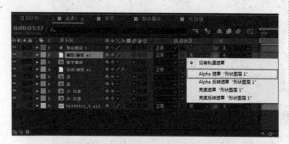，打开【转换控制】窗格，在渐变色图层后选择【Alpha 遮罩"形状图层 1"】选项，创建遮罩动画效果，如下图所示。

第八步　这样还是不符合要求，因为没有表盘的动画效果。将创建的遮罩动画的两个图层预合成一个图层，按【Ctrl+D】组合键复制一个表盘图层，并放置在合成图层上方，再次选择刚才预合成的图层创建遮罩动画，如下图所示。

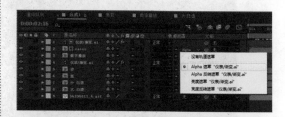

19.7　超酷的线条动画插件——3D Stroke

本节主要介绍线条动画插件——3D Stroke，用户可以自行购买 Trapcode Suite 插件（见下图），然后进行安装。

安装好之后就可以为图层添加 3D Stroke 效果，该效果可以快速创建各种光斑效果，如下图所示。

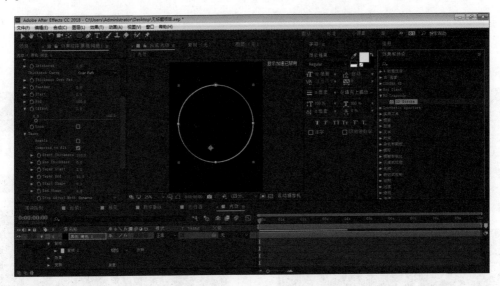

19.8　动感线条的设计细节——光线效果

本节介绍如何使用 Adobe After Effects CC 2018 软件中的 3D Stroke 特效来创建界面中间的光线动画效果，具体操作步骤如下。

第一步　继续上面的实例制作。在不选择任何图层的情况下，单击【新建合成】按钮创建一个新合成，设置合成名称后单击【确定】按钮，如下图所示。

第二步　在时间轴上右击，在弹出的快捷菜单中执行【新建】→【纯色】命令，创建一个纯色图层，如下图所示。

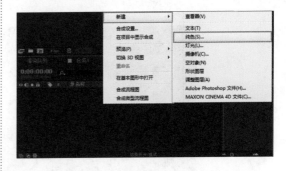

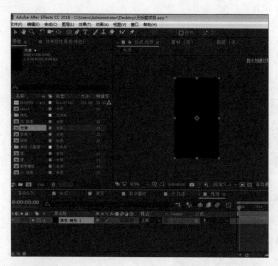

第三步 在【效果和预设】面板中选择【3D Stroke】选项,为图层添加一个"3D Stroke"效果,如下图所示。

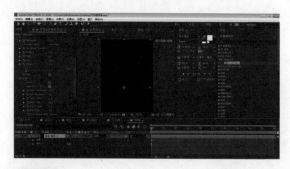

第四步 单击【椭圆工具】按钮 ◯ ,按住【Shift】键绘制一个圆形,然后设置【3D Stroke】效果的参数,如下图所示。

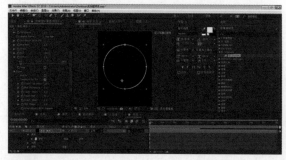

第五步 单击【3D Stroke】效果的【Offset】参数前面的秒表图标 ◯ 添加关键帧,设置值

为"100",在第 13 帧时设置值为"0",效果如下图所示。

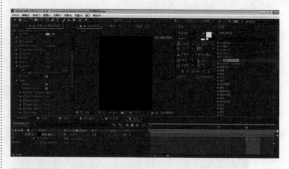

第六步 在【效果和预设】面板中选择【发光】选项,为图层添加一个"发光"效果,如下图所示。

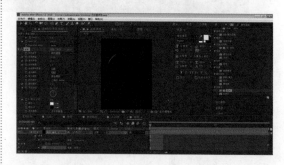

 提示

不需要设置"发光"效果的参数。

第七步 返回界面级别,将时间轴设置到数字动画开始的位置,将创建的"光效"拖动到时间轴上,然后调整大小和位置,效果如下图所示。

第八步 最后单击【钢笔工具】按钮 创建一个蒙版，使下面的光效不产生效果，如下图所示。

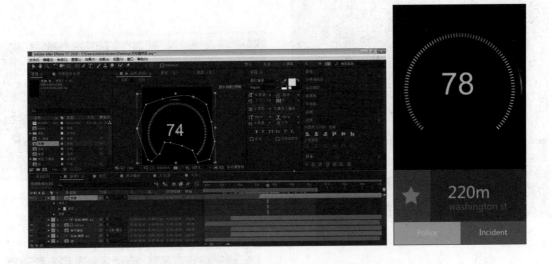

第 20 章
注册界面动效

本章学习如何使用 Adobe After Effects CC 2018 软件制作注册界面动效。此外，在制作的过程中还介绍了软件的一些实用技巧和方法。

20.1 规范设计标准——界面制作

本节首先介绍使用 Adobe After Effects CC 2018 软件绘制基本界面的方法。

第一步 打开 Adobe After Effects CC 2018 软件，选择【文件】→【新建】→【新建项目】选项创建一个新的项目文件，将【宽度】设置为 750 像素、【高度】设置为 1334 像素，如下图所示。

第二步 新建项目后的界面如下图所示。

第三步 选择【文件】→【导入】→【文件】选项导入一个素材文件，如下图所示。

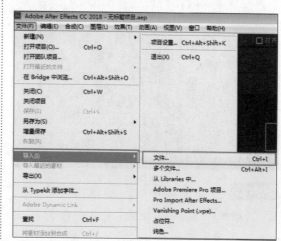

第四步 弹出【导入文件】对话框，选择"素材/ch20/注册.psd"文件，单击【导入】按钮，导入素材文件，如下图所示。

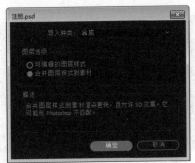

第五步 导入后文件出现在【项目】面板中，用户可以单击进行预览，如下图所示。

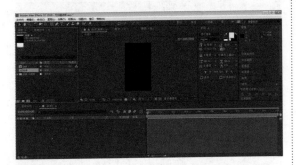

第六步 双击【注册】项目进入子级别，然后按【Ctrl+K】组合键设置【背景颜色】为"白色"，如下图所示。

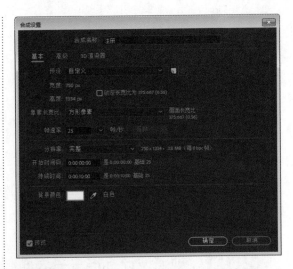

第七步 单击【横排文字工具】按钮 T 输入文字"Enter code"，将文字的大小设置为"36"、颜色设置为"黑色"，然后在【对齐】面板中将文字居中对齐，如下图所示。

第八步 单击【矩形工具】按钮 创建一个矩形，然后打开该图层的【内容】→【矩形1】参数，这里不需要填充效果，所以选择【填充1】选项并将其删除，如下图所示。

第九步 然后设置矩形的描边颜色为"D1D1D1"、宽度为 1 像素，效果如下图所示。

第十步 按【Ctrl+D】组合键复制上面创建的文字图层，修改颜色为"CAC8C8"，再修改文字为"Code"，然后在【对齐】面板中将文字居中对齐，如下图所示。

第十一步 再次按【Ctrl+D】组合键复制上面创建的文字图层，修改文字为"Verification code send send again"，将文字的大小设置为"24"，将 send again 设置为"绿色"，然后在【对齐】面板中将文字居中对齐，如下图所示。

20.2 丰富设计场景——界面设计

本节介绍使用 Adobe After Effects CC 2018 软件绘制第二个界面的方法。

第一步 继续上面的实例制作，使用相同的方法创建第二个界面的文字，效果如下图所示。

💡 **提示**

这里可以将上面创建的文字图层进行复制，修改后完成。

第二步 单击【钢笔工具】按钮✒创建一个线条，设置【描边宽度】为 1 像素、描边颜色为"D1D1D1"，如下图所示。

第三步 继续使用【钢笔工具】✒创建一个线条，设置【描边宽度】为 1 像素、描边颜色为"D1D1D1"，如下图所示。

第四步 由于图层比较多，不利于后期的动画制作，这里需要先将图层合成。选择创建的第二个界面的所有图层并右击，在弹出的快捷菜单中选择【预合成】选项，预合成一个图层，如下图所示。

第五步 同理，选择创建的第一个界面的所有图层并右击，在弹出的快捷菜单中选择【预合成】选项，预合成一个图层，如下图所示。

20.3 模拟手指触控效果——触感动画

本节介绍使用 Adobe After Effects CC 2018 软件制作触感动画的方法，效果类似于手指接触屏幕时发生的按钮动画效果。

第一步 继续上面的实例制作，不选择任何图层，单击【椭圆工具】按钮，按住【Shift】键创建一个圆形，如下图所示。

第二步 选择创建的圆形图层并右击，在弹出的快捷菜单中选择【预合成】选项，预合成一个图层，如下图所示。

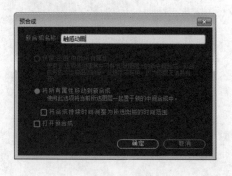

💡 **提示**

也可以按【Ctrl+Shift+C】组合键进行图层的预合成。

第三步 双击进入【触感动画】的子级别单独编辑，按【Ctrl+K】组合键设置【背景颜色】为"白色"，如下图所示。

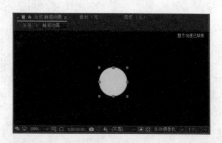

第四步 进入该图层的【内容】→【椭圆1】参数,这里不需要填充效果,所以选择【填充1】选项并将其删除，如下图所示。

第五步 下面制作触感动画效果。首先将描边颜色设置为"青色 01FFE4"，单击【大小】前面的秒表图标 添加关键帧，设置数值为"20"，单击【描边宽度】前面的秒表图标 添加关键帧，设置数值为"50"，如下图所示。

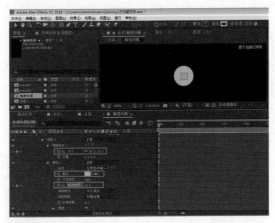

第六步 将时间轴定位到第 10 帧位置，设置【大小】数值为"130"，设置【描边宽度】数值为"20"，即可产生变大且描边变细的动画效果，如下图所示。

第七步 将时间轴定位到第 13 帧位置，设置【大小】数值为"150"，设置【描边宽度】数值为"0.0"，如下图所示。

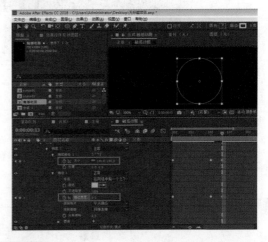

第八步 最后，圆形会变透明直至消失，在第 10 帧的位置单击【不透明度】前面的秒表图标 添加关键帧，如下图所示。

第九步 将时间轴定位到第 13 帧的位置，设置【不透明度】数值为"0"，如下图所示。

第十步 单击预览窗口下方的【目标区域】按钮▣，在圆形外围绘制一个矩形形成一个目标区域，如下图所示。

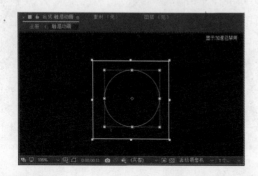

第十一步 执行【合成】→【裁剪合成到目标区域】命令，完成目标区域的裁切效果，如下图所示。

20.4 再复杂也难不住我——信息交互

本节介绍使用 Adobe After Effects CC 2018 软件制做信息交互动画的方法，效果类似于文字渐隐的动画效果。

第一步 继续上面的实例制作，进入【注册】子级别项目中，调整上面创建的【触感动画】的位置和大小，如下图所示。

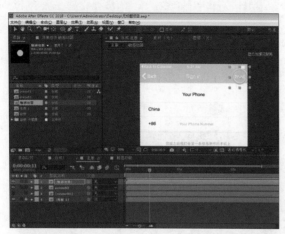

第二步 下面制作文字动画效果。将时间轴定位到触感动画快结束的位置，因为触感动画快结束时才开始文字动画，这里定位到第 9 帧的位置。进入 scene01 子项目中，选择"China"，分别按【P】键和【Shift+T】组合键打开两个文字的【位置】和【不透明度】参数，单击【位置】和【不透明度】前面的秒表图标⏱添加关键帧，如下图所示。

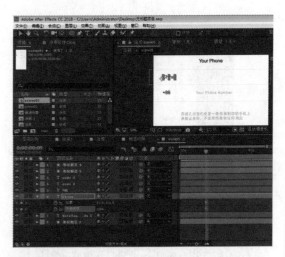

第三步　将时间轴定位到第 15 帧的位置，设置【位置】和【不透明度】参数的数值，如下图所示。

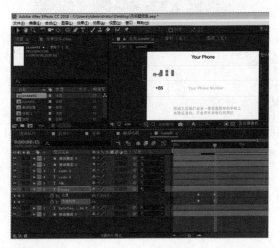

第四步　将时间轴定位到第 12 帧的位置，选择 "Your Phone Number" 和下面的中文文字，分别按【P】键和【Shift+T】组合键打开两个文字的【位置】和【不透明度】参数，单击【位置】和【不透明度】前面的秒表图标 添加关键帧，如下图所示。

第五步　将时间轴定位到第 18 帧的位置，设置【位置】和【不透明度】参数的数值，如下图所示。

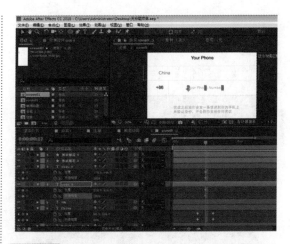

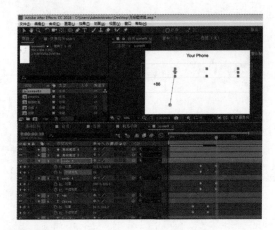

第六步　将时间轴定位到第 11 帧的位置，选择 "+86"，分别按【P】键和【Shift+T】组合键打开两个文字的【位置】和【不透明度】参数，单击【位置】和【不透明度】前面的秒表图标 添加关键帧，如下图所示。

第七步 将时间轴定位到第 16 帧的位置，设置【位置】和【不透明度】参数的数值，如下图所示。

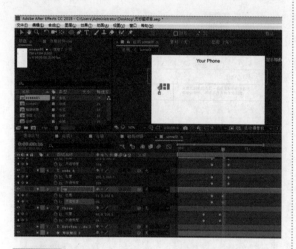

第八步 选择"Your Phone"，制作该文字的翻板动画效果，这里利用 3D 图层制作。在时间轴上单击【3D 图层】按钮，将时间轴定位到第 12 帧的位置，打开【变换】选项，单击【X 轴旋转】前面的秒表图标 添加关键帧，如下图所示。

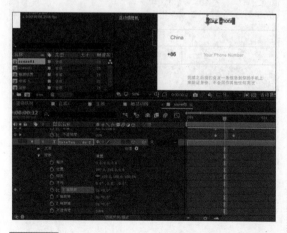

第九步 将时间轴定位到第 16 帧的位置，设置【X 轴旋转】参数的数值为"−67"，如下图所示。

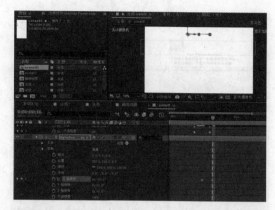

第十步 这时文字还是有些显示，继续添加一个不透明度的动画效果。将时间轴定位到第 15 帧的位置，按【Shift+T】组合键打开【不透明度】参数，单击【不透明度】前面的秒表图标 添加关键帧，如下图所示。

第十一步 将时间轴定位到第 16 帧的位置，设置【不透明度】参数的数值为"0"，如下图所示。

第十二步 使用相同的方法创建线条的移动消失动画效果。将时间轴定位到第 12 帧的位置，选择上面创建的两个线条，分别按【P】键和【Shift+T】组合键打开两个线条的【位置】

和【不透明度】参数，单击【位置】和【不透明度】前面的秒表图标 添加关键帧，如下图所示。

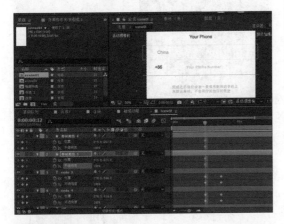

第十三步 将时间轴定位到第 16 帧的位置，设置【不透明度】参数的数值为"0"，并将位置向上调整一些，如下图所示。

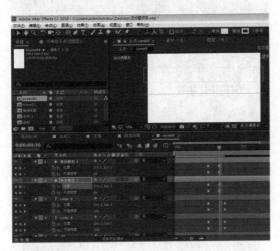

第十四步 接下来制作上面创建的矩形线条

的向下的动画效果。将时间轴定位到第 12 帧的位置，选择上面创建的矩形线条，按【P】键打开【位置】参数，单击【位置】前面的秒表图标 添加关键帧，如下图所示。

第十五步 将时间轴定位到第 16 帧的位置，设置【位置】参数的数值，将其位置向下调整一些，如下图所示。

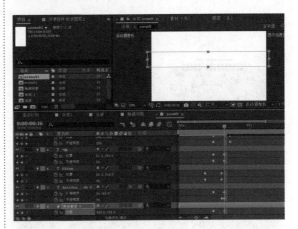

20.5 调整画面的缓动——文字缓动

本节介绍使用 Adobe After Effects CC 2018 软件制造文字缓动动画的方法，下面制作第二个场景中文字出现的渐进动画效果。

第一步 继续上面的实例制作,进入【scene01】子级别项目中,选择 3 个文字图层进行复制,然后进入【scene02】子级别项目中进行粘贴,如下图所示。

第二步 选择"Enter code",制作该文字的翻板动画效果。在时间轴上单击【3D 图层】按钮⬛,将时间轴定位到第 16 帧的位置,打开【变换】选项,单击【X 轴旋转】前面的秒表图标⏱添加关键帧,设置【X 轴旋转】参数的数值为"113",如下图所示。

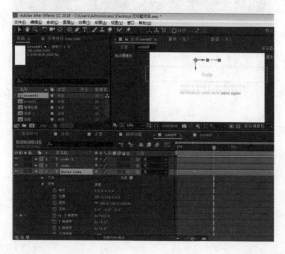

第三步 将时间轴定位到第 20 帧的位置,设置【X 轴旋转】参数的数值为"0",如下图所示。

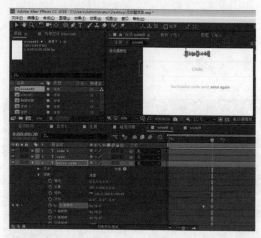

第四步 这时文字在开始时还是有些显示,继续添加一个不透明度的动画效果。将时间轴定位到第 16 帧的位置,按【Shift+T】组合键打开【不透明度】参数,单击【不透明度】前面的秒表图标⏱添加关键帧,设置其参数值为"0",如下图所示。

第五步 将时间轴定位到第 17 帧的位置,设置【不透明度】参数的数值为"100",如下图所示。

第六步　将时间轴定位到第 20 帧的位置，选择 "Code"，分别按【P】键和【Shift+T】组合键打开两个线条的【位置】和【不透明度】参数，单击【位置】和【不透明度】前面的秒表图标添加关键帧，如下图所示。

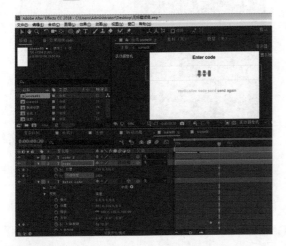

第七步　将时间轴定位到第 14 帧的位置，设置【不透明度】参数的数值为 "0"，并将位置向上调整一些，效果如下图所示。

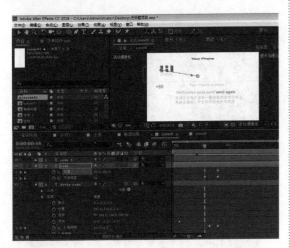

第八步　将时间轴定位到第 20 帧的位置，选择 "Verification code send send again"，分别按【P】键和【Shift+T】组合键打开两个线条的【位置】和【不透明度】参数，单

击【位置】和【不透明度】前面的秒表图标添加关键帧并调整其位置，如下图所示。

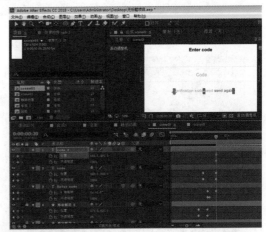

第九步　将时间轴定位到第 14 帧的位置，设置【不透明度】参数的数值为 "0"，并将位置向上调整一些，如下图所示。

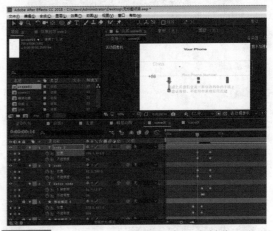

第十步　这样即可完成整个动画的制作，如下图所示。

本章学习如何使用 Adobe After Effects CC 2018 软件制作计时类 App 动效。此外，在制作过程中还介绍了该软件的一些实用技巧和方法。

21.1 对齐与分布技巧——滚屏效果

本节首先介绍使用 Adobe After Effects CC 2018 软件创建滚屏动画效果的方法。

第一步 打开 Adobe After Effects CC 2018 软件，选择【文件】→【新建】→【新建项目】选项，创建一个新的项目文件，将【宽度】设置为 750 像素、【高度】设置为 1334 像素，如下图所示。

第三步 选择【文件】→【导入】→【文件】选项，导入一个素材文件，如下图所示。

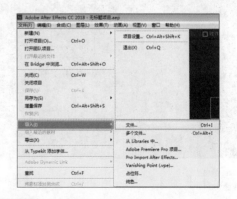

第二步 新建项目后的界面如下图所示。

第四步 弹出【导入文件】对话框，选择"素材 /ch21/ 钟表表盘 .psd"文件，单击【导入】按钮导入素材文件，如下左图所示。

第五步　导入后在文件上双击，进入【钟表表盘】子项目中，如下图所示。

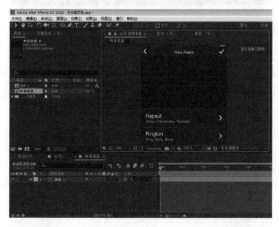

第六步　单击【横排文字工具】按钮 T 输入"1"，将文字的大小设置为"72"、颜色设置为"CAC8C8"，调整中心点到文字中心，如下图所示。

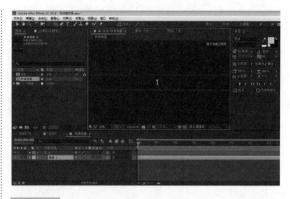

第七步　选中创建的"1"图层并右击，在弹出的快捷菜单中选择【预合成】选项，预合成一个图层，然后进入新合成图层的子项目，如下图所示。

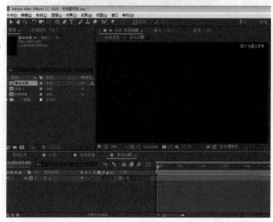

第八步　按【Ctrl+D】组合键复制上面创建的图层"1"，共复制 11 个，如下图所示。

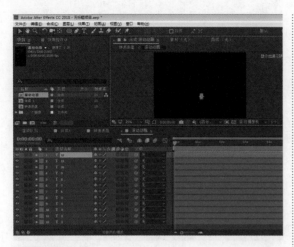

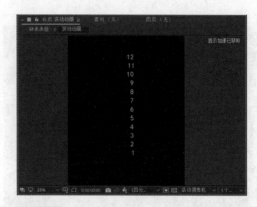

第九步　将最上面的图层"12"向上调整位置，最下面的图层"1"向下调整位置，然后选择所有的图层，在【对齐】面板中将文字垂直居中对齐，如下图所示。

第十一步　下面制作动画效果，由于需要同时调整所有数字，为了操作的方便快捷，可以新建一个"空对象"图层，然后将 12 个图层链接到"空对象"图层的父级对象上，如下图所示。

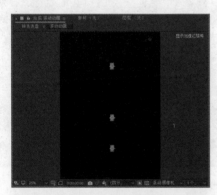

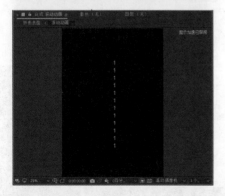

第十步　分别修改数字为 1~12，然后选择所有的图层，在【对齐】面板中将数字水平居右对齐，如下图所示。

第十二步　按【Ctrl+R】组合键打开标尺，然后拉出两条标尺线标注数字"1"的位置作为移动的参考。按【P】键打开【位置】参数，单击【位置】前面的秒表图标 添加关键帧，如下图所示。

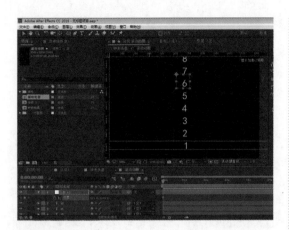

第十三步 然后将时间轴定位到第 2 秒的位置，调整位置使数字 9 移动到标尺位置，并选择关键帧，按【F9】键添加缓动效果，如下图所示。

第十四步 进入【钟表表盘】子项目中，调整滚动动画的位置，如下图所示。

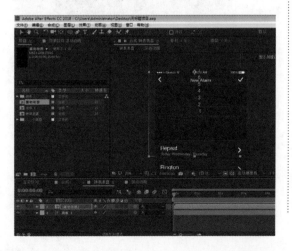

第十五步 按【Ctrl+D】组合键复制上面滚动的动画图层，然后为其添加一个"填充"效果，设置填充颜色为"白色"，如下图所示。

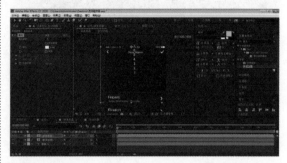

第十六步 下面制作遮罩效果。单击【矩形工具】按钮，在数字 1 上创建矩形遮罩，产生动画效果，如下图所示。

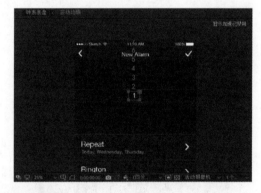

第十七步 使用相同的方法创建下面滚动数字的遮罩，选中【反转】复选框，即可得到需要的动画效果，如下图所示。

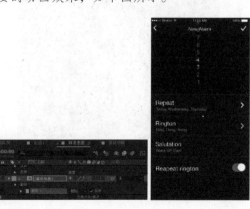

21.2　一黑一白制作景深——球面化效果

本节继续上面的实例制作文字的球面化效果，使动画产生三维动态的效果。

第一步　继续上面的实例制作。为了方便管理和编辑，将图层进行命名，如下图所示。

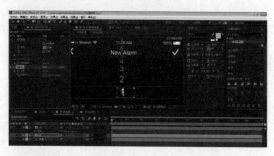

第二步　由于中间显示的数字会大些，因此选中"白"图层，按【S】键打开【缩放】参数，将数字调大一些，如下图所示。

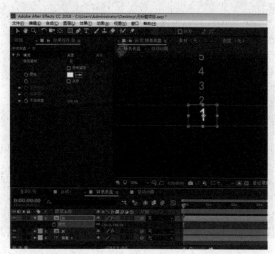

第四步　按【S】键打开【缩放】参数，将数字调小一些，如下图所示。

 提示

调整之前需要将对象的中心点放置在数字中心位置。

第五步　这时上面还是有数字和图片交叉的问题，将"白"和"灰"两个图层预合成一个图层，为其添加一个矩形蒙版，并设置【蒙版羽化】参数，如下图所示。

第三步　为"灰"图层添加"球面化"效果。单击【球面中心】选项后的 按钮，将【球面中心】定位到数字 1 的中心位置，然后设置【半径】参数，如下图所示。

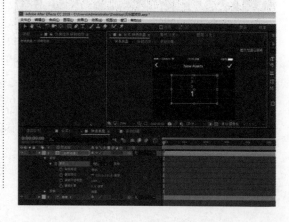

第六步 这样即可完成动画效果，如下图所示。

21.3 形状层动画效果——开关按钮

本节继续上面的实例制作开关按钮的动画效果。

第一步 继续上面的实例制作。以背景图为参考，使用【圆角矩形工具】◻创建按钮的基本图形，将【填充】删除，设置描边【颜色】为"白色"、【描边宽度】为 2 像素、【圆度】为"300"，如下图所示。

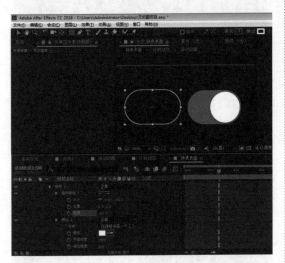

第二步 继续单击【椭圆工具】按钮◯，在圆角矩形中间绘制一个白色的圆形，如下图所示。

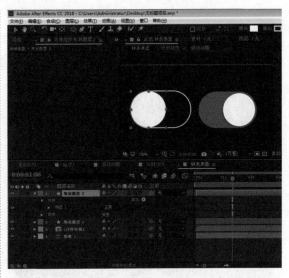

第三步 选中创建的两个按钮基本图形并右击，在弹出的快捷菜单中选择【预合成】选项将其预合成一个图层，如下图所示。

第四步　双击预合成图层进入子项目设置动画效果。选择圆形图层，按【P】键打开【位置】参数，将时间轴定位到第 15 帧的位置，单击【位置】前面的秒表图标添加关键帧，如下图所示。

第五步　将时间轴定位到第 20 帧的位置，调整圆形位置到右侧，如下图所示。

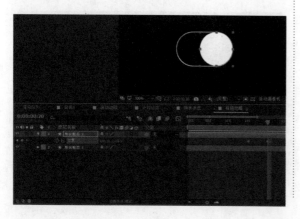

第六步　按【Ctrl+D】组合键复制一个圆角矩形图层，然后单击【描边】后的【添加】按钮，选择【填充】选项，将【颜色】设置为"5BE32C"，然后将时间轴拖到第 16 帧，因为从 16 帧开始才有按钮变色的效果，如下图所示。

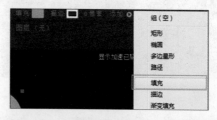

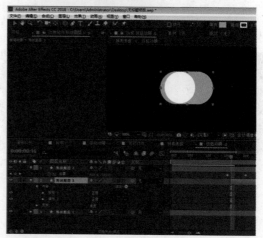

第七步　选中填充的圆角矩形图层并右击，在弹出的快捷菜单中选择【预合成】选项将其预合成一个图层，这样可以添加遮罩效果，单击【椭圆工具】按钮创建遮罩，选中【反转】复选框，如下图所示。

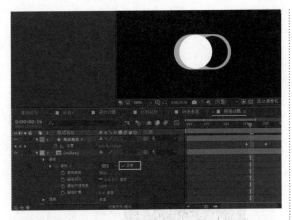

第八步　将时间轴拖到第 16 帧，单击【蒙版路径】前面的秒表图标 添加关键帧，如下图所示。

第九步　将时间轴拖到第 18 帧，双击图形将其缩放，如下图所示。

第十步　这样即可完成按钮的动态效果，如下图所示。

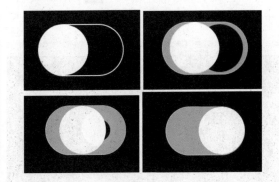

21.4　不放过每一个瑕疵——整体效果

本节继续制作开关按钮的返回动态效果，具体操作步骤如下。

第一步　继续上面的实例制作。选择圆形图层，将时间轴拖到第 23 帧，然后将第 20 帧的关键帧复制粘贴到第 23 帧，使按钮有一个短暂的停顿效果，如下图所示。

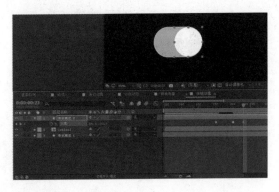

第二步　在 color 图层第 23 帧的位置按【Ctrl+Shift+D】进行拆分，删除后面不要的图层，如下图所示。

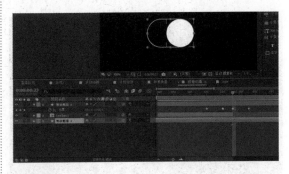

第三步　按【Ctrl+D】组合键复制一个矩形

图层，然后拖动到第 23 帧，并将填充色设置为"白色"，如下图所示。

一个新图层，如下图所示。

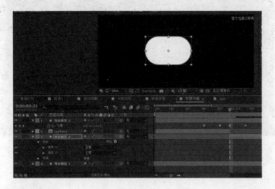

第四步 这时圆形图形和下面的圆角矩形融合到一起了，这里为圆形图层添加【投影】的图层样式，如下图所示。

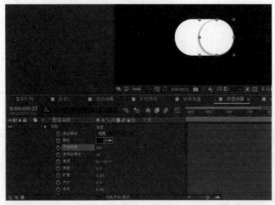

第五步 将上面复制的白色圆角矩形预合成

第六步 将合成图层拖动到第 23 帧，单击【圆形矩形工具】按钮█创建蒙版效果，选中【反转】复选框，如下图所示。

第七步 将时间轴拖动到第 23 帧，单击【蒙版路径】前面的秒表图标█添加关键帧，如下图所示。

第八步 将时间轴拖动到第 27 帧，双击图形

将其缩放，如下图所示。

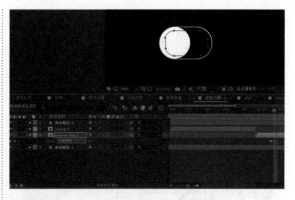

第九步 将时间轴拖动到第 27 帧，按【T】
键打开【不透明度】参数，单击【不透明度】
前面的秒表图标 （无独立ID，图标在文中）添加关键帧，然后将时间
轴拖动到第 28 帧，设置【不透明度】的数值
为 "0"，如下图所示。

第十步 这样即可完成整个动画效果，如下
图所示。

本章学习如何使用 Adobe After Effects CC 2018 软件制作支付类 App 动效。此外，在制作过程中还介绍了软件的一些实用技巧和方法。

22.1 绘制轮廓——信用卡 icon

本节首先介绍如何使用 Adobe After Effects CC 2018 软件创建信用卡图标变化效果动画，具体操作步骤如下。

第一步 打开 Adobe After Effects CC 2018 软件，选择【文件】→【新建】→【新建项目】选项创建一个新的项目文件，将【宽度】设置为 750 像素、【高度】设置为 1334 像素，如下图所示。

第二步 新建项目后的界面如下图所示。

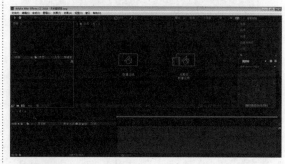

第三步 选择【文件】→【导入】→【文件】选项导入一个素材文件，如下图所示。

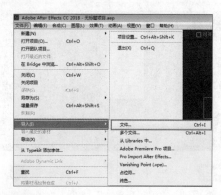

第四步 弹出【导入文件】对话框，选择"素材 /ch22/IMG_0909.PNG"文件，单击【导入】按钮导入素材文件，如下左图所示。

第七步 继续单击【圆角矩形工具】按钮■，在圆形上创建一个圆角矩形，不填充，将描边大小设置为"6"，将颜色设置为"1A3C21"，如下图所示。

第五步 将导入的图像拖到时间轴上，如下图所示。

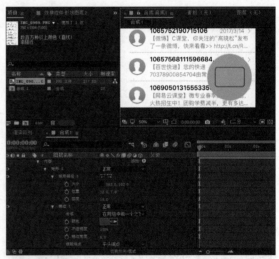

第八步 继续单击【矩形工具】按钮■创建一个矩形，如下图所示。

第六步 单击【椭圆工具】按钮 ■，按【Shift】键创建一个圆形，将颜色填充为"绿色 17E046"，将描边设置为"0"，效果如下图所示。

第九步 继续单击【椭圆工具】按钮■，按【Shift】键创建一个圆形，将颜色填充为"17E046"，将描边设置为"6"，如下图所示。

第十步 继续单击【钢笔工具】按钮 ✎ 创建一个十字形，如下图所示。

第十一步 选中所有的图形图层并右击，在弹出的快捷菜单中选择【预合成】选项预合成一个图层，如下图所示。

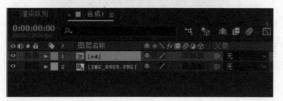

第十二步 下面为图标图层添加【投影】的样式效果，设置如下图所示。

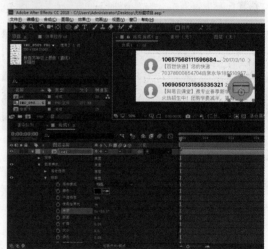

第十三步 下面创建弹出动画效果。单击【椭圆工具】按钮 ⬤，按住【Shift】键创建一个圆形，将颜色填充为"17E046"，将描边设置为"0"，调整中心点的位置为圆的圆心，并调整图层顺序，如下图所示。

设置【缩放】和【不透明度】的参数值为"3800"和"0"，即可完成弹出的动画效果，如下图所示。

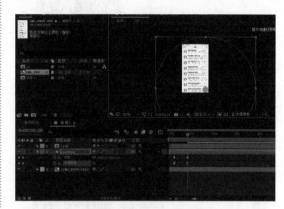

第十四步 选中前面创建的圆形图层，按【S】键和【Shift+T】组合键打开【缩放】和【不透明度】参数，将时间轴定位到第 5 帧的位置，单击【缩放】和【不透明度】前面的秒表图标 ⏱ 添加关键帧，如下图所示。

第十五步 将时间轴定位到第 15 帧的位置，

22.2 开始便已结束——加载效果动画

本节介绍使用 Adobe After Effects CC 2018 软件创建加载效果动画的方法。

第一步 继续上面的实例制作。单击【项目】窗口下方的【新建合成】按钮 ▣，创建一个新合成项目，如下图所示。

第二步 按【Ctrl+Y】组合键新建一个纯色图层，设置【颜色】为"1C3466"，如下图所示。

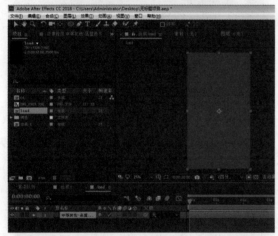

第三步 单击【圆角矩形工具】按钮■创建一个圆角矩形，设置【填充】为"5FEBFB"、【描边】为"0"，参数如下图所示。

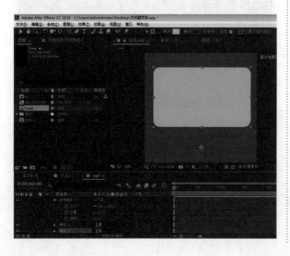

第四步 使用相同的方法创建其他 3 个圆角矩形，设置【填充】为"白色"，效果如下图所示。

第五步 再次单击【圆角矩形工具】按钮■创建一个圆角矩形，设置【填充】为"无"、【描边】为"3"、【颜色】为"白色"，如下图所示。

第六步 单击【横排文字工具】按钮Ｔ创建一些文本，如下图所示。

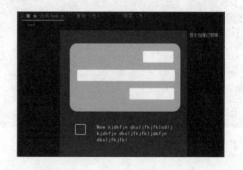

 提示

这里的文字只是参考效果，没有实际含义。

第七步　下面制作圆形的加载动画效果。单击【椭圆工具】按钮，按住【Shift】键创建一个圆形，设置【填充】为"无"、【描边】为"8"、【颜色】为"白色"，如下图所示。

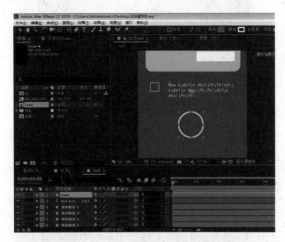

第八步　按【Ctrl+D】组合键复制一个圆形图层，用这个图层制作动画效果。修改圆的【颜色】为"32FE4A"，如下图所示。

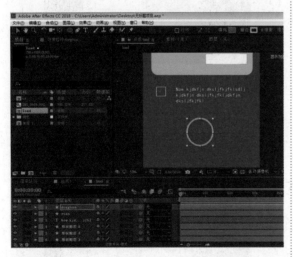

第九步　打开圆形图层，单击后面的【添加】按钮添加【修剪路径】命令，如下图所示。

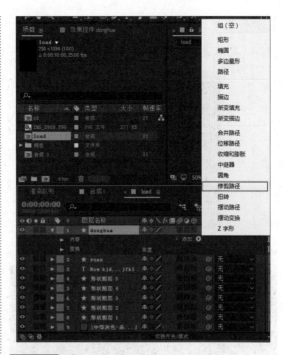

第十步　打开参数，设置【线段端点】为"圆头端点"，设置【修剪路径1】的【结束】为"10"，如下图所示。

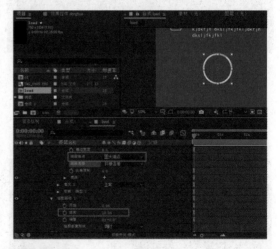

第十一步　单击【偏移】前面的秒表图标添加关键帧，然后将时间轴定位到 30 帧，设置【偏移】参数值为"2"，如下图所示。

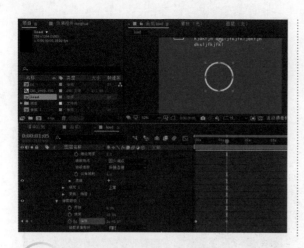

第十二步 在第 30 帧的位置单击【结束】前面的秒表图标  添加关键帧,然后将时间轴定位到 50 帧,设置【结束】参数值为"100",这样就完成了加载动画的制作,如下图所示。

22.3 图形变化效果——遮罩与转场

本节介绍使用 Adobe After Effects CC 2018 软件创建遮罩与转场动画的方法。

第一步 继续上面的实例制作。首先制作勾选的遮罩动画效果,单击【钢笔工具】按钮 创建一个对钩的图形,设置描边颜色为"32FE4A"、描边大小为"5",如下图所示。

第二步 选中创建的对勾图层,按【Ctrl+Shift+C】组合键将其预合成新图层,然后单击【矩形工具】按钮 创建遮罩动画,如下图所示。

第三步 打开【蒙版】对话框,在第 0 帧的位置单击【蒙版路径】前面的秒表图标 添加关键帧,然后双击矩形调整矩形形状,使对钩图层不可见,如下图所示。

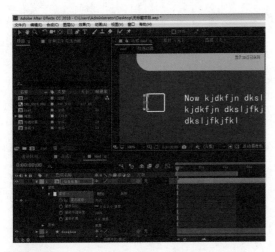

第四步 将时间轴位置定位到第 18 帧，然后双击矩形调整矩形形状，使对钩图层完全可见，这样就完成了遮罩动画，如下图所示。

第五步 下面制作卡片上的图形转场动画效果。使用【椭圆工具】 ◯ 创建下图所示的图形，设置描边颜色为"393A39"、描边大小为"3"，并调整中心点到图形正中心。

第六步 将时间轴位置定位到第 18 帧，分别按【S】键和【Shift+T】组合键打开图层的【缩放】和【不透明度】参数，单击【缩放】和【不透明度】前面的秒表图标 ◯ 添加关键帧，如下图所示。

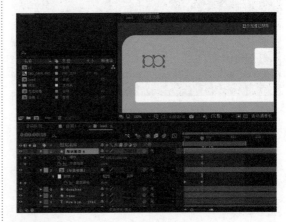

第七步 将时间轴位置定位到第 28 帧，调整【缩放】和【不透明度】的参数，如下图所示，创建图形由大变小并消失的动画效果。

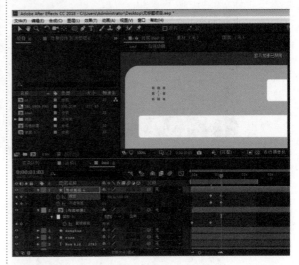

第八步 接着创建转场后的图形动画效果。使用【椭圆工具】 ◯ 和【横排文字工具】 T 创建下图所示的图形，设置描边颜色为"32FE4A"、描边大小为"5"。

第九步 选中创建的两个图层，按【Ctrl+Shift+C】组合键将其预合成新图层。将时间轴位置定位到第 25 帧，分别按【S】键和【Shift+T】组合键打开图层的【缩放】和【不透明度】参数，单击【缩放】和【不透明度】前面的秒表图标 添加关键帧，如下图所示。

第十步 将时间轴位置定位到第 35 帧，调整【缩放】和【不透明度】的参数，如下图所示，创建图形由小变大并渐进的动画效果。

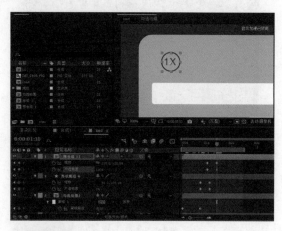

第十一步 将加载动画时间轴拖到第 35 帧，如下图所示。

22.4 精致的小按钮动画——按钮确定

本节介绍使用 Adobe After Effects CC 2018 软件创建按钮的确定动画的方法。

第一步 继续上面的实例制作。首先制作按钮图形，单击【圆角矩形工具】按钮 和【横排文字工具】按钮 创建一个按钮图形，设置圆角矩形颜色为"32FE4A"、描边大小为"0"、文字颜色为"白色"，如下图所示。

第二步　选中创建的两个图层，按【Ctrl+Shift+C】组合键将其预合成新图层。将时间轴位置定位到第 35 帧，分别按【S】键和【Shift+T】组合键打开图层的【缩放】和【不透明度】参数，单击【缩放】和【不透明度】前面的秒表图标添加关键帧，如下图所示。

第三步　将时间轴位置定位到第 38 帧，调整【缩放】和【不透明度】的参数，如下图所示，创建图形由小变大的动画效果。

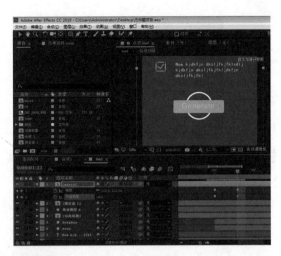

第四步　将时间轴位置定位到第 40 帧，调整【缩放】和【不透明度】的参数，如下图所示，创建图形由大变小并消失的动画效果。

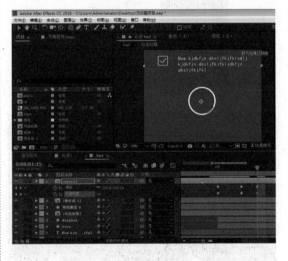

💡　提示

如果播放按钮动画时觉得时间上过长或过短，可以选择相应的关键帧拖动到合适的时间点上即可。这里将时间点调到了第 41 帧和 44 帧的位置。

第五步　将按钮动画第 44 帧后面的时间轴删除。然后选中前面创建的加载动画图层，按【Ctrl+Shift+C】组合键将其预合成新图层，并将新图层的起始位置拖动到第 42 帧，如下图所示。

第六步 将时间轴位置定位到第 42 帧，分别按【S】键和【Shift+T】组合键打开图层的【缩放】和【不透明度】参数，单击【缩放】和【不透明度】前面的秒表图标 添加关键帧，然后将其值均设置为"0"，如下图所示。

第七步 将时间轴位置定位到第 44 帧，设置【缩放】和【不透明度】值均为"100"，产生渐进动画效果，如下图所示。

第八步 将时间轴位置定位到第 92 帧，即加载动画完成的位置，然后单击【横排文字工具】按钮 创建卡片上的文字，并将时间轴拖动到第 92 帧，效果如下图所示。

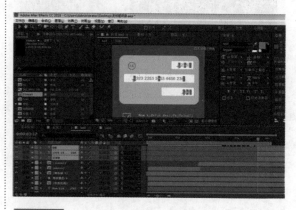

第九步 这样即可完成动画制作，最后选中所有关键帧，按【F9】键添加缓动效果，最终效果如下图所示。

22.5　无缝对接效果——信息输入框

本节介绍使用 Adobe After Effects CC 2018 软件创建信息输入框动画的方法。

第一步　继续上面的实例制作。进入【合成 1】子项目，将上面创建的【load】合成拖到时间轴上，并将开始位置调整到第 10 帧，如下图所示。

第二步　将【load】合成的中心点放置在右下角。然后分别按【S】键和【Shift+T】组合键打开图层的【缩放】和【不透明度】参数，单击【缩放】和【不透明度】前面的秒表图标  添加关键帧，然后将值均设置为 "0"，如下图所示。

第三步　将时间轴位置定位到第 20 帧，设置【缩放】和【不透明度】值均为 "100"，产生渐进动画效果，并按【F9】键为关键帧添加缓动效果，如下图所示。

第四步　下面制作信息输入框的进入动画效果。进入【load】合成子项目，选中需要消失的 4 个图层，按【Ctrl+Shift+C】组合键将其预合成新图层，如下图所示。

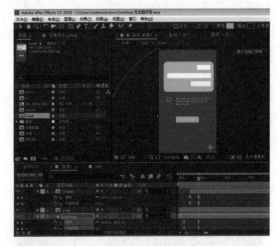

第五步 将时间轴位置定位到第 100 帧，然后按【T】键打开图层的【不透明度】参数，单击【不透明度】前面的秒表图标 添加关键帧，如下图所示。

第六步 将时间轴位置定位到第 105 帧，然后设置【不透明度】参数值为"0"，如下图所示。

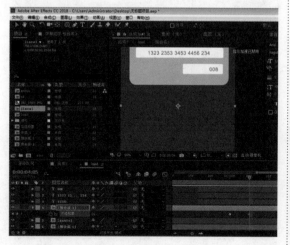

第七步 使用【圆角矩形工具】 和【横排文字工具】 创建输入框和文字按钮图形，如下图所示。

第八步 选中创建的 4 个图层，按【Ctrl+Shift+C】组合键将其预合成新图层，如下图所示。

第九步 将时间轴位置定位到第 103 帧，分别按【S】键和【Shift+T】组合键打开图层的【缩放】和【不透明度】参数，单击【缩放】和【不透明度】前面的秒表图标 添加关键帧，然后设置【不透明度】值为"0"，将其位置向下移动一些，如下图所示。

第十步 将时间轴位置定位到第 106 帧，然后设置【不透明度】值为"100"，将其位置向上移动一些，如下图所示。

22.6 不透明度随机变化——光标动画

本节介绍使用 Adobe After Effects CC 2018 软件创建光标闪动动画的方法。

第一步 继续上面的实例制作。将时间轴位置定位到第 106 帧，使用【矩形工具】■创建光标图形，设置其颜色为"白色"，并调整开始位置到第 106 帧，如下图所示。

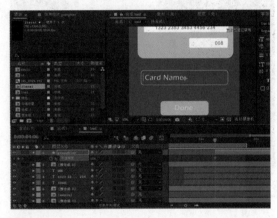

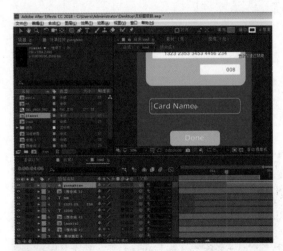

第二步 按【T】键打开图层的【不透明度】参数，单击【不透明度】前面的秒表图标 添加关键帧，然后设置【不透明度】值为"50"，如下图所示。

第三步 将时间轴位置定位到第 112 帧，设置【不透明度】值为"0"，如下图所示。

第四步　下面设置重复的闪动动画效果。按住【Alt】键，单击【不透明度】参数前面的秒表图标 添加表达式设置，单击【添加】按钮添加"loopOutDuration(type = "cycle", duration = 0)"表达式，如下图所示。

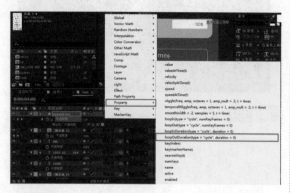

第五步　下面制作键盘进入的动画。选择【文件】→【导入】→【文件】选项导入一个素材文件，如下图所示。

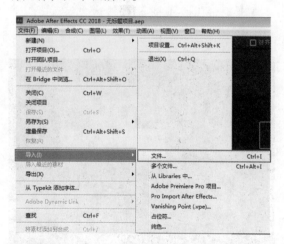

第六步　弹出【导入文件】对话框，选择"素材/ch22/alpha uppercase keyboard.psd"文件，单击【导入】按钮导入素材文件，如下图所示。

第七步　将导入的文件从【项目】面板中拖到时间轴上，并将开始位置拖动到第 107 帧处，如下图所示。

第八步　将时间轴位置定位到第 107 帧，按【P】键打开图层的【位置】参数，单击【位置】前面的秒表图标 添加关键帧，然后调整位置到最下方隐藏起来，如下图所示。

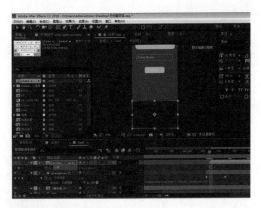

第九步　将时间轴位置定位到第 112 帧，然后调整位置到上方，如下图所示。

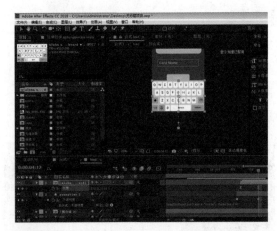

第十步　按【F9】键为关键帧添加缓动效果后，即可播放观看动画效果。

22.7 巧妙使用遮罩——打字机动画

本节介绍使用 Adobe After Effects CC 2018 软件创建打字机动画的方法。

第一步　继续上面的实例制作。由于输入文字时，文本框中的"Card Name"提示不显示，因此将时间轴位置定位到第 114 帧，选中【预合成 3】图层，即上面含有文本框的图层，按【Ctrl+Shift+D】组合键对图层进行剪切，如下图所示。

第二步　选中剪切后的图层，然后进行遮罩。

单击【矩形工具】按钮 创建文字遮罩，这里需要选中【反转】复选框，如下图所示。

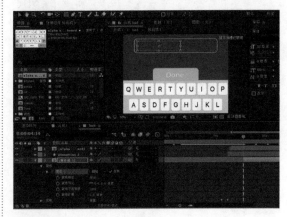

第三步　下面创建文字输入动效。单击【横排文字工具】按钮 创建文字"jack"，设置其颜色为"白色"，并调整大小和位置，将开始位置拖动到第 116 帧处，如下图所示。

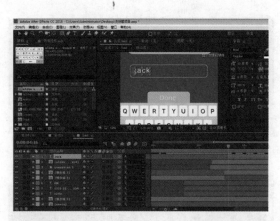

第四步 单击【矩形工具】按钮▢创建文字遮罩动效，单击【蒙版路径】前面的秒表图标◯添加关键帧，然后双击矩形调整其位置，如下图所示。

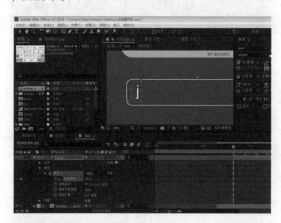

第五步 将时间轴位置定位到第 112 帧，然后调整其位置，如下图所示。

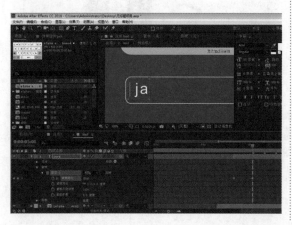

第六步 每隔 10 帧调整位置，效果如下图所示。

第七步 这里创建的动画是一个滑入的文字动画，需要制作静态帧来模拟打字的效果。选中创建的帧并右击，在弹出的快捷菜单中选择【切换定格关键帧】选项，如下图所示。

第八步 下面制作光标跟随文字动画。选中光标图层，然后按【P】键打开【位置】参数，单击【位置】前面的秒表图标◯添加关键帧，

然后根据文字来调整位置，如下图所示。

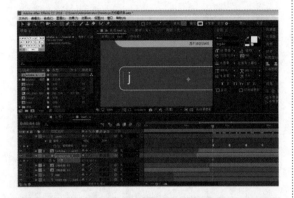

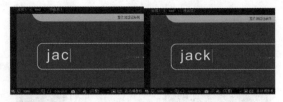

第九步 使用相同的方法将光标的关键帧变成定格帧，如下图所示。

22.8 键入文字提示效果——键盘效果

本节介绍使用 Adobe After Effects CC 2018 软件创建打字时键盘上的动画效果。

第一步 继续上面的实例制作。选择【文件】→【导入】→【文件】选项导入一个素材文件，如下图所示。

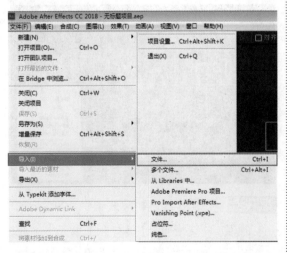

第二步 弹出【导入文件】对话框，选择"素材 /ch22/key.psd"文件，单击【导入】按钮导入素材文件，如下图所示。

第三步 将导入后的文件从【项目】面板中拖到时间轴上，并将开始位置拖动到第 114 帧处，将导入的文件调整到字母 j 的位置，如下图所示。

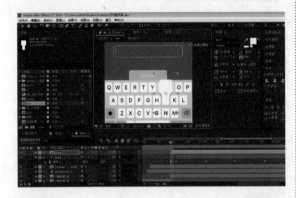

第四步 单击【横排文字工具】按钮 **T** 输入字母 "j" 设置其【字号】为 "72"、【颜色】为 "黑色"，调整开始位置到第 114 帧处，如下图所示。

第五步 将时间轴位置定位到第 116 帧，选中【空白键盘】和【j】图层，按【Ctrl+Shift+D】组合键对图层进行剪切，然后删除剪切后的

图层，如下图所示。

第六步 选中【空白键盘】和【j】图层，按【Ctrl+ D】组合键对图层进行复制，然后按【Ctrl+Shift+I】组合键将复制的图层置于最上层，按下图所示调整图层位置，然后修改字母 "j" 为 "a"。

第七步 使用相同的方法创建键盘上字母 c 和 k 的效果，如下图所示。

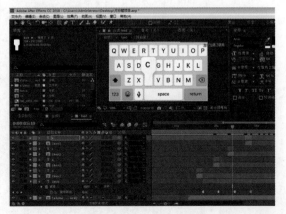

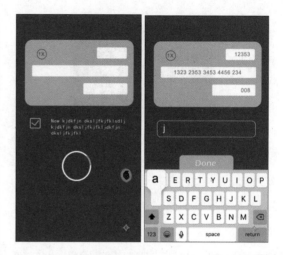

第八步 返回【合成 1】即可播放观看整个动画的效果，如下图所示。

第❻篇

高手秘籍

本篇主要介绍 UI 设计师的求职秘籍及 UI 设计的外包单报价
秘籍，让读者的求职之路一帆风顺，解决读者的后顾之忧。

第 23 章
UI 设计师求职秘籍

本章介绍 UI 设计师的求职秘籍。UI 设计行业属于高新技术设计产业，并且刚刚在我国软件行业中兴起。国内外大多数 IT 企业 (如腾讯、百度、淘宝、联想、网易和微软等) 都有自己专业的 UI 设计部门，但是专业设计人才还是比较稀缺，就业市场出现了供不应求的现象。因此，了解 UI 设计师的求职秘籍显得十分重要。

23.1 了解公司

一般在求职之前需要先了解公司的相关信息，所谓"知己知彼，百战不殆"。求职找工作的方法很多，可以通过公司的招聘信息，也可以通过各类招聘平台，或者通过朋友介绍等。招聘平台比较好的有实习僧、Boss 直聘和拉钩等，也可以去脉脉上直接向公司总监私发简历。但总体上是要通过这些前期工作了解准备应聘的公司的相关信息，具体需要了解的信息如下。

（1）公司核心产品与特色。

（2）公司文化。

（3）公司领导人。

（4）公司的组织机构。

（5）公司存在的问题。

（6）公司招聘流程。

23.2 面试技巧

在面试之前需要具备 UI 设计能力，即这个行业的基本能力。在面试时，无论是对设计主管还是对 UI 设计师，这个能力都是必须要考察的。当然，针对不同的级别和岗位，对 UI 设计能力的要求也有所不同。

专业的 UI 设计能力虽然不是面试的全部，但却是面试的"敲门砖"，大部分的公司都会从以下几个方面来问一些设计基础。

（1）色彩搭配理论。

（2）设计基本能力。

（3）造型和构图理论。

（4）CSS 和 HTML 方面的知识。

（5）UI 设计作品。

除了以上问题外，在面试过程中的沟通能力也是企业考察面试者的一个重点。有人认为做设计不需要沟通，这是错误的理解。当你面对设计团队协作、公司领导布置任务时，最为重要的一环就是沟通。如果能够与领导沟通顺畅，就可以更快地明白领导的要求和需求；如果能够与团队沟通顺畅，就可以让工作更快推进。

公司面试官还会在面试过程中随机问一些与生活相关的问题或者人际交往的问题，用来考察面试者的沟通能力。如果能够通过这些面试考察，就可能很快收到公司的录用通知。

当然面试还有一个关键因素——良好的个人形象，因此第一印象很重要。

23.3　简历制作

在面试的过程中，有一环也是非常重要的，就是制作一份优秀的简历，然后将自己的 UI 设计作品打包后放在文档中或 PPT（PowerPoint）中，这些作品需要平时的不断积累。在制作简历时需要注意以下几个方面。

（1）在简历中需要对自己的个人照片进行处理，这样可以提升收到面试通知的概率。

（2）简历的模板选择美观大方的样式比较受欢迎。

（3）如果是通过发邮件投简历，那么不要把整个 PPT 文件放进去，而是需要将简历分页复制粘贴到邮件内部，让 HR 点开邮件时就能直接看到简历，这样可以提升收到面试通知的概率。

（4）可以将简历打印成一本小册子带到面试公司，直接递交给面试官，这样可以有效提升面试成功的概率。

（5）简历和作品最好统一整理在一份 PDF 或 PPT 文件中。

（6）如果是电子格式的简历，需要注意文件的格式和大小，通常情况下 PDF 文件不超过 20MB 比较好。这里提倡将简历准备两个版本，一个是精简版，用来控制格式和大小，方便投递；另一个是高级版，用于面试和作品展示。

23.4　项目资料准备

面试前需要准备先前制作的项目资料。一般最好有 2~3 套完整的 UI 项目设计作品，当然也需要一些 icon、插画和网页设计作品等，这样可以让面试官看到自己的学习能力及设计能力，项目需要打包后放进简历中，或者单独制作作品，也可以先参考其他人制作好的项目资料。

第 24 章
UI 设计的外包单报价秘籍

本章介绍 UI 设计的外包单报价秘籍，包括接单渠道和外包价格等。

24.1 UI 设计师的接单渠道

UI 设计师的接单渠道主要有以下几种。

（1）人脉资源：充分利用朋友、同学、线下分享会、设计交流群或同行设计师等人脉资源。

（2）发布作品：通过各类国内外设计网站发布作品，如花瓣、UI 中国、站酷、Behance 和 Dirbbble 等。

（3）参加比赛：参加各类国内外设计网站的设计比赛，如花瓣、站酷和 UI 中国等。

（4）通过互联网：通过互联网平台揽活，如猪八戒网站和淘宝商店等。

（5）其他：通过公司同事或甲方客户。

24.2 UI 设计师的外包报价

UI 设计师的外包报价具体包括以下内容。

1. 公式

（1）时薪 = 月薪 / 22 天 / 8 小时。

（2）预估价格 = 时薪 × 预计私活时间 ×2。

2. 签订合同

合同内容包括总金额、预付金额、设计周期和修改次数等。

任何一个公司都希望找到一个可靠的设计师，在设计师害怕被骗设计稿的同时，公司也同样害怕设计师设计出来的作品不好，不能按期完成。客户既然选择了设计师，就证明这个项目对他们来说是有用的、是必要的，也有可能是很紧急的。由于公司的成本是在不断消耗的，因此当客户不想签合同时，极有可能是一些小型的创业公司或外包公司，他们的目的很有可能就是来骗取设计稿的。因此可以分阶段进行收费，并收取预付设计费。

3. 交付流程

（1）客户支付 40% 的费用作为定金。

（2）设计师按照原型设计初稿。

（3）双方沟通确定主界面。

（4）设计师分项设计及批量设计。

（5）客户支付 40% 的费用。

（6）设计师修改调整到客户满意为止。

（7）客户支付剩余的 20% 的费用。

4. 交付内容

交付时不仅要交付 .jpg 和 .psd 格式的文件，还需交付以下内容，但是收到全款前不要交付 .psd 文件。

（1）大量设计的截图 + 设计总结。

（2）设计期间的铅笔草绘稿。

（3）UI 视觉规范。

（4）界面创意点和设计理念。

（5）切图 + 标注说明。

（6）实例展示效果。